"十三五"江苏省重点图书出版规划项目
国家自然科学基金青年项目（51908111）
新型低碳装配式建筑智能化建造与设计丛书
张宏 主编

基于新型建筑工业化的 BIM 信息化系统构建

王海宁 著

东南大学出版社

南京

图书在版编目（CIP）数据

基于新型建筑工业化的BIM信息化系统构建/王海宁
著. --南京：东南大学出版社，2020.10
（新型低碳装配式建筑智能化建造与设计丛书/张宏
主编）
ISBN 978-7-5641-9147-4

Ⅰ.①基… Ⅱ.①王… Ⅲ.①工业建筑-建筑设计-
计算机辅助设计-应用软件-研究 Ⅳ.①TU27-39

中国版本图书馆CIP数据核字（2020）第190487号

基于新型建筑工业化的BIM信息化系统构建
Jiyu Xinxing Jianzhu Gongyehua De BIM Xinxihua Xitong Goujian

著　　者：王海宁
责任编辑：戴　丽　贺玮玮
责任印制：周荣虎

出版发行：东南大学出版社
社　　址：南京市四牌楼2号　　邮编：210096
网　　址：http://www.seupress.com
出 版 人：江建中

印　　刷：南京玉河印刷厂
排　　版：南京布克文化发展有限公司
开　　本：889 mm×1194 mm　1/16　印张：14.75　字数：300千字
版　　次：2020年10月第1版　2020年10月第1次印刷
书　　号：ISBN 978-7-5641-9147-4
定　　价：68.00元
经　　销：全国各地新华书店
发行热线：025-83790519　83791830

序一

2013 年秋天，我在参加江苏省科技论坛"建筑工业化与城乡可持续发展论坛"上提出：建筑工业化是建筑学进一步发展的重要抓手，也是建筑行业转型升级的重要推动力量。会上我深感建筑工业化对中国城乡建设的可持续发展将起到重要促进作用。2016 年 3 月 5 日，第十二届全国人民代表大会第四次会议政府工作报告中指出，我国应积极推广绿色建筑，大力发展装配式建筑，提高建筑技术水平和工程质量。可见，中国的建筑行业正面临着由粗放型向可持续型发展的重大转变。新型建筑工业化是促进这一转变的重要保证，建筑院校要引领建筑工业化领域的发展方向，及时地为建设行业培养新型建筑学人才。

张宏教授是我的学生，曾在东南大学建筑研究所工作近 20 年。在到东南大学建筑学院后，张宏教授带领团队潜心钻研建筑工业化技术研发与应用十多年，参加了多项建筑工业化方向的国家级和省级科研项目，并取得了丰硕的成果，新型低碳装配式建筑智能化建造与设计丛书是阶段性成果，后续还会有系列图书出版发行。

我和张宏经常讨论建筑工业化的相关问题，从技术、科研到教学、新型建筑学人才培养等，见证了他和他的团队一路走来的艰辛与努力。作为老师，为他能取得今天的成果而高兴。

此丛书只是记录了一个开始，希望张宏教授带领团队在未来做得更好，培养更多的新型建筑工业化人才，推进新型建筑学的发展，为城乡建设可持续发展做出贡献。

序二

在不到二百年的时间里，城市已经成为世界上大多数人的工作场所和生活家园。在全球化和信息化的时代背景下，城市空间形态与内涵正在发生日新月异的变化。建筑作为城市文明的标志，随着现代城市的发展，对建筑的要求也越来越高。

近年来在城市建设的过程中，CIM 通过 BIM、三维 GIS、大数据、云计算、物联网 (IoT)、智能化等先进数字技术，同步形成与实体城市"孪生"的数字城市，实现城市从规划、建设到管理的全过程、全要素、全方位的数字化、在线化和智能化，有利于提升城市面貌和重塑城市基础设施。

张宏团队的新型低碳装配式建筑智能化建造与设计丛书，在建筑工业化领域为数字城市做出了最基础的贡献。一栋建筑可谓是城市的一个细胞，细胞里面还有大量的数据和信息，是一个城市运维不可或缺的。从 BIM 到 CIM，作为一种新型信息化手段，势必成为未来城市建设发展的重要手段与引擎力量。

可持续智慧城市是未来城市的发展目标，数字化和信息化是实现它的基础手段。希望张宏团队在建筑工业化的领域，为数字城市的实现提供更多的基础研究，助力建设智慧城市！

序三

    中国的建筑创作可以划分为三大阶段：第一个阶段出现在中国改革开放初期，是中国建筑师效仿西方建筑设计理念的"仿学阶段"；第二个是"探索阶段"，仿学期结束以后，建筑师开始反思和探索自我；最后一个是经过第二阶段对自我的寻找，逐步走向自主的"原创阶段"。

    建筑设计与建设行业发展如何回归"本原"？这需要通过全方位的思考、全专业的协同、全链条的技术进步来实现，装配式建筑为工业化建造提供了很好的载体，工期短、品质好、绿色环保，而且具有强劲的产业带动性。

    自 2016 年国务院办公厅印发《关于大力发展装配式建筑的指导意见》以来，以装配式建筑为代表的新型建筑工业化快速推进，建造水平和建筑品质明显提高。但是，距离实现真正的绿色建筑和可持续发展还有较大的距离，产品化和信息化是其中亟须提高的两个方面。

    张宏团队的新型低碳装配式建筑智能化建造与设计丛书，立足于新型建筑工业化，依托于产学研，在产品化和信息化方向上取得了实质性的进展，为工程实践提供一套有效方法和路径，具有系统性实施的可操作性。

    建筑工业化任重而道远，但正是有了很多张宏团队这样的细致而踏实的研究，使得我们离目标越来越近。希望他和他的团队在建筑工业化的领域深耕，推动祖国的产业化进程，为实现可持续发展再接再厉！

序四

建筑构件的制作、生产、装配，建造成各种类型建筑的方法、模式和过程，不仅涉及过程中获取和消耗自然资源和能源的量以及产生的温室气体排放量（碳排放控制），而且通过产业链与经济发展模式高度关联，更与在建筑建造、营销、运营、维护等建筑全生命周期各环节中的社会个体和社会群体的权利、利益和责任相关联。所以，以基于建筑产业现代化的绿色建材工业化生产—建筑构件、设备和装备的工业化制造—建筑构件机械化装配建成建筑—建筑的智能化运营、维护—最后安全拆除建筑构件、材料再利用的新知识体系，不仅是建筑工业化发展战略目标的重要组成部分，而且构成了新型建筑学（Next Generation Architecture）的内容。换言之，经典建筑学（Classic Architecture）知识体系长期以来主要局限在为"建筑施工"而设计的形式、空间与功能层面，需要进一步扩展，才能培养出支撑城乡建设在社会、环境、经济三个方面可持续发展的新型建筑学人才，实现我国建筑产业现代化转型升级，从而推动新型城镇化的进程，进而通过"一带一路"倡议影响世界的可持续发展。

建筑工业化发展战略目标是将经典建筑学的知识体系扩展为新型建筑学的知识体系，在如下五个方面拓展研究：

（1）开展基于构件分类组合的标准化建筑设计理论与应用研究。

（2）开展建造、性能、人文与设计的新型建筑学知识体系拓展理论与人才培养方法研究。

（3）开展装配式建造技术及其建造设计理论与应用研究。

（4）开展开放的BIM（Building Information Modeling，建筑信息模型）技术应用和理论研究。

（5）开展从BIM到CIM（City Information Modeling，城市信息模型）技术扩展应用和理论研究。

本系列丛书作为国家"十二五"科技支撑计划项目"保障性住房工业化设计建造关键技术研究与示范"（2012BAJ16B00），以及课题"水网密集地区村镇宜居社区与工业化小康住宅建设关键技术与集成示范"（2013BAJ10B13）的研究成果，凝聚了以中国建设科技集团有限公司为首的科研项目大团队的智慧和力量，得到了科技部、住房和城乡建设部有关部门的关心、支持和帮助。江苏省住房和城乡建设厅、南京市住房和城乡建设委员会以及常州武进区江苏省绿色建筑博览园，在示范工程的建设和科研成果的转化、推广方面给予了大力支持。"保障性住房新型工业化建造施工关键技术研究与示范"课题（2012BAJ16B03）参与单位南京建工集团有限公司、常州市建筑科学研究院有限公司及课题合作单位南京长江都市建筑设计股份有限公司、深圳市建筑设计研究总院有限公司、南京市兴华建筑设计研究院股份有限公司、江苏省邮电规划设计院有限责任公司、北京中外建建筑设计有限公司江苏分公司、江苏圣乐建设工程有限公司、江苏建设集团有限公司、中国建材（江苏）产业研究院有限公司、江苏生态屋住工股份有限公司、南京大地建设集团有限责任公司、南京思丹鼎建筑科技有限公司、江苏大才建设集团有限公司、南京筑道智能科技有限公司、苏州科逸住宅设备股份有限公司、浙江正合建筑网模有限公司、南京嘉翼建筑科技有限公司、南京翼合华建筑数字化科技有限公司、江苏金砼预制装配建筑发展有限公司、无锡泛亚环保科技有限公司，给予了课题研究在设计、研发和建造方面的全力配合。东南大学各相关管理部门以及由建筑学院、土木工程学院、材料学院、能源与环境学院、交通学院、机械学院、计算机学院组成的课题高校研究团队紧密协同配合，高水平地完成了国家支撑计划课题研究。最终，整个团队的协同创新科研成果："基于构件法的刚性钢筋笼免拆模混凝土保障性住房新型工业化设计建造技术系统"，参加了"十二五"国家科技创新成就展，得到了社会各界的高度关注和好评。

最后感谢我的导师齐康院士为本丛书写序，并高屋建瓴地提出了新型建筑学的概念和目标。感谢王建国院士与孟建民院士为本丛书写序。感谢东南大学出版社及戴丽老师在本书出版上的大力支持，并共同策划了这套新型低碳装配式建筑智能化建造与设计系列丛书，同时感谢贺玮玮老师在出版工作中所付出的努力，相信通过系统的出版工作，必将推动新型建筑学的发展，培养支撑城乡建设可持续发展的新型建筑学人才。

东南大学建筑学院建筑技术与科学研究所
东南大学工业化住宅与建筑工业研究所
东南大学 BIM-CIM 技术研究中心
东南大学建筑设计研究院有限公司建筑工业化工程设计研究院

前　　言

　　现实需求与政策导向均证明了，我国建筑行业在当前的背景下需要走工业化道路，以改变目前高能耗、高污染、高人工占用和低效率的生产方式，但是建筑工业化的推行过程离不开建筑信息化的建设。本书以新型建筑学为立足点，从建筑设计的角度，对手工模式和工业化模式的建筑生产活动进行了系统的分析，确定了在建设设计阶段需要为后续的建筑全生命周期提供的信息支撑。本书确定了一套完整的基于工业化建筑模式下的产品研发设计流程，对传统意义上的建筑设计带来了大幅度的变革，这不仅体现在设计流程向两端的大幅扩展，还表现在设计生产模式上的巨大变革。在与建筑工业化生产相对应的前提下，将传统的基于具体项目的单一设计过程，分解成为独立的平台研发和项目设计两个阶段，由此能够将建筑设计从短促的设计档期中解脱出来，集中优势研发力量在时间较为充裕的情况下进行全面的研发工作，将主要的压力集中在研发前期而不是设计后期。关于信息输入，即建模系统的具体战术运用方法，本书提出了一种基于信息嵌套的树状表格式构件建模方法，该建模方法是以构件为核心，将分级生产、柔性定制化生产等思想贯穿于建模过程中，以信息动态嵌套这一理念来具体执行模型生成的过程，将原本杂乱无章的单维度建筑信息，通过动态嵌套这一有力手段重新整合成树状多维层级系统，以更高效的检索处理能力服务建筑系统。最后，通过建筑学与计算机科学这两种不同学科的交叉研究，对于建筑信息数据库的搭建进行了系统性的前端探索，通过研究建筑工业化系统对于数据处理、存储、整合、上传与下载方面的要求，建立与其相适应的数据库系统，并通过所承接的研究示范项目对该系统进行了验证。

　　本书的出版是在笔者博士论文基础上发展而来，笔者在博士论文研究与写作期间，深得各位良师益友的帮助，受益良多。感谢恩师张宏教授的悉心指导与帮助，感谢建筑技术科学系的各位老师提供的帮助，以及正工作室的各位师兄、师姐、师弟和师妹多年的帮助。

　　本书研究处于建造信息化系统研发的初级阶段，虽然宏观框架已建立，但是对微观细节仍需继续研究。恳请各位专家及读者批评指正。

目　录

第1章　绪论

1.1　课题来源

本研究获"十二五"国家科技支撑课题"保障性住房新型工业化建造施工技术研发与应用示范"（编号为2012BAJ16B03）的经费支持，同时本研究内容也形成了该课题的子项"工业化建造信息化组织和管理研究"的重要组成部分。

本研究同时也受到了"十二五"国家科技支撑计划课题"水网密集地区村镇宜居社区与工业化小康住宅建设关键技术研究与集成示范"（编号为2013BAJ10B13）的支持。

1.2　研究背景

建筑作为伴随着全人类经历漫长岁月的老伙伴与搭档，经过数千年的发展，至今已经越来越多地具有了诸多额外的重要属性，早已不是那个原始社会时期，单纯仅能够提供遮风避雨场所的巢居。当今社会，建筑除去功能，还承载着文化属性、技术属性、政治属性等，如望京SOHO已经不仅仅是提供居住的场所，而具有更多层面的意义（图1–1）。但是究其根本，建筑的本源在于为人类提供空间，通俗来讲在于为人们提供好房子。因此建筑的根本在于建造，完美的设计仅仅存在于"纸"上，好的建筑要以最终建造的结果为准，这也是建筑与纯人文专业，如绘画、雕塑学科的最大区别。

建筑业作为重要的实体经济，在国民经济中扮演着重要的角色，尤其是作为发展中国家的中国，其基础设施建设水平不高，房屋缺口严重，当前还无法完全做到"居者有其屋"。建筑行业已成为国民生产总值中重要的组成部分，如我国2014年全国国内生产总值为636 463亿元，其中建筑业占比为7.04%并且较之上年增长了0.17%[1]。

虽然整体上来看建筑行业的发展是蒸蒸日上的，但是目前建筑业所取得的成果却是建立在高污染、高浪费和高人工消耗的基础上的，已经对环境产

① 智研咨询集团.2015—2020年中国建筑市场全景调查与市场前景预测报告[R]. 2015.

图1-1　原始社会巢居和望京 SOHO

图片来源：http://img.redocn.com/sheying/20160615

http://img.redocn.com/sheying/20160615/yuanshishehuidanzhuchaojumoxing_6480819.jpg

生了不可恢复的影响，此种发展模式是不可持续的并且将在不久的将来失去对整个行业的推动效用，目前各大项目工地的"招工难"问题已经初见端倪，当前仅仅为阶段性发作，因人手短缺而停工的状况在未来必将频发或者成为常态，使得一部分建设项目延期甚至被迫终止。

当前的建造模式自动化水平较低，工人在现场只能采用手工方式进行生产作业，其工作内容多为基础的物质成形，而非对已有部品的组装拼合，因此需要进行大量的材料剪裁工作，由于缺乏有效的工作平台以及材料利用方面的优化计算，手工建造方式下的资源浪费已经达到了令人触目惊心的程度（图1-2）。而工地现场所产生的垃圾需要集中运出进行处理，搬运过程中在消耗资源的同时也带来安全问题，如各大城市频发的渣土车伤人事件。当前我国垃圾回收利用率较低，即使花费精力采用焚烧方式处理也会导致大量的有害气体排出，因此大部分垃圾只能进行填埋处置，但是这将对宝贵的土地资源产生浪费并严重地污染地下水资源。

为了改变上述现状，保证建筑行业朝着健康有序的方向发展，落后的生产模式必须得到革新，建筑行业所特有的劳动密集型产业特征需要向技术富集型转变。从生产力的角度来讲，必须通过生产方式的变革来提高劳动者的

图1-2　工地上堆积如山的废弃材料

图片来源：笔者自摄

生产效率，以技术优势来换取后者的显著提升，因此采用工业化大生产的方式对建筑业进行整合成为迫在眉睫需要解决的难题。上述观点在行业内部、政府决策部门甚至全社会达成了普遍共识，早在 1995 年 4 月发布的《建筑工业化发展纲要》（建字 188 号文）中就将我国建筑业发展方向锁定为建筑工业化，由此其重要程度被提高到国家层面。

但是经过多年的发展，甚至一系列优惠政策的出台，如提高容积率、降低税收、提供补贴等政策的激励下，我国现阶段建筑工业化虽然取得了一定的进展并建成了一批示范项目，但是就目前来讲，建筑工业化仍然没有成为行业主流。究其根本，虽然造成目前的"叫好不叫座"的尴尬现状的原因是多样的，但是建筑设计方面是制约其发展的限制性因素之一，以笔者为代表的建筑师团体具有不可推卸的责任，故而对此问题进行深入研究以求解决之道。

1.2.1　研究目的

传统的建造模式和信息处理手段在科技发展和客观需求水平较低的情况下能够互相配合，满足该状态下人们对于建筑的要求。但是放眼到当今时代，上述两者的搭配在应对新兴要求时往往陷入捉襟见肘的窘境，老旧的问题处理手段和应对机制已经逐渐失去效用。如过去的那种以"齐不齐一把泥"为代表[①]的粗放型建造方式已经逐步与当今的时代要求相脱节，而与落后生产方式相配合的处于原始状态的信息处理方法更加失去了存在的意义，必将逐步因为各种技术、经济和社会问题而被历史所淘汰。

纵观近 100 年，建筑业在现场阶段的工作除了一些新技术的片段化的引入之外，整体水平并没有得到本质改观，剔除掉一些独立的机械设备对工地风貌的影响外，其生产面貌从生产方式的角度来讲并没有质的改变，尤其是在量大面广的建筑领域，其中尤以住宅、学校和办公等采用钢筋混凝土为结构材料的建设项目为代表。而横向对比，同为国家经济支柱产业的制造业（车辆、航空、船舶和电子产业），近 30 年的发展已经取得了翻天覆地的变化。甚至十年前鲜有人关注的物流行业发展到今天，其自动化、信息化程度之高以及对于新技术的容纳集成力度往往令人震惊（图 1-3）。因此在新的历史背景下，传统手工模式已经无法继续支撑下去，与当前科学技术水平发展相协调的建筑工业化建造模式才能解决这一现实难题。

为了适应新形势下对于建筑各方面要求的提升，提高建筑行业的整体技术水平，一些新的基于工业化大生产思想的建筑体系应运而生，前者的贯彻执行能够带来包括提高建筑生产自动化程度、降低环境污染、减少能源消耗、

① 20世纪广泛应用的砖砌体结构对表面平整度要求较低，甚至超过2 cm的高差也可通过调整抹灰层解决。

图1-3 物流行业所使用的自动化分拣线
图片来源：http://www.materialflow.com.cn/article.do?command=findArticleByid&articleId=4912

提高劳动效率、缩短施工周期等一系列积极的影响。但是作为设计行业来讲，对于上述新型体系所带来的对建筑设计阶段的影响既没有清醒的认识也没有与之相适应的变革来应对，其设计方式方法和设计操作流程仍然停留在"手工"制图时代。对建筑工业化的回应采取的是"对付"的态度，即企图采用"旧瓶装新酒"的方法，通过最小的行为模式的改良来替代大幅度的改革。

目前建筑设计院在建筑信息模型（Building Information Modeling，BIM）方面的推广工作进展缓慢就是对于上述现状的最佳佐证，采用传统的 AutoCAD+Sketchup 软件的方式完成全部的建筑设计工作，在施工图已经绘制完毕的情况下再使用 Revit 等软件进行建筑信息模型的绘制工作[①]，使得后者这类具有充分技术优势的工具，本来能够在建筑设计阶段发挥巨大的作用，但是实际上却成为摆设和累赘。

与此同时，原有的传统建筑设计方式也与新型工业化建筑思想相抵触，前者对于建筑的考量更多的基于形式美感和使用功能，对于生产建造方面的考虑则处于次要地位甚至没有，设计图纸无法有效地指导施工，无法将建筑师对于建筑项目的设想真正落到实处。此时建筑图纸的功能更多地停留在展示和表达方面，甚至变成了单一属性的画作，建筑师的职责属性由工程设计人员变成了"建筑画匠"（图1-4）。

割裂
阻隔
矛盾

| 工业化建筑生产模式 | | 传统建筑设计模式 |

图1-4 传统设计模式与工业化建筑生产模式之间的割裂关系
图片来源：笔者自绘

本书研究的目的在于探索一种新型的建造信息化系统，以此来解决或者缓解上述的冲突与矛盾，以全新的模式来适应新生事物的发展而不是采用老旧的办法来刻意迁就。在兼顾使用功能和大众审美的基础上，该系统以适应工业化生产和保障生产建造工作平稳完成为目标。

① 我国目前已经出台政策，对一部分建筑项目采用建筑信息模型的方式进行报建，即出具的图纸文件必须包括建筑信息模型文件。

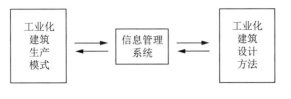

为了弥合上述的割裂和不一致，本书在建筑设计方法和信息管理模式两个部分进行具体研究工作的开展，其两者之间的关系以及与建筑生产方面的对接如图1-5所示。前者为适应建筑工业化生产模式的建筑设计的方法研究，通过系统地研究工业化建筑生产建造，明确新型生产模式对建筑设计阶段所提出的要求，以及建筑设计需要进行何种变革才能满足这些要求，其变革内容包括流程、手段、工具、人员构成、知识体系和学科背景扩充等方面。建筑设计阶段的工作方式需要进行系统性的重组，以自身的主动代谢更新来保证能够更好地适应当前的建筑生产建造工作，而不是受制于后者而被动地受其牵制。

信息管理模式则是应用新型建筑设计方法的具体手段，同时也是沟通生产和设计之间关系的重要纽带和桥梁，通过对相关信息的有效管理，使得设计阶段与建造阶段进行有效的信息互通，打通目前普遍存在的设计和施工之间的"二元孤立"现状。强化设计端的信息整合能够将信息有效地定点传递到需要的人员手中，而不是所有的相关生产链条上的各方人员只看到集成了所有信息的"一张图"。若缺乏信息管理系统的整合，原本有效的信息送至错误的人员手中则会使其变成无效，或者有效的指导信息"堆砌"得过多过杂而造成信息接收方的解读效率低下甚至是错误解读。新型信息管理模式的制定使得各方能够实时地了解项目的完成程度以及所出现的问题。

1.2.2　研究意义

本书通过对工业化生产建造和工业化建筑设计之间的匹配关系的研究，以及信息管理系统的初步系统性探索，对于当下建筑行业变革和未来行业发展方向的设定，均起到十分重要的作用。

1. 错误认知的纠正

针对当前建筑设计专业人士对于建筑信息化建设的盲从现状，本研究指明了在建筑设计领域开展信息化建设工作的必要性，以及预期所能够产生的收益和优势，对于当前整个建筑行业在信息化建设的"无目标"性的发展具有一定的引领和警醒作用。

目前设计行业对于建筑信息模型技术普遍存在抵触态度和错误认知，认为前者的应用将影响着建筑师的"劳动效率"和"产值输出"，即应用先进的信息技术进行设计工作远不如采用传统的计算机制图来得方便和直接。上述认识较片面，科学技术的发展所呈现出的是螺旋上升式的状态，在短时间内新型技术也许比不上老旧技术来得方便实在，但是造成这种现状的原因并不是前者不好，而是发展的程度有限或者没有遇到适合的土壤。就像早期的火车时速只有几公里，甚至还跑不过马车（图1-6），今天则马车的速度依旧而火车的运行时速已经突破 400 km。

当前建筑信息技术在建筑行业的发展不佳，特别是在建筑设计领域备受冷遇，在笔者看来其最大的原因莫过于建筑生产乃至建筑设计仍然停留在手工模式时代，使得建筑信息技术没有得到施展的舞台，对于信息的处理工作此时变成了毫无意义的资源浪费。但是先进技术终归会代替落后技术，就像20 世纪计算机制图代替手工制图一样，初期也是因为硬件成本高、培训复杂、稳定性差、设计师习惯未养成等各种原因导致前者的效率不及后者，也引发过"计算机制图无用论"观点的出现，并在小范围内成为主流观点，但是放眼今天，在建筑设计院中甚至已经找不到制图所用的图板了。

因此本研究对于当前建筑设计行业存在的针对建筑信息技术的某些错误认知起到了一定的警示和阻隔作用，尤其是对颇为盛行并在一定范围内被接受的"BIM 无用论"给予了响亮的回应。

2. 新型模式的探索

先进的建筑信息技术与当前大量存在的手工生产建造和手工建筑设计不相匹配，并且前者已经在全行业内被公认为是落后的和不可持续的，建筑工业化得到了各方的广泛支持——至少在宏观层面和表象上是这样的。

本研究探索了与建筑工业化生产相适应的建筑设计和信息管理模式，虽然无法完全保证在新模式中，各微观层面的严密逻辑性和绝对合理性，但是

图1-6　早期火车速度不及马车

图片来源：http://kan.weibo.com/con/
3483937067117988

探索新型模式的行为本身相对于固守旧模式以及被动的改良来讲，具备更加积极的意义，并且能够产生具有益处的附加效果。对原有不合理状态的彻底性改革将能够促使新兴技术与事物更好地发展，使其更大程度地发挥自身的优势。

3. 设计思维的拓展

工业化建筑的特点决定了其需要密切的配合和协作。工业化建筑能否挑战传统的手工建造模式，取决于它是否具备一流水平的竞争实力，即能否提供更好的使用品质、更快的建造速度、更低的开发成本和更小的环境代价。而要使其具备这样的竞争力，仅靠现有的开发技术和设计模式与方式是远远不够的，必须以信息技术为支撑，充分借鉴相关专业的成熟技术，建立基于建筑全生命周期的建造信息化系统平台。需要指出的是，信息技术作为建造过程乃至向前扩展到设计阶段的"倍增器"，需要与建筑工业化紧密联系，才能发挥应有的作用。相对于传统手工模式，信息技术需要与工业化大生产、标准化制造这些现实土壤相结合，否则仅仅与手工建造模式结合，将无法发挥其应有的效用。

当前建筑设计行业的思维过于局限和僵化，建筑设计人员仅仅关注自身所在的专业范围内的相关技术内容，对于建筑工业化的发展缺乏积极的思考，也不愿意学习新知识，掌握其他领域的知识，因此面对突如其来的新问题时，更加难以给出行之有效的技术方案和解决方法。

本研究的实施、研究过程的进行和研究结果的得出，对于拓展建筑师的设计思维具有一定的益处。新模式下的设计方法和信息管理方式将提醒着建筑师应当扩展其自身知识架构，丰富认知范围，而不是固守着前人设定好的学科边界，对建筑工业化置若罔闻。

4. 产业协作的融合

社会分工日益精细所带来的结果是更加需要加强各方的沟通联系，但是当前的建筑设计模式却刻意地将此种联系进行人为的隔绝。手工建筑生产确实不需要向建筑设计索取全面的信息，工地上的所有工作完全在现场解决，因此传统建造模式中各方的关系是离散的弱联系。但是推行建筑工业化需要相关各方的精诚合作，其合作关系必须呈现出紧密协作的耦合状态。

本研究所涉及的工业化建筑设计方法和信息管理模式均在倡导产业各方协作关系的加强，在设计过程中需要积极地引导产业各方参与到建筑设计中来，由此能够打破当前的专业壁垒，联通各个信息孤岛。特别是作为行业先导的建筑设计专业，需要先一步起到领头作用，主动加深与上下游产业的合作程度，在设计的各个关键阶段均需要相关行业的协助，进而做好技术决策工作，由此来打通全产业链的协作关系，真正调动行业内部的全部力量，群策群力、集成各方的技术和智慧来实现建筑工业化的目标。

1.3 相关研究综述

目前学术界对于在建筑信息化方面应用的研究已经开展多年，在此领域也取得了相应研究成果，其学科分布集中在管理学科学及工程、安全工程、建筑技术科学和结构工程这几大学科中。当前与信息化有关的研究内容和成果主要集中在建筑信息模型和信息整合技术两大部分。

1.3.1 建筑信息模型

建筑信息模型是一种全新的建筑设计、施工、管理的方法，以三维数字技术为基础，将规划、设计、建造、营运等各阶段的数据资料，全部包含在 3D 模型之中，让建筑物整个生命周期中任何阶段的工作人员在使用该模型时，都能拥有精确完整的数据，帮助项目设计师提升决策的效率和正确性。随着该技术逐步渗入到建筑的各个层面，它正逐步对整个建筑行业产生深远的影响。

来自佐治亚理工学院的查尔斯·伊斯门（Charles Eastman）教授早在 20 世纪 70 年代就创立今日 BIM 的雏形，被称为 "BIM 之父"。其在 1975 年 AIA Journal 上发表了以 "Building Description System"（建筑描述系统）课题为研究原型的论文。文中阐述的内容基本上与当今 BIM 理论所涉及的内容一致，如交互式定义元素、基于同一描述元素生成的平立剖面及轴承透视图、联动式修改、自动算量分析及自动建筑法规检查等，上述特征均构成了当今 BIM 的核心功能。

在 20 世纪 70 年代晚期到 80 年代早期，欧洲也在进行着类似的研究工作，只不过其研究方向从工业产品角度出发，他们的研究涉及两个专业词汇——建筑产品模型（Building Product Models，BPM）和产品信息模型（Product Information Models，PIM）。在 70 年代晚期，查尔斯·伊斯门（Charles Eastman）也同时提出了 "Building Product Models"。后来为了统一起见，将 BPM 与 PIM 合并成了 "Building Information Model"，即现在所说的 BIM 的早期形态，该词第一次于 1997 年出现在欧洲。之所以使用 "Building" 代替 "Product" 一词，则是因为建筑作为一种特殊的产品，其内涵与后者具有很大程度的不同，即前者更能涵盖设计、施工和运营。

随着建筑信息模型理论的发展，来自欧特克公司（Autodesk）[①]的建筑工

① Autodesk是世界领先的设计软件和数字内容创建公司，用于建筑设计、土地资源开发、生产、公用设施、通信、媒体和娱乐。始建于1982年，Autodesk 提供设计软件、Internet门户服务、无线开发平台及定点应用。在建筑设计领域，该公司的产品几乎垄断了本行业的全部市场，目前该公司的建筑信息模型软件Autodesk Revit在北美、欧洲和中国地区拥有极高的占用率。

业战略师菲尔·伯恩斯坦（Phil Bernstein）首次使用了"Building Information Modeling"这一词条，其于 2002 年下半年给国际建筑师协会（UIA）提出此概念及术语，紧接着在杰里·莱瑟林（Jerry Laiserin）的帮助下，这一术语得到了推广，并被 Graphisoft、Bentley System 及 Autodesk 公司作为建筑过程数字化表述的普适标准术语。旧的 BIM 术语中的"Model"是一个静态的名词，而新的 BIM 中"Modeling"为动词，其代指一个提供基础信息的描述和表述过程，而以上基础信息均围绕建筑性能模拟（关键是为后期使用行为建模）及建筑信息管理，后者中的信息模型作为所管理信息的架构来使用。

与建筑行业悠久的历史相比，BIM 技术的发展时间较短，其高速发展期始于 21 世纪之后。由于计算机硬件与软件行业的限制因素，在整个 20 世纪的末期，BIM 方面的研究仅限于理论探索方面，由于缺乏相应的成熟软件的支撑，BIM 的概念还只是停留在学者与工程师的美好憧憬中。随着相关的建筑信息模型软件的出现，特别是 Revit 被欧特克公司收购后，后者利用其在软件市场的影响力，加速了 Revit 在建筑行业的应用。虽然目前存在多种建筑信息模型软件，如 Bentley、Tekla 和 CATIA 等，但是普及程度较高的仍然为 Revit，这与欧特克公司在建筑信息模型方面的持续研究和投入有关，也与该公司在软件发放方面的策略有一定的联系，如免费教育版的投放和官方非正式的发布破解版软件等。

与建筑信息模型相关的研究内容集中在以 BIM 作为工具解决各自领域的具体问题，突出在建筑信息化进程中信息作为附属功能来助力某一具体领域的发展。即完全将建筑信息模型技术作为一种手段解决当前的问题，而不是考虑到如何以新的模式来迎接建筑信息模型技术的到来，使其效用能够倍增。

在建筑信息模型方面的研究中，以下研究成果具有一定的代表性：

武汉理工大学的李勇在其博士论文《建筑工程施工进度 BIM 预测方法研究》利用建筑信息模型和精益建造技术对施工过程中进度和突发情况进行系统建模并给予预测[①]。

西安建筑科技大学的赵钦在其博士论文《基于 BIM 的建筑工程设计优化关键技术及应用研究》中从结构工程的角度提出了基于 BIM 的建筑工程设计优化流程及优化平台架构，采用关系数据库与 XML 技术设计了基于 IFC 的数据存储和访问机制[②]。

中国矿业大学的季璇在其博士论文《基于 BIM 的楼盖模板优化设计方法研究》中利用 BIM 技术解决模板设计过程中的问题，在启发式算法的基础上，创建了有针对性的模板板面优化排布寻优算法，开发了智能模板优化与设计

① 李勇.建筑工程施工进度BIM预测方法研究[D]. 武汉：武汉理工大学,2014.
② 赵钦.基于BIM的建筑工程设计优化关键技术及应用研究[D].西安：西安建筑科技大学,2013.

软件（Intelligent Formwork Optimization and Design Software，IFOD）[①]。

台湾"中央"大学的林佳莹在其博士论文《以模型驱动架构扩展用于营运维护阶段至建筑资讯模型》中以模型驱动架构为基础，设计了一套自动化产生 BIM 应用程序的工具 BIM App Builder，使得用户可以根据自身需要为既有 BIM 模型增添属性信息[②]。

台湾"中央"大学的侯翔伟在其博士论文《建筑资讯模型应用程式之模型转换与程式产生研究》中通过使用模型驱动架构将统一建模语言转为程序编码，以方便各领域的用户根据需要进行有针对性的应用程序设计[③]。

台湾成功大学的张舜棠在其硕士论文《建筑资讯模型应用在高楼结构碰撞问题之研究》中利用 BIM 技术直接在建筑设计出具的 BIM 模型上进行深化建模和分析，对高层建筑的结构碰撞问题进行模拟研究[④]。

台湾台北科技大学的李孟星在其硕士论文《BIM 应用于营建工程施工性分析之研究》中建立了关于 BIM 工程施工分析模式，实现 BIM 三维模型同步化，用于降低施工前检查对于人为因素的依赖[⑤]。

Rad H N 和 Khosrowshahi F 在其论文 *Visualization of Building Maintenance through Time* 中所阐述的 4D 维护模型可以模拟、计算建筑因材质和照明的改变所产生的变化，从而为后续的研究提供计算模型[⑥]。

Adjei-Kumi 在 其 论 文 *A Library-Based 4D Visualization of Construction Processed* 中所建立的 PROVISYS 模型能够直观地可视化反映施工场地的周边变化[⑦]。

上述学者的研究内容涉及建筑信息模型的各个不同方面，如施工、结构、材料、设备等，虽然各自的学术侧重点有所不同，但是究其根本，均是使用建筑信息模型软件的工具特性。部分研究根据需要，在当前的建筑信息模型软件功能有限的情况下，为了满足需求而进行了一定程度的二次开发，以拓展软件的功能边界。

1.3.2 信息整合技术

信息整合技术则是在建筑信息模型技术应用的基础上对建筑信息进行的系统性整合与利用，对于建筑信息的认识已经上升到了更高的层面，不再是将其简单地作为工具来提高工作效率，而是成为一种新的模式或体系，能够完成以前所不能够达成的目标。该层面的研究更加强调信息的独立属性，而不是将其当作建筑信息模型软件的附属，实际上信息才是建筑信息模型技术中最为重要的部分。

在关于信息整合技术的研究中，以下研究成果具有一定的代表性：

① 季璇.基于BIM的楼盖模板优化设计方法研究[D]. 徐州: 中国矿业大学,2016.
② 林佳莹.以模型驱动架构扩展用于营运维护阶段至建筑资讯模型[D]. 桃园: 台湾"中央"大学,2014.
③ 侯翔伟.建筑资讯模型应用程式之模型转换与程式产生研究[D]. 桃园: 台湾"中央"大学,2014.
④ 张舜棠.建筑资讯模型应用在高楼结构碰撞问题之研究[D].台南: 台湾成功大学,2013.
⑤ 李孟星.BIM应用于营建工程施工性分析之研究[D]. 台北: 台北科技大学,2012.
⑥ Rad H N, Khosrowshahi F. Visualization of Building Maintenance through Time[C]. Proceedings of the IEEE Conference on Information Visualisation. London,1997: 308-314.
⑦ Adjei-Kumi T. A Library-Based 4D Visualization of Construction Processed[C]. Proceedings of the IEEE Conference on Information Visualisation. London,1997: 315-321.

清华大学的张洋在其博士论文《基于 BIM 的建筑工程信息集成与管理研究》中提出了基于 BIM 的工程信息管理体系与框架，并在此基础上开发了 BIM 信息集成平台[①]。

清华大学的陆宁在其博士论文《基于 BIM 技术的施工企业信息资源利用系统研究》中提出了从企业信息系统中提取信息资源并以标准化的形式对其进行统一存储和管理[②]。

北京交通大学的赵雪峰在其博士论文《建设工程全面信息管理理论和方法研究》中以工程管理的角度利用项目信息门户（Project Information Portal，PIP）、建筑信息模型和物联网（Internet of Things，IOT）等技术构建建筑工程全面信息管理（Building Total Information Management，BTIM）的框架体系[③]。

同济大学的李永奎在其博士论文《建筑工程生命周期信息管理（BLM）的理论与实现方法研究》中在对建筑工程产品生产组织特性分析的基础上，提出了建设工程组织界面管理方法，建立了基于过程管理思想改进的建设工程生命周期过程模型和通用工程建设过程协议[④]。

哈尔滨工业大学的薛维锐在其博士论文《面向协同施工的工程项目进度管理研究》中基于普适计算、BIM 技术和信息融合，构建面向协同施工的工程项目进度信息集成模型，明确进度信息集成实现过程[⑤]。

Thammasak 在其论文 *A Project-Oriented Data Warehouse of Construction* 中从施工企业的建筑信息系统数据库内部提取与成本和进度相关的结构化数值信息，并在此基础上建立施工企业数据库[⑥]。

上述学者的研究内容多集中在项目进度管理和工程造价方面，通过信息整合技术来研究数据的处理和计算问题，其研究的学科背景多为建筑工程管理，关于建筑学所代表的建筑设计领域的研究较少。

1.3.3　研究评述

上述对于建筑信息管理方面的研究较多地集中在建筑信息模型（Building Information Modeling，BIM）、建筑全生命周期管理（Building Lifecycle Management，BLM）、工业基础分类（Industry Foundation Classes，IFC）和国际字典框架（International Framework for Dictionaries，IFD）等方面。但是已有的研究内容大多局限在某一具体领域，如结构设计、工程管理、安全工程、建筑物理、建筑材料等方面，研究方的学科背景多为非建筑设计专业人士，研究内容也集中在使用相关的建筑信息软件来为特定目标服务。在信息整合方面，一些研究已经得以开展并被应用，其研究执行方多为工程管理和建筑结构专业，甚至一些专业背景为计算机科学的研究者也从自身角度出发，探索着建

① 张洋. 基于BIM的建筑工程信息集成与管理研究[D]. 北京：清华大学,2009.
② 陆宁. 基于BIM技术的施工企业信息资源利用系统研究[D]. 北京：清华大学, 2010.
③ 赵雪峰. 建设工程全面信息管理理论和方法研究[D]. 北京：北京交通大学, 2010.
④ 李永奎. 建筑工程生命周期信息管理（BLM）的理论与实现方法研究[D]. 上海：同济大学,2007.
⑤ 薛维锐. 面向协同施工的工程项目进度管理研究[D]. 哈尔滨：哈尔滨工业大学,2015.
⑥ Thammasak R. A Project-Oriented Data Warehouse of Construction[J]. Automation in Construction, 2006,15（6）：800-807.

筑信息化的建设和维护问题。

上述的已有研究是十分重要和必需的，其在深度层面上挖掘了建筑信息技术对泛建筑领域的各微观具体学科带来的影响，探索了在不同领域内建筑信息这一新兴技术能否提高手头工作的效率，以及效率能够提高到何等程度等问题。

但是上述研究均是在建筑设计已经确定的情况下进行的，并没有探讨到建筑信息技术对于设计前端的影响，而设计前端工作者对于整个建筑行业是尤为重要的，设计阶段的小幅度优化就可以带来后期生产建造阶段的巨大收益，问题和危机在设计阶段若得到排查也为后续工作扫清障碍。因此研究建筑信息化对于建筑设计阶段的影响至关重要，从源头着手并以全新的模式进行相关工作的开展，而不是过多地受到前端工作的影响，只能被动式地进行改良式研究。设计阶段信息化程度的提高能够对生产建造阶段提供更好的信息支持和指导，毕竟建筑设计的最终目标是要能够真正地指导建造而不是产生只具备观赏作用的建筑图画。

1.4 研究内容

本书针对以上综述中所表述的研究空白和薄弱点，将研究范围界定在建筑工业化的范畴内与建筑设计相关的内容，重点研究在该模式背景下的建造信息化系统的理论框架的建立及相关数据信息平台的搭建，并以此系统平台为基础，检验信息技术在建筑工业化建造过程中的作用与效果，并得出与此相配套的以产品为纲的工业化建筑设计方法。

具体研究内容分为以下部分：

1. 对比分析当前手工模式下的建筑生产现状和建筑工业化生产需求两者之间的关系，研究在建筑生产建造中应用工业化模式，对设计、生产、运输和建造所提出的要求。按照当前的需求，以产品思维模式对建筑生产建造过程进行梳理组织，确定一套适合于建筑工业化生产的生产建造模式。

2. 依据经过研究得到的建筑工业化生产建造模式，对当前的建筑设计模式进行更新与优化，探索并确定出一套与建筑工业化相适应的，具有工业产品特性的建筑研发设计体系。该体系须能够成为建筑信息化的有效载体，为生产建造阶段提供有效的支撑，将有效的数据进行吸纳与整合。

3. 探索在建筑设计阶段以何种模式和方法进行建模工作，能够将建筑信息与建筑设计进行有机整合和有效组织，而不是单纯地将信息在某一设计阶段进行随意地放置和堆砌。这一建模过程不仅仅包括在物理实体层面对虚拟三维空间的表述，还包括数学和参数层面的"建模"工作。

4. 根据所设定的信息管理模式进行数据库系统的组织构建工作，其中研究工作和内容包括具体的数据库系统的模式选择，编码信息的读取转换，模型构件参数信息的确立和使用，建筑信息模型软件外部接口的设定，插件的编写调试以及信息安全和突发情况的处置。通过上述研究工作的完成，建立起能够真正有效控制建造的建筑工业化数据库管理系统。

1.5　研究方法及技术路线

1.5.1　研究方法

为了研究目的的有效达成，本书将使用下述研究方法对相关问题进行系统性的研究与论证，所涉及的内容也将不仅仅局限于建筑学方面，将会与相关学科产生一定程度的交叉。通过使用文献研究法明确当前研究现状和存在的问题，以及相关交叉学科范围内的知识点的获取；考察调研法对所涉及的研究问题进行系统性的考察与发掘，以"行万里路"的方式进行全面而深入的摸查研究；使用案例分析法和工程实践法找寻研究内容的内在逻辑和原理；类比移植法将相关学科的可参考与可借鉴的部分进行适应性的整合和优化，为当前的研究领域和内容服务；最后使用分析综合法创造和提炼针对本研究问题的有效处理方法和解决途径。

1. 文献研究法

本书通过广泛搜集、阅读、研究与本研究课题相关领域的资料，了解前辈及同行所完成或正在进行的学术研究活动，系统归纳他人的研究成果，如机械加工制造、飞机、汽车、船舶、运输、机电、信息工程、计算机工程等行业，广泛了解相关扩展领域的知识信息，以促进对本研究领域的学术工作。

2. 考察调研法

以已有项目为基础选取具体有针对性的实际工程案例，对涵盖设计、建造、运营维护阶段在内的建筑全生命周期中，对于建筑信息化的要求进行跟踪考察，掌握第一手资料，积累真实素材。对研发设计、生产制造、总装施工以及建筑上下游厂家进行大量实际调研，了解现阶段设计建造过程中信息化应用程度，对其内部需求与矛盾进行深入分析和总结。

3. 案例分析法

通过分析案例的表面现象，研究其内在的原因及适宜的处理办法。在经过现场调研而取得的第一手资料的基础上，对具体案例进行深入而透彻的分析，力求找到不同案例内部隐藏的具有代表性和可操作性的普遍规律。

4. 工程实践法

笔者通过参加本课题组的两项"十二五"科技支撑计划，深度地加入到建筑工业化设计与建造的实践研究中来，并独立负责其中某些部分的实践研究工作，深切地体会到设计与建造阶段的信息指导与反馈关系，以此了解建筑工业化与传统手工设计建造模式的区别。

以笔者所在课题组承接的钢筋混凝土重型建筑工业化研究项目为切入点，重点研究该体系在建造过程中的信息化指导要求、建造信息反馈以及相关信息对后续使用阶段的辅助指导作用。

5. 类比移植法

类比移植法是通过观察与分析，确定对象之间相似点与相异点的思维方法，是科学研究中的基本理论方法之一，是进行科学分类的基本前提。本研究从不同的视角对建筑与汽车、船舶等行业进行类比，将相关学科的思想和解决手法引入建筑学科，并针对本专业的具体问题进行了改良与优化。

6. 分析综合法

分析综合是对复杂事物与复杂系统的理性抽象，包括对事实案例中的局部细节进行深入的剖析，以获得更加深入的认识，然后再将各个局部的研究成果进行整合以串联成为整体，形成系统性的理论。本书通过对基于建造的基础性理论、基于建造的建筑行业机制、由建造切入的建筑设计阶段的操作方法以及建造过程中的设计控制方法的研究，总结得出基于建造的建筑设计全过程的信息化控制方法。

1.5.2　技术路线

本书技术路线图如图 1-7 所示，建筑工业化建造信息系统是连接设计和建造两端的重要媒介和枢纽，会对建筑产生持续性的重要影响。在新型建筑工业化模式下，建筑设计和生产建造均须做出较大幅度的调整。

传统的落后手工生产方式较为混乱，需要优化升级成为基于建筑产品的生产模式，应当具有分级生产和逐级装配等重要特征，这样才可以发挥各自阶段的生产优势，进而提高生产效率，每一层级生产成果的作用也不相同，后者分别命名为标准件、组件、吊件及最终的建筑成品。

而建筑设计也需要做出相应的调整来适应建筑工业化的生产和建造，在同样追随产品模式的前提下，建筑设计由传统的单纯以项目导向转变成为系统平台研发和项目案例设计两者共同执行的状态，系统平台和项目案例的研发设计过程按照时间轴进行纵向排布。在遵循模块化思想的前提下，建筑体

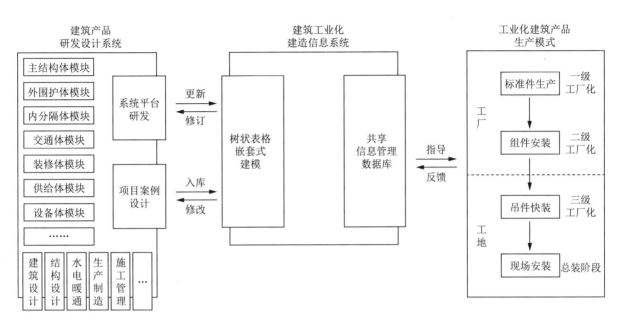

图1-7 技术路线图
图片来源: 笔者自绘

则按照物质功能构成被横向划分成为独立的各种模块,如主结构体、外围护体、内分隔体等。建筑产品研发设计系统需要其他相关专业进入体系内部,使得建筑设计从业人员能够广泛地吸取相关专业知识,与各专业一起组成研发设计联合体来共同处理研发设计问题。建筑产品研发设计系统通过系统平台研发和项目案例设计两个部分与建造信息系统产生直接关联。

作为生产建造和研发设计的重要处理枢纽——建筑工业化建造信息系统,其内部包含了与前述两者进行联系的接口。建造信息系统通过树状表格嵌套式建模与研发设计阶段产生联系,其中系统平台研发部分通过更新方式将信息传输至建造信息系统,建造信息系统则通过修订的方式反向对系统平台研发产生影响;项目案例设计部分通过入库的方式将信息传递到建造信息系统,后者则通过修改的方式将相关变化传输至项目案例设计部分。建造信息系统通过共享信息管理数据库对工业化建筑产品的生产建造进行管控,包括正向指导和逆向反馈两个方面的内容。

1.6 本书构成和章节安排

1.6.1 本书构成

本书的研究主体为建造信息化系统,根本目标在于通过建立科学高效的信息化系统,使得建筑设计的理念可以有效地传递到建造阶段,最终通过系统的贯彻执行得到建造成果。信息化系统是连接建筑设计阶段与建造执行阶段的纽带,本体架构的建立以及相应技术的采用需要进行科学的研究与分析,这就需要针对建筑设计与建造方面给予深入研究，从而洞悉建筑行业存在的问题——建筑设计与建造阶段脱节，得以提出问题、分析现状、找准诉求、提出解决方案、建立新模式、完善数据体系、应用新系统。

因此本书行文架构如下：通过研究分析建筑设计与建造施工的关系来厘清现阶段信息化在设计与建造中的作用；以及在推广工业化建筑的背景下，在建筑设计阶段所引发的革新对于信息化建设提出的新的要求，如何通过数据链来指导与服务建造阶段；新的社会背景下，建造阶段具有自身新的需求，这些对建筑设计提出了新的要求。

故本书具有三大架构，即：建筑工业化生产建造体系、建筑工业化研发设计体系和工业化建筑产品建造信息化系统。通过研究建筑的实际建造过程来探索新型的建筑工业化设计体系，然后根据新型设计体系的需求来构建建造信息化系统，最后以信息化系统为媒介来贯穿建造的全过程，采用相应技术手段辅助推进建造流程的顺利实施与开展。

1.6.2 章节安排

本书共分为 7 个章节，其组织逻辑为宏观整体——局部分项——应用案例——总体概述。具体章节划分为第一章绪论；第二、三、四、五章为核心章节，其中包括核心理念、思想与技术；第六章为研发实例章节；第七章为结论与展望。

第一章：绪论。

第二章：阐述了基于工业化生产的建筑产品研发模式研究，其中论述了生产模式与相对应的信息化建设、信息交换、信息倍增的关系，文中也对现阶段手工生产模式与工业化生产模式进行了模式对比与信息化建设方面的分析。通过系统分析，工业化建筑生产模式对于提高建筑生产效率起到了重要作用，对于提高信息促进与倍增耦合机制起到完善与补全作用。建筑产品模式、柔性定制化生产、模块化生产、分级生产是建筑工业化产品研发模式的重要内核，后续的生产组织安装以及信息系统的构建会围绕上述理念来进行。

第三章：诠释了一套完整的工业化建筑产品研发设计模式，对传统意义上的建筑设计带来了大幅度的变革，这不仅体现在设计流程向两端的大幅扩展，还表现在设计生产模式上的巨大变革。

第四章：关于建模系统的具体战术运用方法，提出了一种基于信息嵌套的树状表格式构件建模方法。前半部分对于模型在建筑设计历史长河中的发展与演化进行了归纳，分析了在不同发展时期，模型作为建筑设计的载体与表现途径的演进与兴衰，实体模型经历了从早期的兴盛，到被二维图纸所替代而位居非必要辅助位置，再到后来信息化时代虚拟模型被重新提到了一个新高度。本书所提出的建模方法是以构件为核心，将第二章所叙述的分级生产、柔性定制化生产等思想贯穿于建模过程中，以信息动态嵌套这一手段来具体执行模型生成的过程，将原本杂乱无章的单维度建筑信息通过动态嵌套这一创新手段重新整合成树状多维层级系统，以更高效的检索处理能力服务建筑系统。

第五章：数据库发展到今天，已经渗透到人类日常生活中的各个领域，特别是物流、餐饮与出行等方面。虽然建筑业对于数据库技术的应用仍然大幅度落后于其他行业，但是如果建筑行业能够做到从手工模式向工业化生产模式转变的话，其与信息数据库技术达到倍增耦合并能够相互促进，在生产效率和产品质量方面均可以得到大幅度提高。因此本书通过对建筑科学与计算机科学这两种不同学科的交叉研究，对于建筑信息数据库的搭建进行了系统性的前端探索，通过研究建筑工业化系统对于数据处理、存储、整合、上传与下载方面的要求，建立与其相适应的数据库系统。本章将从系统架构、编码系统、外部文件接口、信息安全方面进行论述。

第六章：与建筑信息系统相关的产品研发实例。通过上述章节所叙述的工业化建造设计模式、建筑信息管理共享数据库及信息动态嵌套建模方法这三大部分的构建，研究建造信息化系统构架的搭建。本章为该研究课题组在承接国家"十二五"科技支撑项目中的实际示范案例，内容包括工业化建造体系形成过程中的具体信息化系统的使用过程与数据库的实际建立，记录并分析了该型产品系统的建立、数据录入、处理、存储、反馈、扩展与检验的过程，并对具体使用的运算效率进行了论证。

第七章：结论，对于研究成果及相应创新点进行了综合论述与归纳总结，文章结尾对于本课题的研究进展给予了客观评价，并对后续研究工作进行了展望。

第2章 基于工业化的建筑产品生产模式

　　建筑业作为我国传统的国民经济支柱行业之一，其发展程度关系着国民经济命脉与普通百姓的日常生活质量。同制造业一样，其生产活动需要前期设计阶段，但不同的是，建筑业生产的产品的体积和重量与其他任何行业产品相比，完全不在一个数量级上。设计工作尤为重要，因为一旦进入施工阶段，错误设计指导下的建造活动必然引发灾难性的后果。

　　同建筑业产品体型庞大的特征类似，船舶制造业所涉及的产品虽然重量上不及前者，但是其重量也已达到几万甚至几十万吨的级别，如诺克耐维斯号的满载排水量达到 56.476 3 万 t[①]。但是假如其建造工作因为各种原因终止的话，已建成部分仍然具有一定的价值，材料经过回收可以进入其他产品的物质循环，且由于其产品材料的可回收特性，建成部分回收效率与比例均处于较高水平。例如于 1988 年开始建造的苏联乌里扬诺夫斯克号核动力航母，在 1991 年建造完成度达到 30% 的情况下，由于俄罗斯无力继续承担建造费用，一家公司意向以 450 美元 /t 的价格对其材料进行回收，考虑到当时舰船重量接近 3 万 t，该废钢材价值约 1 400 万美元[②]。

　　但是对于建筑业来讲，建造活动若被迫提前终止意味着将产生一文不值的烂尾楼，按照我国目前的情况，绝大多数建筑项目的主体材料为钢筋混凝土，对其进行拆除将产生大量无法降解的垃圾，其中仅有极少部分的钢筋具有回收价值，但该废品回收费用远远抵不上建筑拆除费用与垃圾处理费用。例如于 1987 年开工的朝鲜柳京饭店（图 2-1 所示），因设计缺陷、施工质量以及资金短缺等各方面问题导致无法正常完工并如期投入使用，作为业主的政府又无力承担继续建造的费用，项目一直搁置并沦为烂尾楼近 30 年之久，在 2016 年竣工之前，柳京饭店一直以建筑垃圾屹立于世，无法产生任何经济效益和社会价值。

　　建筑设计阶段对于建筑行业至关重要，该阶段对于后续生产建造过程尤为关键，一些细小的错误引发的设计若处置不当将为后续建造工作带来巨大的阻碍，甚至严重影响建筑的顺利完工。对于整个建筑行业来讲，需要通过

① 吕晓东. 海冰基础知识及船舶冰区航行的注意事项[J]. 珠江水运, 2015(4): 77-79.
② 李明. 国外航母作战系统发展研究[J]. 舰船电子工程, 2013, (5): 6-9, 29.

图2-1　柳京饭店
图片来源：https://static.panoramio.
com.storage.googleapis.com/photos/
original/32735411.jpg

设计阶段的深思熟虑和妥善考量换来后续施工阶段工作的顺利有序完成。若要达成以上目标，单单关注于建筑设计本身是难以保证建造阶段顺利进行的。因此需要对建造阶段进行深入研究，从本质上对建筑生产进行剖析，以此为依据来优化设计阶段的各项工作，提炼出适合新形势发展的建筑设计模式。

2.1　建筑生产模式与信息化

建筑作为人类社会发展中起步较早的行业，在人类的早期进化阶段它就已经形成基本功能，远古时期的建筑活动与当前发展的建筑活动相比，两者的基本目标一直没有发生改变，其功能一直是提供建筑产品。作为发展了如此之久的行业，其建筑生产的形态、组织形式、管理方式与技术体系随着人类社会的发展进行着革新，但是由于种种原因的影响与限制，如建筑的体型巨大、需求量广、安全系数要求高、成本控制要求极其严苛等，使得建筑业的演进过程落后其他行业许多，各种先进的理念也需要更长的时间才能在建筑业中得到验证与应用。但是可以肯定，其他先进行业的发展理念对于建筑行业来讲具有一定的参照与指导作用，但是需要经过辩证的分析和根据本行业特点进行加工后，才能被有效地运用于建筑业中。因此我们需要对相关行业的生产模式进行研究，然后与建筑行业的生产模式进行对比分析，从而发现后者的优化方向，进而可以定位限制建筑行业发展的因素以及造成建筑业与社会科技发展脱节的原因，找出建筑设计如何才能有效地指导施工阶段的办法，提高建筑产品的生产效率和产品质量，控制其价格处于合理区间。单个技术点的引入速度最快，难度也是最低的，但影响着建造的技术点纷繁错杂并难以梳理。上述均为微观层面的问题，研究建筑行业的症结需要首先从宏观层面开始，即先从宏观生产和生产模式入手。

2.1.1 生产活动的发展与生产模式的演变

人类社会的延续经历了一系列的发展与变革，劳动使得人类这一物种得以进化，获得了从动物界中脱颖而出的必要条件，即经过生产而得到物品。在通过自身劳动满足了自己与家庭成员的日常需求后，剩余的部分劳动果实被用来交换，从而使得单个劳动生产能力有限的个体可以享受到他人的劳动成果，此种方式极大地扩展了人类个体所能够接触到的产品总量。

大量的产品用于进行交换从而促进了市场的形成与货币的产生，上述两点确保了人类社会在经济层面保持了高速增长。社会的分工不断加剧，从此职业的产生意味着某一个体可以专心从事一门行业，而不用担心自身的基本生活得不到物质保障，前者可以通过劳动得到以货币为形式的报酬，在市场上买到自己所需要的各种物品。新兴技术的发展致使农业生产效率得到极大提高，在保证满足全社会的温饱需求前提下，更多的人口从农业劳作中解放出来进入工业和服务业，而后者在科学的发展下通过相应新技术的反哺，来进一步提高农业的生产效率，以此促使更多的人脱离农业生产投入其他行业。在整个社会层面产品极大丰富的情况下，不需要所有的劳动力直接投入生产中才能满足社会基本需求，这使得一部分人可以脱离传统行业的生产活动，退出生产一线岗位这种程序化、重复性的工作，可以专心思考如何进行创新活动或者研发新的技术与产品，得以改善现阶段的生产过程。研发活动在一定高度审视着人类的生产活动，通过研究行为来归纳提炼现阶段的生产行为与模式，以期掌握其中的客观规律，得出更为切实有效的新技术和新模式。

生产模式是指企业的体制、经营、管理、生产组织和技术系统的形态与运作方式[①]。它伴随着人类生产活动的发展一直至今，其核心形态的发展直接影响着生产效率、产品质量等方面的优劣。如随着蒸汽机的广泛使用，人类从粗重的简单体力劳动中解放出来，转而投入到精细劳作中，促进了生产模式的革新。原来分散的小纺织作坊被大型纺织工厂所取代，此时不仅仅得到生产效率的提高，设备、劳动力与资本的集中也带来了原料和成品运输与管理成本的降低，企业抗风险能力的增强以及城市的膨胀与规划的发展，催生了新的生产模式的出现，进而从宏观层面推动着整个行业的快速发展。

以生产模式为线索审视人类生产活动的演化，生产模式在不同时期、不同发展阶段呈现出不同的状态，一直随着科学技术的革新和市场经济状况的变化处于螺旋上升的态势，这其中也历经一些关键性的变革，按照重要时间节点划分，可分四个阶段。

① 赵飞. 工业4.0进程中制造业生产模式的时空分析[D].北京：北京交通大学,2016.

1.手工作坊生产模式

人类社会技术发展到一定程度,农业生产在经过千百年来的发展以及对自然规律适应的基础上,其单位产量得到提高,这意味着同样的农业劳动力可以养活更多的人口,因此对劳动力需求逐步降低,从而将一部分劳动力解放出来。

经济的发展带来了物质的丰富以及社会整体富裕程度的提高,在满足饮食的基础上更多的资金能够被用于其他方面,伴随着黑格尔系数不断降低的同时,人类对于其他产品的需求得到进一步增强,从而市场得以繁荣,促使着更多人口从农业脱离转而进入手工业。

由于机械动力水平有限,该阶段的生产行为几乎全部依靠人力或者畜力,仅在个别地理条件优越的地方使用水力和风力,而在生产的全流程操作方面则全部依靠人力负责不同步骤之间的转换。手工作坊模式下的生产效率处于较低水平,最终的生产总量取决于劳动时间和手工业者的数量。同时由于相关工程技术水平的限制,如受到场地、卫生等方面的影响,生产规模处于较低水平,普遍以家庭为单位的运作形式存在,规模较大的同样也是以核心家庭为单位,外加雇用一定数量的手工业者进行生产。

可以看到,此种生产模式一直贯穿着人类社会的启蒙和初级阶段,在漫长的发展过程中,生产效率没有得到本质上的提高并始终处于初级水平的阶段。由于管理能力和当时信息传达能力的限制,生产规模小,以至于上百人的规模已经十分少见,独立单元的从业人员数量大多处于普通家庭人数范围内。简单的手工机具加上纯手工的操作方式,使得作坊内部的产品规格和品控难以统一,而同行业内不同作坊间的规格更是千差万别,质量也是参差不齐。

由于交通工具方面的技术水平低,物流能力的匮乏导致了市场化程度发展较为初级,产品的交易活动发生在长年固定的市场或集市中,且交易活动定期化、交易数量固定化。上述生产的后续交易阶段的特点,决定了手工作坊模式下的生产活动处于稳定的状态,作坊内部的产品不仅种类少且更新速度较慢,从业人员甚至一辈子都不用学习新的知识和技能,也不需要更新所制作产品的品种。

2.单件小批量生产模式

随着工业革命的到来,以蒸汽机、火车、纺织机为代表的一系列革新产物在各个行业发挥着重要作用。由于化石燃料所提供的动力的效果与可靠程度远超出人力所及的范围,使得工人从粗重的纯体力劳动中解放出来,转而操作机械设备间接完成生产过程。

以复杂的机械为代表的生产工具的作用与地位得到成倍的提高。手工作坊生产模式中的生产工具由于较为简单且功能有限，其对于生产的贡献与作用要低于生产者，生产者对于技艺的修炼需要经年累月的实施练习，而生产工具由于其功能单一，则很容易找到类似功能的替代品。但在单件小批量生产模式下，生产者的地位与贡献让位于生产工具，生产活动的技术细节与奥秘隐藏在相应的机械设备中，操作机械的工人则可以经过一些时日的培训后迅速获得操作技能。在资本主义发展的早期阶段，18 世纪英、法等国出现了在劳动力短缺的时候甚至开始使用童工充当正式工人，这些未成年的儿童对于即将从事的生产活动没有任何基础和经验，但是经过短时间的培训后就可以投入到生产中，也没有影响生产的正常运行。

此阶段生产模式中用于生产的机械变得尤为重要，成为制约整个生产活动的核心与灵魂。而由于为机械提供动力的设备过于庞大，无法轻易地更换位置，因此生产活动必须围绕着机械进行，在通常情况下工厂建立之初机械的位置就已经得到确认并被固定下来。由此，手工作坊模式下的以家庭为单位的分散组织形式被劳动者和生产工具高密度的集聚形式所取代；空间有限的位于民房中的作坊变成了专门为了生产所建造的宽敞的厂房；分散的以生产者个人为中心的生产布局方式转变成了以各种机械为代表的生产工具为核心的布局形态。

此种生产模式下，由于工人事先需要进行岗位培训，因而从生产者角度来讲，对于产品的控制能力弱化，其工作更多的是对于前端管理者指令的执行，因此管理者对于生产的过程需要担负全部责任，其指令的正确与否直接影响着产品的形态，管理者对于生产步骤、工序组成以及产品开发需要进行全方位的审视，在进行正式生产之前要全部确定，否则错误的指令会造成无意义的生产活动，耗费同样生产资料的同时产出的仅为残次废品。（图 2-2）

手工作坊生产模式下，手工业者同时肩负或者部分承担着对于产品的设计工作，产品的生产过程同时也是设计过程，手工业者可以在生产的同时改变产品的设计方案。并且由于手工的不精确性与差异的客观存在，单个手工业者同一时间段生产的产品规格存在差异，而出自不同人之手的产品差异则更巨大。但是在单件小批量生产模式下，操作工人完全不承担设计工作，进

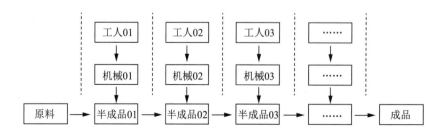

图2-2　单件小批量生产模式示意图

图片来源：笔者自绘

入生产阶段时产品设计已经定型，工人仅需要执行操作步骤，程序化的操作方式以及标准化的机械生产杜绝了人工的不确定性对产品的影响，上述措施均使得同一批次内的产品质量、规格及各项指标保持一致。

3. 大规模定制生产模式

随着生产技术的发展和人类的需求不断增长，不同种类的产品大量地被生产出来，极大地丰富了人们的日常生活，产品的数量和复杂程度被持续地刷新，其生产范围出现了功能极具复杂、内部层级众多、组装具有一定难度的大件产品，典型的代表为汽车生产。

美国福特汽车公司的创始人亨利·福特于 20 世纪初对汽车生产方式进行革命性的创新后，开创了大规模定制生产模式的先河。他通过对当时汽车生产现状的深入分析，发现汽车生产过程的大量时间被耗费在物品取用上，而在带着相应的疑问观察其他行业的生产活动后，辩证性地吸取了肉类屠宰行业的生产特点，将后者进行汽车生产行业的适应化改良后，发明了以流水线为代表的大规模定制生产模式，使得汽车生产效率得到极大的提升。到 1914 年，福特汽车公司 T 型车（图 2-3）的生产速度达到了 93 分钟一辆，而单价随着产量飙升的同时大幅度下降，从 1908 年的 825 美元降到了 1920 年代的 290 美元，其间共销售了 1 500 多万辆[1]。（图 2-3）

T 型车在生产模式上的成功不仅给福特公司带来发展机遇和巨大利润，也带动了整个工业生产模式的革新，诸多行业借鉴福特公司的经验，应用了适合自身产品的生产线以提高产品的生产效率。汽车产品在质优价廉的前提下进入了千家万户，其影响已经不仅仅停留在方便人们的日常出行层面，更加拓展了人类的生活半径，促进了一连串相关行业的发展，甚至影响到城市规划布局方式，促进了卫星城市的形成与发展。

图 2-3　亨利·福特和福特 T 型车
图片来源：https://www.cc362.com/content/OM1yReG0al.html

大规模定制生产模式建立在以产品为核心的生产方式上，一切设计与设置都是为了方便其能够达到更好的生产过程，这其中包括生产人员、机械设备、物料存放与运送通道等方便产品生产的前提条件，上述各要素的排列方

① 福特 T 型车的辉煌与没落[J]. 市场观察，2011（9）：31.

式依照生产流程依次呈线状分布。为了将上述因素的配置达到正确合理的程度，需要将工序流程进行十分彻底的分析，生产行为需要被分解到微观动作的具体定义，研究如何能够使得各动作可以更容易地被完成，呈现更好的效果、更低的物料损耗、更小的人工占用以及更佳的安全保障。由此，工法在大规模定制生产中被提到了较高的层面，工法的先进程度决定了整条生产线的效率。

生产行为的分解优化，是将一长串的生产过程切分成若干小段，每一段代表着具体的一个分段工序，位于该工序的操作工人所掌握的生产技能仅仅只对应所负责的特定工序。分段工序的操作工人对于整个生产链条上工序的了解也仅仅涉及其上游和下游工序，即了解需要从上游工序那边得到何种成品作为本工序的原料，以及为下游工序原料的本阶段完成品需要达到何种质量标准，对其整个工序链条中的其他各分段工序则全然不知。专于某一特定工序的生产，对于工人技能的要求降低，只需要满足基本的要求，然后经过短时间培训即可成为合格的操作人员。原本复杂冗长的生产过程虽然难以被整体精确记忆，但是经过工序细分后，对于参与到某一特定区段的生产人员来讲，所投入到的是复杂总工序中的一个微观步骤，是一系列简单又具象的操作动作，胜任该步骤的工作不需要懂得产品的功能与原理，仅需要按照设定好的生产步骤来执行即可，以简单的叠加和局部的易于控制，来达成整体性的复杂与完备。

大规模定制生产模式的生产工序是一个综合而又复杂的整体过程，材料和物品的加工手段会受到当前科技水平的限制，同样类型的操作自然会在整体工序中重复发生，如在汽车生产过程中焊接和螺栓紧固作业会多次出现。但是由于生产行为呈线状分布，同类操作不可能返回之前的工序使用其设备进行加工，这样会导致生产线上的空间交叉，物料的正常运送通道会受到阻隔。而且生产线一旦建立，其各工序的生产过程是紧密连续的，并且工序间的切换是没有缝隙的，即从属于任何细分工序的设备，在正常负荷状态下被本工序的内部作业全部占用，因此从时间维度来讲，自然难以分配该设备为其他工序服务。因此生产工人和机械需要根据工序多倍配置，才能保证工序的连贯性，如上述例子，需要在汽车生产线上配置多套焊接机器臂和螺栓紧固设备才能满足其正常生产节奏，虽然设备的型号是完全一样的。

从本质上分析该生产模式的资源配置特征，该模式采用了空间和数量换取速度的方式来达到产品生产的极高效率。即生产流程的细化导致该过程在空间维度拉长从而造成了生产线占地面积巨大，现阶段工业厂房的建筑设计需要重点考虑工艺流程就是上述问题的反映，厂房的三维尺寸由所容纳的生产线的尺寸决定。数量则包括机械设备数量和生产人员数量，按照工序设置则不需要频繁地更换模具。上述两方面以财力与物力的"牺牲"确保了生产效率可以达到极高的水平。

生产规模必须达到一定程度，才能够应用此生产模式，否则建立起整条生产线所耗费的成本分摊到单个产品上，将带来巨大的额外成本支出，导致产品的价格居高不下，难以形成有效的商业营销模式。由于生产线的价格难以降低，如果想要降低单个商品的生产线平摊费用，只能通过提高产品数量来达到目的。

但是旧的生产线往往不能直接适应新产品的生产工序流程，而对于生产线进行重新布局需要花费大量的时间和金钱，重新布局甚至因为外部限制条件过于苛刻如厂房尺寸不达标，而需要新建厂房来容纳新的生产线。由于种种限制条件，导致产品更新速度降低。

大规模的生产必然需要容量巨大的仓库来妥善容纳所生产的产品，否则保管不善将带来产品的质量受损从而产生无法在市场上正常销售的后果，给厂家蒙受巨大的经济损失。但是随着单一产品的功能日渐与社会需求脱节，其销量会逐步降低，此时如果生产线还是满负荷运转的话，将造成产品的大量积压，滞销的产品放置在仓库中也同样需要耗费财力，从而变相拉高生产成本，降低产品的竞争力。一些当年创造过辉煌的产品在其生命末期往往出现一定程度的滞销现象。

福特的大规模定制生产模式得到社会广泛关注，迅速在工业领域引发了一场巨大的变革，与人们日常生活相关的物品几乎全部采用了生产线模式来进行产品的生产，但是随着产品的更新速度加快，此种生产模式的弊端也渐渐暴露出来。大规模定制生产模式需要提前对产品的销售情况进行预估，然后以此为依据订立生产计划，计划的建立需要满足生产顺序的要求，工序上的每个链条的详尽生产计划需要一一被安排。这是一种典型的"推"式生产模式，即生产主管部门以生产计划为手段推动着每个工序的正常运转，甚至每个工人的具体作业都需要被详细指明。该计划模式以极高的工作效率在卖方市场盛行，即生产出来的产品都将会迅速地被卖出，特别在物资匮乏的计划经济时代和战争年代，悬殊的供需关系甚至造成了产品生产结束后不用经过仓库，直接被买方运走。

4. 小批量柔性生产模式

随着 1945 年第二次世界大战结束，人类在没有大规模战争的情况下以整体基本和平的状态保持着持续发展的势头，科学得到了长足的发展，新兴技术爆炸性地涌现并被迅速应用，以产品的形式经由市场传递给大众。交通运输和电子通信技术的发展使得地区间的联系日益紧密，地理上的阻隔在各层面被依次克服甚至最终得到消解，文明和文化得到迅速传播，社会变革的速度加快、周期变短，人们对于产品的需求也更加呈现出多样化的特征。此时，产品的种类暴增，过去大卖的福特 T 型车此时已经难以满足大众的胃口，当年一家汽车公司只卖一款车的情况不复存在，现在福特汽车公司的车辆品种已经数以百计。在种类暴增的同时，产品的升级换代速度加快，过去一款产品的生命周期长达十年甚至几十年，如大众甲壳虫从 1938 年卖到 2003 年，大众帕萨特 B2 也在中国生产了 29 年。但是在新形势下，产品更新速度明显加快，种类众多，市场呈现饱和的状态，卖方市场逐步过渡到买方市场，当今谁也无法对产品投产后销售情况提供绝对担保。贸然进行大量生产的风险过大，有可能出现销售问题，产品大量积压造成资金链断裂，最终导致公司破产。因此为了适应现状，产品的生产应当做到小批量、低库存和高速度，这样才能将企业控制在较低的风险中，从而具有较高的竞争力。

丰田公司借鉴了福特公司生产模式后，在采用了其生产线进行汽车生产后，也发现了其中的问题，进而创造了自己的丰田产品模式 TPS（Toyota Product System），其中最重要的核心为适时生产模式 JIT（Just in Time）。这是小批量柔性生产模式，它与大规模定制生产的"推"式计划生产不同，其呈现出"拉"式的自下而上的生产模式（图 2-4）。生产主管部门不再详细地制定针对每个工序的计划，仅将指令传递给生产线的最后一步，告诉后者需要的产品种类和数量，然后由后一步工序向前一步工序索要零件，这样一级接着一级地从后向前传递直至串联整个生产流程。从此生产行为做到了真正的有的放矢，从制度上杜绝了盲目性，产品的积压率得以控制，公司库存压力得到释放，丰田公司甚至做到了零库存，即采用订单模式进行生产，工厂的生产行为完全按照订单的情况进行着适时调整，产品生产完成后即刻进入

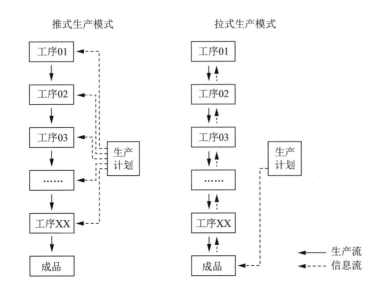

图2-4 推式生产模式与拉式生产模式对比分析
图片来源：笔者自绘

物流运输阶段。在上述生产模式下，公司内部对库存部门进行了精简，因库存部门在大规模定制生产模式中需要大量的土地、物力与财力。对该项成本支出的精简，不仅节省了仓库的建造和运营费用，同时也省去了二次重复搬运对于人力和能源的消耗。

由于采用小批量柔性生产模式，生产线的机械配置得到一定程度的集成，多用途、多功能的机床设备使得对于不同产品的生产活动具有一定程度的容纳性，但是却对机械设备和人员素质提出了更高的要求。大批量定制生产模式对工人要求程度低，可以在短时间内经过简单培训后上岗，工人的工作就是对于机械设备的程序化操作，而在电气自动化高度发展的今天，绝大部分有章可循的流程化工作均可以被机械替代，这部分工作占据了整个生产流程的绝大多数，但是仍有一小部分需要人工进行介入，恰恰这部分因素决定着生产活动能够达到何种高度。

柔性生产模式对于工人的要求较高，具体体现在两个方面，即生产知识背景和专业操作技能方面。前者体现在不光需要知道本工序的基本操作，还需要对上下级流程有全面了解，对于整体工序具备基本的认识，这样才能满足推式生产模式的要求，可以顺利地应用看板模式，做好该模式其中合格的一环，即做到看懂下一步工序的看板，为上一步工序编制看板。而在专业技能方面，由于生产线不拘泥于具体某种产品的生产，因此设备具有一定的多用途性，如数控机床的使用实现了一机多用，具备了原先车、钳、钻、铣、切、刨多台机床的功能，但却需要操作工人具备多功能通用机械的操作方法，能够使用多种加工设备，这就需要不仅简单地知晓操作流程，还需要对于各种设备的运作原理有一定的认知，具备一定的理论知识水平。丰田公司建立了一系列的机制来确保人员素质这一软环境，能够对以产品为主导的生产行为产生促进作用，如鼓励工人发现生产中的问题，基层工人可以参与包括产品设计、生产模式、工序制定等与生产相关的一系列研讨活动，现阶段丰田公司所使用的一些实用工法凝聚着一线产业工人的智慧。

生产活动保持一定的柔性，对于同一条生产线来讲需要满足多种产品同时生产的要求，这对于生产线设计工作提出了极大的要求。但是大规模集成电路、自动控制和人工智能的发展，使得通用型机械成为可能。例如焊接机器人在汽车生产线的大量使用，使得焊接工作不需要模具和人工介入，产品生产类型的更换仅需要更新相应的软件即可，可以不对原有硬件进行改动。而在焊接机器人出现之前，采用人工手段进行生产活动的变更，不仅需要准备相应的模具，还需要对操作工人进行培训，这两者都将耗费大量的时间和财力。同时生产线组织方面的模块化设计，使得不同种类的机械设备可以更加灵活地进行组织，假如需要进行硬件方面的调整则可以在付出最小改动时间和精力的情况下快速完成改动工作，通过局部的硬件修改来适应不同类型的产品生产。在硬件调整方面，TPS 模式也充分发挥了人员在其中的主观积极作用，如丰田生产线上冲压模具的更换工作，在工人和技术人员的共同努力下，转换模具的系统停车时间从最初的 1 个小时缩短至成熟时期的 10 分钟。

小批量柔性生产使得企业具有高效率和高适应性的特点，从管理模式来讲，通过模式的创新，使得生产管理部门的工作得以下放，可以与来自生产线的工人共同承担。原来需要详尽地分配每个工人的具体工作，而在新的模式下只需要告知产品的数量，具体生产组织的事情由一线工人进行内部管理，通过与生产工序相反的方向进行逐级拉动管理。管理部门由此减轻了繁杂的工作量，可以将更多的精力投入到生产组织与效率提高的创新上。而一线工人的生产积极性也得以提高，原有单纯的服从管理分配的角色特点得以改变，在拉式生产模式下工人可以充分发挥个人的智力，对于自己的日常生产工作进行改进，丰田公司生产方面的创新也确实有很大部分来自一线生产工人的智慧。

从上述人类生产模式发展的四个阶段中，我们可以看到其核心关注点一直发生着更迭，从早期手工作坊模式中简单地以手工业生产者为中心，到单件小批量模式的以机械设备为中心，再到大规模定制模式的以产品为中心，最终回归到小批量柔性生产模式以发掘生产者的主观能动性为增长点，其发展过程呈现出螺旋上升的状态。早期由于工具的匮乏，生产活动只能以生产者为中心，而在第四阶段强调人的作用则是在物资设备极大丰富且处于买方市场的情况下，需要提高人的素质来更好地运用上述工具，两者中人的作用不可同日而语（图 2-5）。

纵观生产发展的四个阶段中，生产模式是人类生产活动的模式方法，其模式的先进程度代表了生产活动的高效程度，低层级生产模式所带来的生产效率完全无法与高阶生产活动相提并论。通过对比可以看到，随着生产模式的变迁，信息在其中的作用逐渐提高，信息技术的发展从最初的萌芽阶段逐步演化发展成为柔性生产模式中的看板所包含的信息，甚至一些学者将 TPS 生产模式归结为看板模式，足以见得信息在生产模式中的重要作用，信息在不同的生产模式中呈现出下述发展脉络。

手工作坊模式中相关生产信息存在于手工业者的脑海中，在该模式下，生产者同时也是产品的设计者，信息产生方与信息接收方同为一人，几乎不需要对外进行信息交

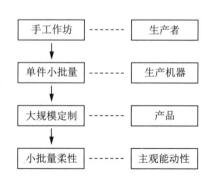

图2-5 不同阶段生产模式的核心点的变迁
图片来源：笔者自绘

换,而那个时代生产信息作为技艺手法的重要组成部分,本身就是秘而不宣的,因此信息对外保密。手工作坊模式的生产由于采用人工生产,没有相应的质量管控手段来保证产品的一致性,因此产出品相互之间具有差别,由于相异性,所以严格意义上讲,生产出来的为工艺品而不是工业产品。

后三个阶段生产模式所得到的产品为工业产品,相同种类的产品具有同样的规格与性能,而正是由于信息的公开与传递,才能保证不同的生产者之间得以沟通与交流,使得上述对于生产结果的要求成为可能。单件小批量生产模式和大规模定制生产模式中,进行生产活动的工人只需要单方面执行设计人员的意图,而生产人员之间不需要进行沟通交流,此时信息呈现单向传递,即设计方向生产方单向传递信息。在小批量柔性生产模式中,信息的传递呈现多方向、多层级化的发展趋势,这其中包括设计方向生产方传递、生产方之间传递以及生产方对设计方进行的反馈,此时信息的传播呈现出多线路爆炸型发展。

2.1.2　我国现阶段的建筑生产模式

建筑业作为古老的行业,建筑产品所独具的特征与日常接触的产品均有所不同,因此对于建筑的生产模式的研究也具有特殊的意义,从产品的角度来看,建筑产品具有以下不同之处。

首先,建筑产品需要为人类提供遮风避雨的场所,需要提供可以容纳人类各种活动的空间,因此满足上述情况下,建筑产品的体量都十分巨大。对于这一特征,其他的各种产品均望尘莫及,能与其相提并论的产品也仅有船舶一类。由于巨大的体量,所以主流的建筑产品无法完全在工厂中完成,均需要经过现场组装,这一点与船舶的总装类似,但是又不完全一致,后者经过总装阶段后可以自由航行从而移动位置,而建筑则需要稳定在固定位置上经历其全部生命周期。

其次,相对于一般产品3年、5年甚至10年的使用时间,建筑产品的生命周期要长得多,普通建筑使用寿命为50年,一些纪念性建筑的寿命超过100年,甚至有些建筑超过1000年仍然可以正常使用。

再次,建筑产品造价不菲,相比人们日常生活中可以买到的商品,建筑产品的价格要高于其他产品。在当今中国现状下,购买一套满足基本居住需求的建筑产品往往需要倾尽一户人家十年甚至数十年的收入。

然后,建筑产品是静态的,任何建筑均需要通过基础放置在地基中,就像植物通过根系生长在土壤中一样,不能随便移动。而且建筑产品的受力方式仅能满足静态需求,与承力地基发生相对运动将造成结构性的损坏。

最后，建筑需要满足不同业主的多样化使用需求，因此几乎没有两个建筑产品是完全一样的，即使外观看上去完全一致的两栋建筑，也会因为所处位置的地质情况的不同，造成建筑内部如结构和细部构造的差别。所以，建筑产品具有唯一性。

由于上述建筑产品所具有的特征，决定了建筑产品的生产是一个综合复杂的过程，其生产活动均分为两个相互独立的阶段，即准备阶段和现场阶段，这两个阶段工作的紧密配合与衔接确保了建筑生产活动的顺利进行。准备阶段为相关建筑材料和构件的制备过程，该阶段所生产的所有产品均为中间产品，本身不能直接产生相应的功能来满足人们的需求，生产的目标是为现场施工做好物质上的准备工作。现场阶段为最终的现场施工阶段，使用上一阶段所提供的中间产品来完成建筑的生产工作，为甲方提供实际建筑产品。由此对于建筑生产模式的研究需要分阶段进行，即以准备阶段和现场阶段为独立研究对象分开进行考量。

1. 准备阶段的生产模式

按照我国现阶段的建筑生产发展情况，准备阶段的生产模式处于单件小批量生产模式向小批量柔性生产模式迈进的过程中，具体表现为以下几类：

（1）相关基础建筑材料的生产已经采用了生产线进行大批量快速生产，如常用的水泥、石子、黄沙和钢材等，材料的生产活动围绕产品本身进行，但是生产活动采用推式模式，生产计划完全由生产主管部门进行逐级制定，产品需要准备大量的仓库空间进行放置，而生产过剩造成产品大量积压的情况时有发生。

（2）某些建筑产品的生产已经采用小批量柔性生产模式，其中最具代表性并得到广泛应用的为商品混凝土。由于此产品的保质期极短，生产完成后数小时内就需要被使用，因此采用了订单生产模式，即典型的拉式生产。而且由于工作环境差、劳动强度高，并且需要满足 24 小时随时待命状态，因此商品混凝土行业大量使用自动化设备替代人工劳作，如采用商品混凝土搅拌站，可以达到极高的自动化程度，上料、称重、搅拌、运送工作均由相应自动化设备进行，日常的生产活动仅需要中央控制室为数不多的控制人员进行总体监控，前后工序的衔接采用由机器识别的电子信息系统来自动完成，即已经实现了看板信息的数字化和看板传递的自动化。

（3）相对复杂的构件的生产则仅能处于单件小批量生产模式阶段，相关产品的生产没有做到流水化作业，生产活动围绕着生产设备进行，尤其是混凝土制品的生产，由于养护时间长、制品成型强度低等原因，难以在制作过程中更换位置，因此产品的生产不适于采用流水作业方式进行，生产效率无法得到实质性提高。

2.现场阶段的生产模式

现场阶段的生产活动是将准备阶段备制的所有材料和构件，经过运输、就位和连接工作后组合成为一栋完整的建筑产品，从原理来讲类似于汽车和船舶工业的总装阶段，但是考虑到体量、造价、生产数量等因素，建筑生产现场阶段的工作性质与船舶工业更相似。

纵观当今建筑工业现场阶段的生产活动，则其属于典型的手工作坊生产模式，其生产行为呈现出以下特点：

（1）手工模式为主

虽然采用了一定数量的大型设备参与建造过程，如塔吊、汽车吊、叉车、卡车等，但上述设备大多只参与材料和构件的运输，而更为关键的定位和加工阶段的工作几乎全部采用人工和简单的手动工具完成，因此生产效率必然处于手工作坊生产模式所代表的较低的水平。由于生产模式的限制，手工模式下的生产活动受到施工人员参差不齐的职业素质的影响，必然造成良莠不齐的建造结果。从精度设置就可以看出上述问题，建筑产品以厘米为精度单位，而其他行业如机械行业以丝（百分之一毫米）为精度单位，电子计算机行业以纳米为精度单位。

（2）生产效率低下

所有建造活动处于同一位置进行，意味着生产活动必须以建筑物所处的场地为中心，在时间轴方向上一维展开，因此必然会造成不同工序的工作人员按照工序排队等待进入场地开展生产，而单个建设项目中仅有数目有限的建筑可以同时施工，因此必然会造成窝工现象的发生，当前工地上工人干两天活等三天工的情况十分普遍。本来手工模式下生产活动的效率很低，再算上工人等待工作的时间，现场阶段的生产效率经整体测算后将更低。

（3）生产质量难以保证

采用简单的手动工具来进行定位和组装工作，在精度难以掌握的情况下会导致质量不佳，而生产活动缺乏切实有效的监管，必然造成生产行为不注意品质的控制。我国现阶段针对现场施工的质量管控工作难以做到面面俱到，无法做到对每道工序的有效监管。类似手工作坊式生产模式下的工序不可能得到有效的细分，工作的品质控制只能基于施工人员的自我要求的高低决定。

建筑生产活动的现场阶段的工作由于自身的特点，决定了其难以步入高阶生产模式的范畴。建筑产品具有庞大的体型和巨大的体量，因此无法将现场阶段的工作装入室内空间然后采用生产线完成总装工作，而建筑产品多变的形态也决定了建筑现场阶段的生产不能采用大规模定制生产模式。因此衡量建筑的生产模式需要综合准备阶段和现场阶段两个不同阶段各自的生产模式。

2.1.3 建筑生产中信息的作用

信息在手工作坊生产模式之后一直扮演着重要的角色，它是产品设计的重要传达媒介，通过信息的传递使得生产与设计可以得到有效沟通，从而避免错误的产生，确保生产活动朝着正确的方向推进。建筑生产中信息的作用同样重要，而且越是生产活动进行到后续的步骤，信息在其中就越起到制约作用。甚至即使在建筑生产的手工作坊生产模式中，信息在其中也扮演重要的角色，建筑的生产活动本身就是多角色配合的过程，单纯借助某一两个人的力量是无法完成建筑产品的生产工作的，必然需要多方共同配合，而参与人数的增加对于信息流的顺畅传递提出了更高的要求。

准备阶段的材料和构件的生产需要生产主管方提供生产指导信息和排产信息，工人从中可以明确需要生产哪些产品、如何生产以及生产的数量是多少，此时信息从管理方流向执行方。而生产部门在生产任务完成后也需要将计划完成情况向管理方进行反馈，管理者得以知晓生产状态并以此为依据制定下一阶段的生产任务，此时信息又反向从执行方流向管理方。因此准备阶段的信息流动是双向的，同时均需要得到反馈，这种信息流动方式是紧密的，将互为上下游的两端密切地联系到一起。

现场阶段的生产活动的信息传播主要呈现出单向性，其主导方向为从项目设计方传递到施工方，前者需要为后者提供以下信息，如需要采用何种材料和构件、物料进入指定位置的顺序、使用何种方式进行操作等；而生产完成后的具体反馈信息则不用向设计方进行具体的传输，相应的质量管控方面的工作由监理和质检方负责。该阶段的信息传输没有生产准备阶段完善的双向和反馈机制，信息传输结果的正确与否不能得到完善的保证，信息发送方对于信息接收方的信息解读情况难以知晓，因此必然会造成信息误读与漏读情况的发生，产生一定质量隐患。（图 2-6）

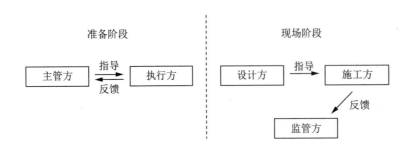

图2-6 现阶段建筑生产活动信息流向
图片来源:笔者自绘

2.2　当前建筑生产行为与信息化程度

我国的建筑生产活动于20世纪中叶全面进入现代化进程阶段，之前的建造行为与几百年前如出一辙，经过了半个多世纪的发展，取得了一系列的成果，建筑行业的面貌也与百年前相比有了长足的进步。但是现阶段的建筑生产活动并非在每个环节都得到了全面的发展，某些方面的生产行为和模式已经达到了整个工业领域的前端水平，但是一些部分的生产行为仍然与数百年前没有本质的进步，仅仅在工具的使用方面更加熟练和高效而已，这是仅在"器"上的进步，还远没有达到"道"的程度。

2.2.1　作品模式指导下的建筑生产

工业发展的最终结果是要为社会提供好的产品，因此在某一微观工业生产系统内部，单纯的好设计是没有真正的直接价值的，只有生产出好的产品推向市场让使用者切实感受到所实现的功能，才能够带来实际的价值，也能够为企业和从业人员提供相应的保障和发展。而艺术行业则与上述特点不同，其行业运作的根本关注点在于提供给观赏者美的感受，而不苛求美感的承载实体更多的功能属性，因此艺术从业人员生产出的物品虽然具备产品的属性，也是通过人类劳动生产出来的，但是这种物品被定位为特殊的产品——作品。

艺术创作具有独创性，因此作为创作成果的作品本身必须具有唯一性，相同的作品问世意味着抄袭行为的发生，剽窃者必将受到社会大众的不屑、谴责与抵制。而唯一性则意味着作品难以进行大量复制来得到社会广泛认可并被使用，作品模式下的生产活动必然只能停留在手工作坊生产模式阶段，生产活动的组织自然也是小范围的、不成系统的。

1. 建筑设计的作品特性

建筑产品由于其自身物理功能特性决定了完全相同的建筑的重复可能性极低，因此难以同其他产品一样可以形成一定规模的生产。而由于人类社会发展早期的社会分工不精细，进行建筑设计活动的建筑师同时也兼顾其他行业，这一点在欧洲中世纪和文艺复兴时期特别普遍，诸多久负盛名的建筑师同时也是技艺高超的画家或者雕塑家。因此来自建筑本身以及建筑设计人员这两个层面的控制因素，造成了建筑设计活动具有了如作品一般的特性，而在近代对于建筑设计学科的设置上面受到了学院派的影响，将美学定义为人才培养中最为重要的因素，但是建筑与绘画、雕塑不同，建筑首先要提供相应的使用功能，审美是在此基础上所拓展出的额外属性，建筑虽然可以承载着对于美学追求的寄托，但是对于绝大多数日常使用的建筑来讲，功能、安全和经济是更为重要的，因此在建筑设计中对于后两者几乎没有给予关注。作品模式下的建筑设计对于建筑问题的思考多停留在形式与功能设计方面，对于建筑生产方面却不去深入涉及，而后者恰恰是建筑设计与建筑使用之间的媒介和桥梁，任何想法均需要通过生产过程将其变为现实，生产过程决定了建筑师的想法能否变为现实、变为现实的程度以及变为现实的成本和时间。上述众多因素如果有一条出现问题，则会严重关系到最终呈现在人们面前的建造成果的面貌和使用效果。

2. 设计作品后续的建筑生产

在作品模式影响下，建筑设计与建筑生产活动将产生一系列不可调和的冲突，设计过程具备作品属性，而生产过程则需要追随产品特征，由此两个需要进行密切衔接的阶段产生了矛盾。建筑设计阶段需要追求与众不同，追寻源源不断的形式创新和空间探索，其思维方式是跳跃的和非连贯的；而生产阶段需要追求生产过程的连续性与高效性，其行为逻辑是有序的和渐进的。

设计结果传递给生产方进行生产，由于前者的各项相异性，本次的生产内容与上次必然不同，甚至同时开工的同一项目中不同的建筑单体之间也各不相同，因此建筑生产行为不可能出现产品批次或标准模式，更无法引发出标准化生产与大规模定制生产。建造生产方需要为设计方"飘逸"的设计方案而竭尽全力，想方设法将其在规定时间内顺利完成，但是诸多不考虑生产因素的设计"作品"使得后续的建造生产过程在当前的科技水平下无法顺利完工，此时的矛盾变得不可调节，而后者只能由唯一责任主体——建造生产方来化解此矛盾。问题的解决过程本身就已经不是事先详细计划好的有序生产行为，因此其生产效率必然难以与社会上其他行业相提并论。

由于对下次生产内容和形式的不确定性，因此建造活动无法相对准确地进行有预见性的判断。基于这种情况，生产建造方无法预先进行先期生产，甚至也难以对建筑材料进行提前准备，连相关工作人员的招募工作也均在设计完成后才开始进行。如此短时间内形成的人员构成和生产关系无法产生高效的生产效率和优质的产品质量，而在建造结束后短暂形成的生产关系又会迅速解体，直至下一个项目开始后再次从零开始重复上述准备过程。

按照本书前面的划分，建筑的生产过程分为准备阶段和现场阶段两部分，

图2-7　建筑生产过程组织与工业生产组织对比

图片来源：笔者自绘

由于各种因素的限制，决定了准备阶段的生产模式更加先进，可以达到更高层面的生产。但是由于过于仓促开始建筑生产活动，且生产活动连续进行的时间短，因此没有机会培育出成熟的生产模式，从而造成了建筑整个流程的生产活动向后积压，即准备阶段的工作占比极少，大部分工作需要在现场阶段完成。现场阶段中工地现场的生产环境、人员素质、机械配置均要差于准备阶段，准备阶段的生产过程基本集中在工厂进行，后者能够提供室内生产环境以及相应的机械设备支持。

由此，作品模式下的建筑设计现状，造成了绝大多数生产活动被直接搬到了工地现场进行，那些可以采用更为高级生产模式进行工厂化生产的阶段本应该承担更多的生产任务，却由于作品模式的限制无法形成一定生产规模，所承担的生产任务被压缩至仅能涉足最基本的建筑材料。

2.2.2　手工模式下的生产与建造

由于多数生产活动被集中到现场阶段，准备阶段所承担的工作比重很低，因此整体的建筑生产模式由现场阶段的生产模式所决定，而当前现场阶段为典型的手工作坊生产模式，因此整体建筑生产模式也被限定在手工作坊生产模式范围内，生产效率、精度、完成度均难以得到本质的提高。

1. 自动化程度低

手工模式下的生产缺乏精密机械设备，仅能使用简单的手动工具进行辅助生产，虽然随着技术的发展其功能得到一定程度的提高，但是只能在手工模式下极为有限地提高生产效率。生产的核心仍旧在人工方面，具体生产过程中的一切工作以人力操作为主，相应的机械设备在此基础上只能适度提高工作速度。现场阶段的每道工序被推进的多数时间处于人力操作阶段，因此生产效率提高的瓶颈在于生产步骤的执行对于人工的过多消耗，而人工短缺问题已经开始显现并将继续恶化，缺少劳动力将导致生产过程的暂时搁置，当前工地上因为招不到足够的工人而停工的情况屡有发生。

采用手工模式在工地现场进行建筑生产活动，客观上也使得生产本身不具备应用自动化设备的条件，具体限制条件包括：

（1）缺乏自动化设备的入场和离场条件

手工模式下的建筑生产过程对于人工的依赖性极大，人类的身体结构对于场地具有极高的适应性，因此对于场地的客观要求极低，场地经过简单平整即可允许工人进场，现阶段所广泛使用的手动工具由于体积小、重量轻的缘故，可以由工人随身携带入场。但是具有一定体积和重量的自动化机械设备则对于设备入场条件要求较为苛刻，普通的人工搬运进场条件完全不能够满足机械设备的进场要求，需要使用相应的吊装设备来辅助进场；入场条件缺乏还表现在入场通道条件普遍较差，当前工地普遍使用扣式脚手架，具体安装方法为将建筑物的外侧全部覆盖，以提供外墙施工工人的操作工作面，能够提供有效支撑的脚手架立柱安装间距不足一米，由此所提供的进场通道极为狭窄，仅能勉强人行通过，而一般自动化设备体积大于上述数值，因此难以顺利进出场。

（2）缺乏容纳自动化设备的场地

即使通过努力、费尽周折后将相关自动化设备移进场，但是在工作面也难以将设备展开生产作业，这是因为缺少可以容纳设备生产的场地。设备的放置需要一定的场地条件，例如场地平整度、场地面积、场地高度等，而上述尺寸不光是设备本身的三维尺寸，还包括安装尺寸、物料周转尺寸等，各条件在现有的生产模式下的施工面上均无法得以保证。

（3）设备安装耗时多

自动化设备的正常运行需要放置在固定的平台上，设备初次进入安装位置需要经过烦琐的安装调试阶段，需要消耗相应时间，因此在其他工业产品的生产过程中，均采用使产品移动的相对运动方式来保证设备的绝对静止。但是建筑的生产活动无法适用上述工业产品的解决方案，特别是现场阶段的工作更加无法满足设备绝对静止的要求，建筑产品本身是静止不动的，因此只能采用设备移动而建筑不动的方式。设备的安装调试需要时间，这在设备静止的情况下不成问题，因为即使首次安装调试需要耗费一定时间，但是在此后相当长的时间内可以持续进行生产而不用移动设备的位置。而建筑生产现场阶段的工作杂、位置多，设备需要多次移动位置来满足不同位置生产工作，因此只能采用调试—生产—再调试—再生产的方式，此种情况使得安装调试时间所占比例较大，甚至会导致安装调试时间超过生产时间的情况，浪费大量的时间、财力、物力和人力。

2.高空作业多

手工模式由于无法使用大型自动化设备，意味着所有安装动作需要以人工为主体来完成，这其中必然包括危险系数极大的高空作业，生产活动需要担负着较大的风险。我国由于人口基数大、土地使用负荷重的原因，低层建筑项目所占的比例极小，甚至因为城市可用土地日渐稀少，东部沿海地区现阶段新建项目多为接近百米的高层。采用手工模式导致工人与缺乏有效保护的作业活动直接接触，而又由于人体的臂展限制，无法保证在接触到施工点的基础上身体还能够处于安全范围内。现阶段的建设项目中高空作业所占比重极大，特别在外脚手架的搭建过程中，几乎全部处于高空作业范围。过多的高空作业对于建筑的生产活动将产生深远影响，在实际情况下表现为下述四个方面的特征：

（1）安全隐患大

高空作业可能导致在生产过程中潜在危险事件发生，而这种情况的发生是无法完全避免的。针对高空作业会设定一系列的安全储备机制，如使用安全绳、设置护栏等，但是机制的成功履行均与一系列微观具体的安装机构相关联，后者如失效则造成此安全机构的整体功能崩塌。

安装机构的连接成功与否与实施连接的安装步骤和安装效果产生联系，错误的安装顺序和方法加之紧固力矩不足都会影响连接机构的安装结果；而且安装完成后，随着时间增加所引发的材料腐蚀以及外界物理震动所带来的影响，将导致原先安全的连接机构产生松动，使得安全储备机制失去作用。更为危险的是，此时工作人员并不知晓安全机制已经失效，防备心放松后更加容易造成危险的发生。更有个别人员安全意识淡薄，特殊高危位置不按照规定佩戴安全绳，极有可能造成坠落事故发生。

（2）影响生产效率

工作人员在进行高空作业时，为了应对有可能发生的危险事件，其肢体动作的幅度、灵活度和速度均会受到限制，此时生产效率会受到很大的影响。高空作业对于生产效率的影响体现在以下方面：

首先，手工模式下的生产依赖于生产者的肢体能力和范围，特别是上肢的灵活程度尤其重要。如在脚手架的搭建过程中，严密的施工围挡此时还没有开始安置，搭建人员在很多位置需要使用肢体来稳定自身的位置而避免跌落，因此诸多生产动作仅能通过单手完成，此时生产效率会成倍降低。

其次，手工模式生产需要采用人工作业第一线的操作方式，工人与操作地点位置十分接近，因此无法像采用机械设备生产一样，将危险的区域与工人进行操作所处的位置进行有效隔离。手工模式下工作人员本身处于高空作业危险位置，此时他们要分散出相当一部分注意力来提防可能出现的危险，其生产动作的精度和速度均会受到极大的限制。

（3）企业运营成本增加

施工企业的运营成本也会因为高空作业比例的提高而增加，最终这部分价格均会转嫁到甲方身上，降低手工建造方式的竞争力，而运营成本增加体现在以下方面：

首先，企业设置相应安全措施产生的成本和工人工资增加带来的成本。前者包括安全设施购置费用和多次安装和拆卸后所产生的费用，后者为高空作业工人比地面作业工人所增加的工资，这是因为高空作业的危险程度要高于那些安全隐患低的工作，因此基本薪酬会适度提高。

其次，由于高空作业增加而导致的生产效率降低所引发的直接费用及间接费用的增加，直接费用为人工费的增多，间接费用包括工期延后所带来的施工机械租赁费用的增加，这两者均是按天来计算费用。

最后，企业运营成本升高还包括发生事故后所需要的安置费用，虽然后者的出现频率不高，不是每个项目都会出现，但是一旦发生后将是一笔不小的额外支出，这包括安置费和来自行业主管部门的罚金，而且发生安全事故较多的企业无形中也会降低其在行业内的竞争力，有可能在未来因此而失去一些项目。

（4）招工困难

建筑工人的收入普遍要高于其他行业，但是招工难的事件却在工地上时有发生。其中部分原因是因为建筑工人工作环境不佳，高空作业比例高，虽然基本薪酬要高一些，但是由于作业的高危特性，从事此工作的工人普遍承受着更高的风险，身心也承受着极大的压力，普遍不愿意长时间从事此工作。而且由于高空作业对于工作人员的体力和耐力提出更高的要求，从事此工作的工人的最佳年龄在40岁以内，更加造成可选择人员基数变小，导致招工困难。

3. 生产缺乏有效监管

采用机械设备为主体进行生产可以较为方便地进行监管，这是因为生产活动主要受到工艺的控制，被人工影响的概率较小，且生产过程中可以很方便地通过设备留下生产记录。但是手工模式下的生产却难以进行系统而全方位的有效监管，具体工作由人工和手动工具来完成，难以自然地留下相应记录，而随着工序的推进，下步工序完成后会将前道工序的内容进行覆盖。因此可以进行全面监管的窗口期仅为工序完成后的这段短暂时间，而监理方和质检方人手和精力有限，难以在有限时间内完成检测工作。手工模式生产由于自身的特性也极容易引发产品的质量问题，其生产质量难以得到保证，更加需要进行有效的监管。

4. 人员流动性大

手工模式的生产对于工人的体力和耐力提出了相较于其他行业更高的要求，而大比例的高空作业则更加对工人的身体和年龄提出了更高的要求，重体力的手工劳作以及恶劣的生产环境都制约着工人所能提供的职业服务持续时间，一旦到达一定年龄限度，就已经不适于继续进行现场阶段的很多工作，只能更换职业分流进入其他轻体力劳作行业。

采用机械设备进行生产时工人仅作为设备的操作人员间接接触生产，工人的技能要求和具体生产动作根据生产线的不同会有一定的变化，更换岗位后需要重新进行培训，成为熟练的操作工人更是需要经年累月的一线生产实践的历练，因此人员流动的相对静止对于工人和企业本身都有益处。工人可以通过技能的不断提升从而得到更好的待遇和职业前景，或随着年龄和阅历的增长后可以走上管理岗位，得到更好的职业提升。对于企业来讲，保持一支相对稳定的工人队伍可以保证企业生产的正常进行。因此无论是单件小批量生产模式、大规模定制生产模式，还是小批量柔性生产模式，这三种工业化生产模式中，稳定而又成熟的员工组成是必须且普遍存在的。

而手工模式下生产方面的控制完全由人工直接执行，因此同属于建筑行业的不同项目中同一工种对于工人的技能要求完全一致，也导致本项目中的工人可以在无门槛、无须进行培训的情况下直接进入其他项目，因此工人跳槽的比例和频率很大。每逢接近年底各项目工地上工人流动十分频繁，有可能前两天在A项目工地上班的工人，突然听到B项目工地的薪酬高一点而跳槽到该处上班，过几天又会跳到C项目工地，甚至工地上的伙食情况也会成为工人去处的衡量标准。建筑现场阶段的生产工作从时间维度来讲也不是一个持续的过程，每次生产活动随着项目的结束而终止，施工队伍会在下个项目开始的时候得以重组，但是此时具体的人员构成已经完全不同于上次，原先的工人此时已经分散至各个项目工地上。

人员流动性大对于生产活动的各方均存在诸多负面影响。首先，对于生产活动本身来讲，生产者频繁更换，产品质量难以有效保证；其次，工人虽然表面上得到了极大的自由度，可以随心所欲地选择雇主，但是其技能的积累无法得到职位提升和薪酬上涨方面的体现，随着工人年龄的增加其薪酬水平甚至会有所降低；最后，从用人单位角度来讲，过于频繁的人事更迭使其无法拥有一支成熟、高效、凝聚力高的生产队伍，在关键时期可能因为缺少合适的工人而影响生产活动的正常推进，进而降低企业的竞争力。

由此可见，手工模式下的建筑生产活动由于其内在原因，必然造成频繁的人员流动，对于建筑生产活动的各方产生负面的影响，无法使工人技能得到累计和提升，更加无法形成有力的企业技术储备研发能力，也制约着建筑生产模式向更高层级进化。

2.2.3 当前建造模式下的信息传递

信息的价值需要通过传递得以体现，被隔离而处于封闭状态的信息也就失去了作用，借助信息作为媒介可以使接收方顺畅地了解传递方的意图。因此信息的传输在诸多与国计民生相关的行业中发挥着重要的作用，也自然包括建筑行业。按照前述划分，建筑生产分为准备阶段和现场阶段两大部分，下面分别以此为划分依据来研究各自阶段的信息传递现状。

建筑产品同社会上其他的主流产品一样，重点围绕着产品的相关角色为设计方和生产方，二者的有效合作才能保证产品的顺利完成，设计方的职责在于产生优秀的产品设计方案，生产方的职责则为将该方案变成现实。从信息传递角度来讲，主流信息传递路线为从设计方向生产方传递，信息传递所承载的媒介为相关设计图纸，而所传递信息的有效程度则直接关系着产品的最终形态与效果，即建筑的完成质量。

1. 准备阶段的信息传递

现阶段建筑生产在准备阶段的工作主要集中在较为基础的建筑原材料方面，由于当前手工模式下后续的现场阶段工作所占比例极大，因此上升到构件层面的生产在准备阶段所占比例不大，主要集中在门窗、水电、暖通设备等方面，它们在现场阶段所属的安装步骤集中在后半部分，即主体结构已经基本完成后才进行安装。

而在建筑中占比最大的部分——主体结构，在准备阶段所承担的生产任务为最为初级的建筑材料，如水泥、黄沙、石子、商品混凝土、钢筋、木工板等。此时设计方给准备阶段生产方提供的信息量极为有限，甚至信息传递直接来自现场阶段的生产方而不是设计方。产生上述现状的原因在于准备阶段的产品生产水平较为初级，并且所遵循的标准多为国家统一标准，产品型号、质量和品质的控制不需要来自设计方信息的控制而是直接接受国家标准的制约。由此最终对于该阶段产品所出具的控制信息精简到只有三项，分别是数量、交货时间和交货地点。

虽然上述信息的数据占用量极小，但是作品模式下的建筑设计没有产品生产的理念，更加不知道如何有效地控制后续的生产，因此无法精确地给出关于上述三个信息条目的准确数值。此时准备阶段生产方只能从现场阶段生产方获取信息，而后者则是根据长时间以来形成的经验大致地粗略给出。

其实对于准备阶段生产方来讲，由于仓库的存在所带来的缓冲效果，日常的生产活动完全不受上述三条信息的影响，可以依然按照日常生产计划进行排产，直至仓库容量到达上限而被迫停止生产。

因此准备阶段的信息传递途径是一个曲折、复杂而又控制力很弱的过程，具体路线为：设计方—现场阶段生产方—准备阶段生产方（图2-8）。由于

图2-8　准备阶段信息传递线路图

图片来源：笔者自绘

设计方提供的信息中没有准备阶段生产的直接表述信息，但是现场阶段生产方又必须在指定时间节点具备适合的产品可用，因此最终剥离准备阶段信息的重任落到了设计方的头上，此时信息产生了一次转述，现场阶段生产方需要从设计方所提供的有限信息中，依靠自身对于生产的认识产生有效信息，但是很多时候原信息的内容有限或者具有诸多疏漏和矛盾，以至于无法正常地得到有效的准备阶段生产信息，这时候现场阶段生产方只能依靠估计得到大致信息，真正到了现场阶段生产中再进行多退少补式的修正。

设计方在没有直接给予准备阶段生产方信息的情况下，自然也不需要从后者处得到信息反馈，因此该段信息传递途径是单向的，准备阶段生产方不需要传递信息给设计方，但是却需要对现场阶段生产方给予信息反馈，以确定会将特定数量规格的材料送至指定地点，届时后者会对上述信息予以确认，以保证所接收材料无误。

2. 现场阶段的信息传递

现场阶段的生产占据了建筑生产活动的绝大部分内容，设计阶段所需要重点考虑的内容以及所描绘的建筑实体，也是为该阶段的生产行为直接奠定的，因此现场阶段信息传递的有效程度直接决定着最终建筑成果能够达到的完成度。

目前现场阶段的信息传递路线为：设计方—现场阶段生产方，传递途径比较直接，即设计方直接指导生产方进行生产，此种直接的信息传递方式理应可以有效地控制建筑的生产过程（图 2-9）。但是现实情况却并非如此，设计方出具的图纸上所包含的信息有限，难以有效地指导现场阶段的生产，因此项目建成后总会产生一定的出入，甚至设计方工作人员在项目建成后的验收中已经无法辨识出这是自己设计的建筑。因此若此阶段的信息传递发生了一定的问题，将造成设计阶段与现场生产阶段之间产生不同程度的脱节，信息传递问题体现在信息本身发生错误、信息自身所包含的数据量不足，以及虽然信息正确但是没有准确高效地传至信息需求方等方面。具体问题将分为以下几个方面进行详细分析：

（1）信息传递的单向性

现场阶段建筑生产的信息传递是单向而无反馈的。设计方会在现场阶段工作开始之前将所能提供的信息一次性全部传递给现场阶段生产方，后者接收完信息后开始进行生产活动，在生产的实施过程中不实时反馈关于生产情况的信息。事实上，一般情况下设计方在

图2-9　现场阶段的信息传递线路图

图片来源：笔者自绘

生产过程中仅片段性地出现，了解一下生产进行到何种程度，甚至有些项目从开始进入现场阶段生产到项目完工，设计方仅在最终验收时间出现，此时生产活动已经全部完成，即便发现问题也无法进行有效地修正。

现场阶段生产的相关信息没有反馈给设计方，而是将其传递给了监理方和质检方，后者按照国家的有关规定对生产活动进行监管，而不是依照来自设计方构思的准确意图，因此仅能就关乎安全和耐久度方面给予重点把控。并且由于人手和行政程序方面的原因，监管活动无法覆盖到每个关键步骤，对现场阶段生产方的生产反馈信息无法做到有效核实，因此难以对现场阶段生产进行系统全面的有效监管。

信息传递在此阶段的单向性造成了生产指导信息和生产安装信息的单方向传递，信息没有形成有效的反馈回路，特别是生产过程中的诸多反馈信息最终没有得到合理的处理和储存，反而使其在关键时间段没有被妥善记录，以至于在生产活动完成后进入使用阶段再想获得上述详细信息，已经变得无从考证。

（2）信息传递的不对称性

设计方给现场阶段生产方提供的指导信息以施工图的形式进行传递，后者是二维图纸集，经过了行业主管机构的认定且具备法律效应。但是施工图是对于现场阶段生产的总结性描述，各图纸以建筑最终完成状态为阐述基础，因此无法清晰地显示施工过程中每一步工序的准备状态。值得注意的是，现阶段所采用的手工生产模式过于粗放和随机，而且诸多手工生产方面的细节是设计方所不知晓的，因此也无法苛求设计方能够提供详细的生产信息。

如此，现场阶段所需要的全部信息没有被如数地直接标识出来，但是对于现场阶段生产方来讲，他们还是需要系统而全面的信息来保证接下来的生产活动可以正常地进行。此时信息传递出现不对称，即信息提供方没有提供足量信息，但是矛盾最终需要解决，否则生产就要停滞，此时补足信息的重任只能落到生产方肩上。最终经过一定程度的努力，信息接收方所需要的全部信息通过下述三种途径变相得到补充。

首先，第一部分信息是可以从设计方所提供的图纸中直接提取出来的，这部分信息表述的方式较为直接，如建筑的外观尺寸、墙面材料等。信息提取过程不会耗费太多的时间和精力，同时因为是直接读取，没有经过人为二次加工，因此信息传递的正确率也较高。

其次，还有一部分信息虽然无法直接从图纸中得出，但是可以通过后者所提供的线索，经过计算和转化后间接得出，而且信息的得出过程是客观的或遵循一定的规律，不会掺入想象和臆断的成分。例如组成某块隔墙的砌块的排布方式和用量，图纸中所传递的信息仅有该面隔墙的长、宽、高这些基本描述信息，但是现场阶段生产方得到上述基本信息后，可以通过经验或者翻阅相关图集了解符合国家规范的隔墙砌筑方式，自己绘图确定排布方式，然后根据经验数值——每立方米砌块数量，估算出砌筑该尺寸所需要的砌块数量，最后乘以损耗系数将最终数字报给准备阶段生产方。由此可见，这部分信息虽然来源于设计方所提供的图纸，但是得出过程却由现场阶段生产方负责，信息的得出会根据计算方式的不同产生一定的差别，误差过大则会对生产活动造成影响。但是由于存在行业内认可的或者政府主管部门认证过的计算方法，因此，一般情况下，误差均能控制在手工建造模式可以接受的范围。

最后，有些信息既无法从设计方所提供的图纸中直接得到，也无法采用间接的方法计算得出，只能由现场阶段生产方完全自行给出。例如钢筋混凝土结构建筑的模板布置和脚手架支护方式，上述在施工图中完全没有被提及。此时信息的得出毫无客观性而言，完全取决于主观经验甚至主观臆断。这部分信息的得出随意性较大，不同生产方个体可能会给出完全不同的结果。

现场阶段信息传递的不对称性使得现场阶段生产方需要补足设计方未能提供的那部分不对称信息。在这一过程中产生信息量的扩张，而扩展部分的信息会不可避免地存在错误发生的概率。因此不对称性会引发信息增容进而间接导致错误信息产生。

（3）信息传递的松散性

由于现阶段建筑设计与建筑生产这两阶段的脱节，导致了设计阶段的信息导向性不明确，信息存在错误、冗余与自相矛盾，信息传递过于松散，准确度较低。设计方所提供的图纸虽然经过相应的施工图审查环节，但是由于信息表述得过于松散和零碎，而审查又是采用人工方式完成，因此无法保证对于图上信息的全面系统性审核，上述审查内容也仅仅是针对传统设计中所需要关注的方面，对于现场阶段生产所需要的一些关键建造信息没有有效的涵盖。然而就现有的所传递的非足量信息而言，信息的松散传递造成了其准确度和有效性不佳。

首先，信息编写者对于所做事情的认知程度不够，无法以认真细致的状态和端正的态度投入到设计、绘制、录入数值以及校核的工作中。目前建筑设计工作人员普遍承担着繁重的设计任务，同时进行多个项目的设计工作已经是十分常见的现象，还经常出现工作至深夜甚至通宵工作的情况。上述情况均不能保证信息在被录入过程中录入人员处于意识最为清晰的状态，因此也无法保证信息的准确度。

其次，手工模式进行绘图和建模工作，各图纸之间联系的维持全靠人工来维系，前者例如平面图和立面图的对应、立面图和三维模型的对应以及各图纸之间的对应关系。上述工作量极大，且设计过程不是一个稳定前进的过程，而是一个螺旋反复的状态，各图纸进行修改的概率极大。原来人工进行维系的信息以及信息之间的联系在经过修改加工后变得松散且不稳定。

然后，设计阶段理应对生产阶段提供有效的信息支持，信息提供方应该对生产过程具有足够的知识储备才能对此阶段传递指导信息，上述这一点对于高阶生产模式特别重要，如大批量定制生产模式和小批量柔性生产模式中，研发部门的人员普遍都具有在一线生产岗位工作数年的经历，且对于生产方面的知识储备和经验技法均已经超过普通一线操作工人。但是现阶段建筑设计人员所拥有的背景知识无法应付生产活动，其对于生产活动的认识大多集中在大学期间的相关课程中，对于目前工地现场所广泛使用的生产方法没有得到同步更新，因此更加无法给出有效的指导信息，即使勉强给出，也无法保证信息的真实有效性。

最后，设计方所提供的各种信息均放置在一套图纸中，而信息接收方却存在多个角色，如预算制定方、物料采购方以及现场阶段各专业工种。信息提供方没有具体指定好哪部分信息需要传递给哪个接收方，所以他们都需要从这一套图纸中找到需要的信息，各方所需要的信息全部混杂在一起，因此信息提取和剥离需要耗费一定时间和精力，且上述过程有可能发生信息提取和转录错误。

综上所述，当前现场阶段的信息传递状况是不容乐观的，信息传递的数量、方式和途径均无法和社会上其他成熟工业部门相提并论，普遍存在信息短缺、信息错误、信息接收方不明确等问题。这些均严重影响着我国建筑行业的发展，同时也是现阶段建筑工业发展落后、建筑产品性能低下的根源。因此，改变上述状况需要构建关于信息处理的新型系统性架构和工作模式。

2.3 工业化模式下的建筑生产

建筑生产需要摆脱现阶段存在的低效率、低质量、高能耗、高污染等问题，需要从根本上找寻建筑生产所存在问题的核心，因此需要采用新型生产方式保证建筑生产活动高效、有组织地进行。

2.3.1 工业化模式

现阶段建筑生产现状产生种种问题的根源在于现场阶段生产的手工模式属性，过多地采用原始的手工方式进行生产从表面上看是降低了操作难度，使用人工这一"万能机具"完成诸多特定生产动作，实际上，人工的低层次大量使用引发了一系列的问题，其中最重要的部分可以归结为完成时间、生产结果和生产过程这三者的不可控，这些均对于生产行为是至关重要的，微小的疏忽和误差得到积累最终会对生产造成严重的影响。

采用工业化模式进行建筑生产将对建筑行业产生诸多积极影响，工业化生产中严谨、统一、高效、信息可追溯的特性会对建筑生产产生直接促进作用。将原本低端粗放的建筑行业进行改造，克服建筑行业多年来无法大量采用工业化模式进行生产的历史遗留问题，使其在多个层面可以得到优化提升，能够跻身生产先进行业之列。

1. 采用工业化模式的障碍

建筑生产采用工业化模式，需要对后者进行辩证性的认识和创造性的改造应用，简单地将适用于其他行业的工业化模式应用于建筑行业的生产将带来所谓的水土不服并可能引发灾难性的后果。这是因为建筑产品不同于任何其他消费产品，其巨大的重量、硕大的体积以及需要依附建造地点的特性，均决定了不可能采用普世的工业化模式进行生产。生产工作不可能也没有必要全部在生产线上完成，同时也不存在如此巨大的生产线可以将整栋建筑容纳，更加不存在足够庞大的交通工具可以将建筑从工厂整体运送至建造场地。因此无论建筑生产在工厂中所占比例如何，最终均需要将工厂所生产的半成品运送到现场，进行现场总装这一最重要环节。

建筑生产一旦进入现场总装阶段意味着将失去工厂的"庇护"，原先在工厂中建立起来的良好的生产环境和合适的配套设施这时均已不复存在，此时工地现场连工业化生产基本的要求——平整场地和室内工作环境都不能保证，平整场地是自动化设备可以进场和正常运转的先决条件，室内工作环境是保障安全有序生产的前提条件，可以避免天气变化对于正常生产活动的影响。可以预料的是，将现场阶段的生产纳入传统工业化生产模式中是完全不现实的，仅仅为全部工序提供室内生产环境就需要耗费大量的时间和金钱，并且建立起来的基础设施仅能使用一次，建筑建成后还需要将其全部拆除。如此大费周章建立起来的配套设备使用寿命过短，从经济层面完全没有操作可行性。

2. 适用于建筑行业的工业化模式

在建筑生产中应用工业化模式进行生产需要实行具有建筑行业特色的工业化模式。建筑生产不同于一般产品的生产，绝对无法将其全部生产活动集中在生产线上完成，因此生产必须分为准备阶段和现场阶段分区对待。两个阶段的工业化模式综合应用情况表明了整体建筑生产的工业化模式使用状况。

准备阶段在应用工业化生产方面没有过多的限制，在满足公路运输限制条件的情况下，在工厂中可以使用先进的生产线进行工业化生产，其生产行为和生产模式与其他工业产品没有本质的区别。这也是为什么目前准备阶段生产模式较为先进的原因，实际上当前准备阶段中相关的各建筑产品的生产已经采用了工业化模式，该阶段工业化模式改造难度较低。因此建筑生产活动越是集中在此阶段，其采用工业化模式进行生产的契合度就越高，同时生产效率和生产质量也越能够得以提高。

现场阶段采用工业化模式进行生产的限制条件众多，因此想要同准备阶段一样，全部采用纯工业化模式进行生产是完全不可行的。但是经过一定的变通和适度工业化改造后即可大幅度地提高生产效率，这是因为原有的生产行为处于较为初级的阶段，生产效率处于较低的水平，生产模式和技术的革新可以带来立竿见影的效果。由此，本文从以下各重要关注点为切入口，对现场阶段生产进行工业化改造。

（1）杜绝使用人工作为主要劳作方式

原有的纯手工生产模式需要被完全否定且摒弃，采用人工作为动力来源和基本操作动力是不可持续发展的，其动力输出功率和持续输出质量均受到各种限制，无法有效地提高生产效率，且人力在进行重体力劳作的情况下其潜在安全事故发生概率也较高，我国人口红利日渐萎缩，采用"人海战术"越发被证明是没有前景和不可持续的。

（2）提高机器设备使用比例

采用提升机械化程度的方法来进行建筑生产的革新，现场阶段生产需要避免零碎的手工作业和直接接触性的重复人力劳作，简而言之，尽量让机械设备干活而不是直接采用人力。直接接触式的劳作采用机械化作业方式，将繁重的劳作交给机器和设备来完成，后者通过消耗电力和化石燃料而不是有限的人力进行作业，因此在能源稳定供给的情况下可以进行持续的稳定工作，且不会像人力那般容易受到主观因素的影响。此时人的作用从繁重的一线劳作变为辅助性的操作作业，因此可以将精力投入到更为重要的方面，操作作业不是机械性的重复工作可以简单替代的，需要使用人类的智力和人工的轻巧灵活来完成。虽然现场阶段的自动化程度和生产模式先进程度远比不上室内环境中的自动化生产线，但是通过将手工作业加手动工具的生产方式过渡到机器设备作业加手动辅助操作的方式，可以在一定程度上提高生产效率和生产质量。

（3）减少湿作业

当前现场阶段建筑生产中湿作业占据比例较高，在手工作业中被广泛使用，它可以在现场作业中降低施工难度，不需要过多地考虑到误差方面的因素，最终均可以采用湿作业法予以覆盖，工地上俗称"齐不齐，一把泥"所叙述的就是这个道理。

但是湿作业为手工作业带来便捷的同时，也引发了诸多的问题：首先，湿作业强度形成慢，作业完成后均需要等待一定时间才能进行下步作业，由此浪费了大量的时间；其次，湿作业过程中精度难以得到有效地把控，作业中"滴撒抛漏"难以避免，从材料上讲也是一笔浪费；最后，也是最为关键的，湿作业会将各部分粘结为整体，无法灵活地进行二次无损拆分，只能进行破坏性的拆解。

因此，过多的湿作业与采用工业化模式提升生产效率和质量的目标背道而驰，如果在生产中有效地应用工业化模式，必须将生产流程中的湿作业工作量减少。但是我国现阶段大部分建筑采用钢筋混凝土结构，无法从根本上杜绝湿作业。可是通过施工方法的革新和设计的优化，可以改变并优化现场生产中的作业方式，具体可从下述两个层面应对上述问题。首先，降低湿作业在生产中的所占比例。其次，虽然湿作业所占比例没有显著降低，但是可以通过生产方式和施工方法的优化，将无法避免的那部分湿作业效率提高，同时合理设置支护方式，减少强度等待时间。

（4）降低现场阶段工作量

相对于准备阶段来讲，现场阶段在实施工业化生产时存在诸多障碍，在准备阶段的厂房中设立生产线这种极为平常的事情，假如放在现场阶段的工地上则变成了天方夜谭。而建筑生产是由准备阶段和现场阶段共同组合而成的，两者的工作量总和构成了建筑生产的全部内容，将某一部分的工作量转移至另一部分并不会对整体生产行为产生大的影响。因此假如将目前占比较大的现场阶段的生产工作分流一部分至准备阶段，在降低现场阶段生产压力的同时可减少实行工业化模式进行生产的成本。现实情况中，将生产工作越多地集中在准备阶段完成，越是可以在更高的层面应用工业化模式，使用更为先进的生产模式组织生产活动，能够以更为简单高效的方式提高生产效率，降低生产难度，同时也能降低造价。

（5）适度采用适合的工业化模式

建筑行业是一个对成本十分敏感的行业，相对于航空、宇航、船舶和武器工程等行业对高精尖技术的执着追求以及对成本控制的极高容忍度，建筑产品甚至比其他社会消费品更加慎重地对待成本的提升，这是因为建筑产品的价格基数巨大，即便是很小比例的成本增加，最终都将带来绝对价格的大幅度提高。

最为先进的工业化生产模式不一定能够适应于建筑行业的生产，特别是现场阶段的建筑生产。诸多先进的技术本身特别优秀，应用于建筑生产中也可以大幅度提高生产效率或者产品质量，但是最终却因为太过昂贵的应用成本而与建筑无缘。因此在应用工业化模式的过程中，需要对具体微观技术的选择进行慎重而合理的评估，只有技术合适、成本合理的应用技术才能够被集成到工业化模式中，进而对生产产生有益的作用。

2.3.2 产品思维

经典建筑学背景下的建筑设计与生产采用的是作品模式，不同项目之间的关系是完全割裂的，即便属于同一施工方的相邻项目之间也不会受到影响，因此对于某一生产负责主体来讲，在生产活动随着时间维度的扩展而得以累加的过程中，生产方对于生产活动的技术积累没有得到实质性的提升，上个项目结束后进入每个新的项目中都像是一轮新的洗牌，甚至所重新招募的工人都是新的面孔。这就好像旧的作品完成后，再进行新的作品的生产，两个作品之间的关系是割裂的，相互之间不会产生作用，每轮作品的生产都是一个全新的开始。上述描述对于艺术创作着实有益，但是对于承载了如此众多功能的建筑行业来讲却是不佳的，建筑虽然可以孕育艺术创作，但是它的首要任务还是满足使用功能，就像维特鲁威（Vitrurius）书中所阐述的建筑三原则：坚固、适用、美观，这三者的顺序从另一个角度说明了建筑与绘画、雕塑不同，作品思维对于建筑行业的整体发展很难起到有利的推进作用。

从信息角度来讲，作品模式下的建筑设计过程仅重点关注外观几何信息的产生和传递，而外观几何信息只是建筑中很小的一部分，大量的其他方面的信息仍然被需要，如建筑如何被生产出来，建筑如何保证良好的性能等等，这些方面的信息均是作品模式下所不会予以考虑的，但是它们确实深刻地影响着建筑最终所表现的结果。作品思维模式下的信息不对称和信息缺失一直影响着建筑行业的发展和制约着建筑生产效率的提高。

反观应用产品思维的其他相关行业，当前的生产方式和生产结果较之几十年前已经具有了长足的发展和得到了质的提升。产品思维已经深入策划、设计、生产甚至营销等围绕着产品呈线性展开的各个阶段，不同阶段之间信息的产生和传递是完备和有效的，在后台可以对产品的生产情况进行有效的监管。由于生产模式的革新、生产效率的提升和信息监管的加强，各种产品在功能得以增强的同时价格却可以得到有效控制，以便于在人们的日常生活中得到广泛应用。

产品的第一要务是好用而不是好看，但是作为作品来讲美观显然更为重要。对于广泛存在于历史和人们日常生活中的建筑来讲，首先需要解决的问题是建筑的产品属性，所有的建筑均需要提供相应的功能才能够满足人类的使用，美观是要让位于安全与实用的。仅有极少数的建筑能够被真正地当作作品来看待，如一些重要的纪念性建筑，作品思维所带来的形式感是最为重要的，与产品思维所映衬的功能、生产建造、安全和耐久这些均是可以退而居其次的考量指标。

因此产品思维对于建筑行业的发展至关重要，将所从事的生产成果定义为产品而不是作品，才能从宏观上把握正确的行业发展方向。一旦确定了产品思维模式，一系列与传统的经典建筑学相关的设计和生产现状就会被发现是不合时宜的，无法有效地满足当前情况下对于建筑的需求。

产品思维对于建筑设计和建筑生产均提出了更高的要求，尤其是处于前端位置的设计阶段，作品思维下的设计阶段只需要向生产阶段提供形态指导信息，而具体到如何生产的问题则完全推给了生产者进行，而产品思维下的设计阶段则需要提供完整的指导信息，这包括对于生产阶段全方位的详尽的描述信息，对于具体生产步骤的准确性指导，对于材料和构件信息的准确把握等等。由此对设计方提出了更高的要求，其在设计阶段的工作量会有一定程度的增加，相关的知识储备也急需得到扩展。

对于生产阶段来讲，应用产品思维则需要摆脱旧有的手工模式的影响，生产活动需要做到精准、有效、组织有序。但是实际上对于生产方来讲，产品模式下的生产工作执行难度更低，这是因为作品模式下的信息缺失和生产不确定的部分需要生产方来进行补充，这是一个费时费力且特别容易产生错误的过程，并且生产方对于建筑设计的认识不如设计方，其对于建筑整体的把控远远比不上设计者。而在产品模式中生产者只需要逐步执行来自设计方的生产指导信息，进行相对应的生产活动即可，生产过程中虽然自由度很低但是生产活动的肯定性得到提高，错误和不确定的情况得以减少，因此其工作难度实际上会低于作品模式下的生产活动。

综上所述，产品思维在最为广阔的宏观层面影响并决定着建筑行业的发展，它是采用工业化模式进行建筑生产的先决条件，只有先行树立正确的产品思维，才能够确保建筑的设计与生产过程能够沿着有利的方向发展。

2.3.3　柔性生产模式

不同建筑产品之间虽然结构形式、空间布局、流线组织和立面形式有可能类似，但是如果以最终所呈现出来的物质形态为衡量标准的话，建筑产品的种类是极其庞杂和繁多的，完全一样的建筑产品出现的概率极低。因此从产品生产的角度来讲,建筑产品的批次较多,但是同一批次内的产品数量却极少。

如果采用普通的工业化订制大生产模式进行建筑生产活动显然是不现实的,花费力气建立起来的订制化生产线在面对小批量生产时显得力不从心,准备调试完成后生产活动没有持续多久就需要进入下一个准备调试阶段,所使用的针对特定型号产品的模具也可能在有限的几次使用后被废弃,由此,产品批量小和批次多会导致生产线设备的频繁更新。采用手工模式进行生产则完全不需要考虑批次、批量、模具和设备方面的问题,每次生产其实都相当于是单件订制生产,但是手工模式会使得生产行为处于较为低端的模式,让生产效率处于较低的水平。因此如何有效地解决批次、批量和模具设备的矛盾问题是建筑生产需要重点面对的。

另外,建筑产品众多的种类也使得产品库存难以保持在合理范围内,采用传统的推式生产将引发巨大的库存占用量,这是因为针对建筑生产的生产计划无法有效地提前制订,只能采用预留冗余量的方式应对临时出现的短时间内产品订单需求。但是即使每样产品的冗余缓存基数的设定量不大,可是产品的种类众多会造成此系数的基数较大,最终两者相乘所得到的总库存量将是十分惊人的,而巨大的库存量中有可能很大的一部分一直处于未使用状态,被调用的概率处于较低的水平,也就意味着库存中可能很大一部分比例是处于闲置未使用的状态,但是仍然会占用仓储空间,耗费仓库管理人力。

因此采用工业化模式的建筑产业无法有效地应用大规模订制化生产模式,后者确实也在各个层面被证明是不符合建筑生产的特征的。更灵活多变的柔性生产模式则更为适合建筑的生产活动,拉式生产模式的引入使得库存储备量可以控制在较低的水平甚至零库存。自下而上的逐级拉动式的生产排布方式替代了无法精确估算的宏观生产计划的制订,生产计划完全由订单的种类和数量来决定,而此企业的流动资金占用量也可以处于可控的范围内,这是因为得到订单意味着生产完成后可以在预见的时间内得到全款。

柔性生产模式应用于建筑生产,在带来益处的同时也提出了更多的要求和挑战。首先,产品生产线或者生产设备需要具备一定的灵活性,应当可以应对一定范围的产品生产而不是仅能生产某一种产品,多样化生产对于设备和人员同时提出了要求,特别是对于后者来讲,能够同时操作多种设备,具备多学科知识背景的生产人员将越来越受到欢迎。其次,生产准备时间要尽量缩短,在得到订单后可以在最短的时间内完成材料准备、模具准备、设备调试等一系列工作,上述时间如果过长的话将严重地影响着整个生产活动,甚至导致已有的订单被取消。然后,建筑生产的流程较长,单个企业无法独立完成所有的工作,因此柔性生产模式需要在产业链上的一系列生产单位中应用，由此关系稳固的产业联盟需要被建立起来，并且后者需要具有一定的重复系数，同一细分产品的生产需要不止一家单位来承担，假如某企业因为特殊原因不能够正常提供产品的话，生产同一产品的其他企业可以在关键时间补上空缺。最后，柔性生产模式对设计方提出很高的要求，设计方需要具备对于生产行为具有整体规划和细节控制的能力，同时对于建筑产品能够进行巧妙地层级组织和结构划分，使得产品之间可以具有更多的相似性，能够共用更多相同的子产品，这样才能使得柔性生产模式更好地实施。

柔性生产模式相对于其他生产模式而言，对于信息技术的要求达到了更高层次，信息更新时间和信息反馈速度需要得到有效加强。原本统一制订生产计划，各工序按计划实施生产的方式其信息更新速度极慢，工人接收一次生产指导信息可以保证很长一段生成时间内不需要二次接收，而柔性生产模式下，生产工人一直处于待命状态，没有了自上而下的生产计划，需要始终保持信息接收的状态，时刻注意来自后续工序看板的原料要求信息。

2.3.4　模块化思想

当前模块化思想已经在各个行业中得到广泛应用，人们日常所能够接触到的各种消费品中均充斥着各种模块化思想的影子，它是现代工业产品设计的基础。模块化设计伴随着工业的发展一路向前，产品模式和先进生产模式得以发展，模块化是绕不开的一个话题。

其实模块化思想早已在人类社会中出现，在中国古代的战国时期就可以找到其应用的雏形，出土于陕西省秦始皇陵3号坑的秦国军队所使用的弩机上的铜制望山和扳机已经能够做到规格尺寸完全一致（图2-10），同型号弓弩之间可以在互换上述零件的情况下保证正常使用。由此秦国数量庞大的军队的武器后勤保障工作的难度得以大幅度降低，损坏的武器在经过简单的零件拼凑后又可以得到功能正常的新武器，古时的弩机以标准化为切入点阐述了模块化的特征之一。

在近现代时期，模块化在军事科技领域得到广泛的应用，由于战时的限制，没有时间也没有客观条件来完成精

图2-10　秦国军队所使用的标准化弩机

图片来源：http://pai.sssc.cn/item/261282

密设备的维修工作，而随着人类对于战争工具性能要求的一再提升，更加高精尖的技术被用于实际，如原本被广泛使用在坦克上的多缸柴油机被性能更加优良的燃气轮机所代替，但是两者维修条件要求完全不同，前者在简易工棚中即可完成拆解和组装工作，后者则需要要求极为苛刻的无尘环境，否则过多的杂质将导致发动机的非正常磨损而严重影响其寿命。为了解决这个问题，战时维修发动机故障普遍采取只换不修的对策，即发动机和变速箱等相关构件被封装成一个整体，被称为动力总成。虽然动力总成内部十分复杂，但是它的安装方式却十分简单，仅通过数量有限的螺栓以规定力矩紧固即可将其安装在坦克上。封装和总成概念的应用使得战时发动机故障的维修时间大为降低，维修成功率也得到了很好的保证，损坏的动力总成返回工厂后经过妥善的维修后又可以继续投入使用。由此，成组封装和简易快速接口的设置，使得原本纷繁错杂的产品内部组织方式得以简化，模块这一中间层级的加入将复杂的内部构造封装起来并隐藏在内部，通过选择模块本身可以将模块内部所包含的全部零散物件一并选择。而接口的正确设置决定了拆装的可行性，也决定了模块的可用程度，毕竟无法灵活拆卸的模块就失去了存在的意义。

二战后计算机和电子技术的迅猛发展促使了模块化思维在民用领域大展拳脚，特别是 PC 技术借助模块化得以大规模普及。复杂的电路板蚀刻工作需要在环境要求极为苛刻的实验室中进行，一般的使用者不具备加工电路板的能力，特别是 CPU 和显卡的芯片，全球具备生产能力的厂家也寥寥无几。但是 PC 是广泛使用的产品，不同的使用者对其要求也不尽相同，所以 PC 的配置种类繁多，无法通过有限的几种产品来满足所有人的需求。此时，封装和接口理念得到了提升，同一接口可以连接不同功能的封装体，使用者可以完全不用理会封装体内部的技术细节，仅需要了解不同的封装体所能提供的功能以及接口的连接方式。通过规定的组合排列方式，有限数量的封装体通过有限数量的接口可以得到不计其数的组合结果。虽然最终的组合结果千差万别，但是对于承担封装内部任务的生产企业来讲，其生产行为仍然是固定不变的，生产活动会产生变化的是最终的组装阶段，此时的工作难度要低于前期的封装组件内部的工作，即将封装组件之间的接口进行连接即可。模块化思想在此阶段的发展得以提升，以接口为连接线索，可以通过极为有限的封装组件数量达到无数种组装结果。

如此，采用模块化思想进行工业化建筑的设计和生产工作，能够在诸多层面推动建筑工业化的发展。

首先，可以有效地调和工业化生产和众多建筑产品种类之间的矛盾，柔性生产模式毕竟仅仅只能在一定范围内缓和上述矛盾，通过排列组合方式的

图2-11　PC主板上的各种标准
化接口
图片来源: https://cn.dreamstime.com/
BF-image24855096

更新可以得到更多的最终生产结果，此举在保证产品多样化的基础上能够有效地降低生产难度。

其次，高效的接口设置方式降低最终阶段的组装工作难度，使得工地现场阶段的不利因素对建筑生产造成的影响降到最低，这是因为此时已经不需要进行精密生产工作，仅为有限的相对简单的连接操作，借助相应的辅助工装机具即可快速完成。

再次，模块化的应用使得建筑微观各零件之间自然形成了相应的拓扑关系，使得原本复杂无序的建筑产品内部组织具有了一定的逻辑，设计和生产的组织可以呈现出更加有序的状态。

最后，由于在建筑产品中应用模块化的思想，使得建筑在发生损坏时能够得到有效的修理，特别是封装和接口的设置，将原本手工模式下只能破坏性拆装的处理方式变成能够快速无损多次拆装。由此使得建筑产品在投入使用后可以做到真正地可修和可更换，从而保证整个建筑的使用寿命和耐久度。

模块化思想的应用，在信息层面做到了信息的甄别和选择性展示。参与生产不同阶段的人们对于信息的需求程度也有很大的不同。模块的封装工作对于此阶段生产来讲，将多余信息连同复杂的内部构造一起被封装进模块内部，避免出现信息量过大以及无用信息比例过高所造成的混乱。而接口的设置使得有效的信息自然地脱颖而出，能够快速地被使用者所识别。

2.3.5　分级生产

建筑是一类结构和功能异常复杂的产品，其生产过程也是一个十分复杂的过程。想要将所有的生产活动集中在一家工厂中完成是不现实的，虽然此举会节省一定程度的物流运输费用、税费和行政管理费用，但是这将增加企业的管理难度，还会造成局部生产供给不平衡，并且建筑生产的最后一步——总装阶段的工作必须要放在工地完成，这是因为建筑的体量庞大，一般情况下一旦生产完成就无法改变位置。

工地现场的空间以及各种客观条件有限，无法容纳前期所有的生产工作。传统手工模式下生产的解决办法是将尽量多的生产活动集中在工地现场完成，由此在条件有限的现场进行生产活动也只能采用不需要过多外界支持的手工方式进行，生产活动虽然便于组织和管理，但是生产效率和生产结果的精度无法得到保证。

而如果意图在建筑生产中采用工业化模式，工地现场显然无法提供有效的客观环境支撑，诸多生产活动需要转移至能够提供稳定的室内环境的工厂中进行，建筑生产活动必然会被分割成各个小段分别进行，各阶段生产活动完成后最终再将阶段性产品运送至工地进行最终的总装作业。因此工业化建筑产品生产需要采用分级生产模式，即生产活动被分为若干阶段完成。建筑生产活动的一端连接的是工厂，而另一端连接的为工地现场，通过不同阶段的转化逐级递进，从而完成建筑的整个生产过程。生产步骤被细分成为相互独立的子阶段，从而使得各阶段的生产者能够关注各自领域的生产，进而发挥各自的特长。

在工业化建筑产品生产中采用分级生产方式组织生产活动，这是考虑到建筑生产的特殊性与应用工业化生产的要求，将相互之间会产生影响的生产活动隔离开来并划分到不同的空间位置，此举可以有效地应对下述矛盾：

首先，工业产品严苛的生产要求与工地简陋的条件之间的矛盾。工地现场所能够提供的生产条件远不能够满足工业化模式下的建筑生产，而最终的生产步骤又必须在此地完成，因此只能采用异地生产、最终组装的方式来完成任务。主要生产阶段转移至条件优越的专业工厂中进行，后者能够满足工业化生产所需要的各种严苛条件。以此成功地规避了现场的种种不利条件，仅将最终总装步骤放置在现场完成。此时相关精密步骤已经在各工厂阶段的生产活动中被封装进相应的模块中，现场需要完成的任务要求不高，通过合理的设计，能够在条件有限的环境中正常完成最终的生产工作。

其次，建筑组件庞大的尺度与公路运输尺寸限制之间的矛盾。由于建筑不能移动位置，因此工厂中生产的建筑产品需要经过运输才能到达工地现场。而其中无论通过何种方式，公路运输是始终避免不了的，我国公路运输限高4.2 m，一些特殊位置限高 3.9 m 甚至更低。如果所生产的建筑中间产品放置在运输车辆上的高度高于 4.2 m 的限制，其运输活动必将无法成功完成。而采用分级生产方式可以应对上述问题，工厂阶段所生产的中间产品在满足公路运输尺寸限制的情况下，尽量达到较高的集成度以减少现场阶段的工作量，而相关中间产品在运送到现场后，通过预先设定的接口快速连接到一起，进而组成较大的组件可以突破公路交通对产品尺寸的限制。

再次，建筑产品复杂的内部关系和工业化生产精细化管理之间的矛盾。建筑的内部组成和各部分之间的关系异常复杂，生产流程更是较之普通工业产品的生产要烦琐许多，复杂的生产过程更加容易造成错误的发生，并且生产活动中任何步骤发生问题，均有可能对最终的生产结果产生严重的影响。因此想要保证生产的正常进行，减少以及尽可能杜绝错误的发生，这就需要对生产活动进行有效的管理并建立相对应的监管体系。分级生产将原本过大过于复杂的生产过程分散成为相对独立的简单流程，后者相对更加容易进行有效的管理，且不会受到其他生产阶段的影响，因此进行生产精细化管理的难度有效降低。由于分级生产的每段生产活动均得到精细化管理，错误发生后可以在本段生产内部被及时发现，此举可以有效地避免错误影响的扩大化。

最后，高效并行生产与场地空间之间的矛盾。传统的建筑生产活动是严格按照时间线性展开的，即生产工序是严格的一环连着一环的，尤其是手工模式下的现场生产，前步工序没有完成则后续工作必须全部处于等候状态。这是因为生产的工作面只有一个，有限的场地空间中无法使各种生产活动同时开展，并且诸多工序必须建立在前步工序的基础上。等待的工序同样消耗着设备租赁费和仓储费用，此种状态会造成严重的资源浪费。分级生产方式的引入使得并行生产方式有机会得以实施，并且通过设计阶段的优化，多个生产活动可以同时进行，生产时间得到压缩，生产工序之间的影响变小，相互之间的等待和牵制程度变低。原本各生产工序之间抢夺的生产工作面此时已经被分散至各个厂家中，并行生产的工序之间不存在抢夺生产空间的问题。

综上所述，分级生产是实行建筑工业化产品生产的具体实施途径，它在生产组织层面为如何有效地进行生产活动，解决现阶段手工模式下的建筑生产活动所存在的问题，提供了整体应对思路。需要指出的是，由于建筑产品自身和产业链的复杂性，分级生产将建筑生产活动不光简单地分成工厂和工地两端，其生产分级程度应当得到进一步的深化，生产分级需要得到加强，具体生产划分情况将在后续的部分予以阐述。

从信息化建设角度来讲，分级生产对于信息管理提出了更高的要求。原本逐步执行的整体生产过程此时被分割成为相互独立的分段生产过程，不同生产过程之间需要做到有效的信息互通并置于统一的管控之中，否则将引发混乱并影响生产的正常进行。虽然在得到分级，能够相互并行的情况下，生产活动可以同时开展，但是最终所独立出去的生产活动的产出品需要在规定时间以规定的数量和规格集中到规定的地点中，在保证后续生产步骤得以正常开展的情况下，上述时间、规格、数量和地点四要素需要做到完全精确，这就对信息化建设水平提出了挑战。

2.4　工业化建筑产品生产建造系统

建造生产与研发设计两者是紧密联系在一起的，高效合理的生产模式和流程有助于优化研发设计过程，使其运转得更加流畅有效。试想一下，即使采用诸如辅助设计技术、虚拟现实技术等先进的理念应用于研发设计过程，也无法实质提高手工模式的生产效率和效果。而研发设计阶段的有效运作同样至关重要，它会直接通过传递指导信息和接收反馈信息的方式左右着生产活动的正常有序进行。但是首先在确定建筑产品研发模式之前，需要对建筑产品的整体生产系统进行详细的定义，以确定后续的研发设计端对于生产端的有效控制和监管。

按照工业生产的模式以及建筑生产自身的特点，建筑产品的生产建造系统被分成以下四个阶段，即三个级别的工厂化阶段和总装阶段。前三个阶段为工业化生产阶段，生产地点为建筑最终位置以外的室内场所，在这里有良好的生产环境和完备的配套设施，生产效率、生产质量以及生产安全均能够得到完好的保障；后者则是位于建筑最终落成位置的室外环境中，之前分级生产的各阶段所得到的中间产品在此阶段被安装到位，此阶段完成后整个建筑的生产行为全部完成。

在三个级别的工厂化阶段中，一级工厂化和二级工厂化的生产地点为各自所对应的工厂，三级工厂化的生产地点为工地现场。后者与一级和二级工厂化最大的不同在于此阶段产品不受公路运输限制，产品尺寸和重量在满足吊装设计的前提下没有上限制约，付出的代价却是生产地点必须要处于条件有限的工地现场内，但是此时生产活动已经在临时工棚的保护下做到室内生产，相应的基本配套设备已经能够发挥作用。一级和二级工厂化由于在严格意义上的工厂中进行，因此具有优越的生产条件，可以做到与其他工业产品同样的生产模式和生产效率。

生产活动按照生产层级以时间顺序为轴被纵向分为四个阶段的同时，建筑产品的内部构成在模块化思想的指导下以功能属性为轴被横向分为以下模

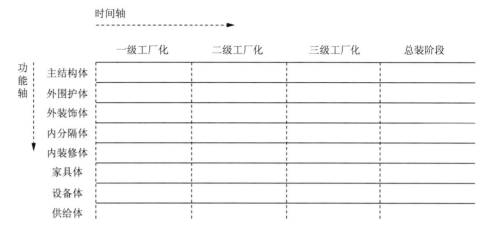

图2-12　工业化建筑的模块化构成

图片来源：笔者自绘

块：主结构体模块、外围护体模块、外装饰体模块、内分隔体模块、内装修体模块、家具体模块、设备体模块等（图 2-12）。上述模块根据不同产品的特点，在相应的生产层级中得到体现。建筑产品内部按照上述模块进行划分，可以简化复杂的生产流程和工序，生产工作可以专心关注于本模块内部的工作。由于模块化组合可以产生多种结果，对于某一分级生产阶段来讲，生产种类的多样化程度得到控制，避免了生产活动陷入种类过于繁杂的陷阱中，可以通过生产有限的几种分级产品来完成本阶段的工作。

2.4.1　一级工厂化——标准件生产阶段

一级工业化为工业化建筑产品生产的第一阶段，生产地点为相关生产厂家的厂房内，由于所生产的产品与普通工业产品无异，因此生产模式与普通的工业化生产没有区别。该阶段生产最终所得到的产品均为标准件，是无法被进一步细分的物体，它是整个工业化产品系统内部组织中微观最小级别的物体，是构成建筑产品的基础。

与传统的生产行为所不同的是，此阶段的活动分为生产和采购两个并列的部分，其目标均为向高级别生产活动提供原料。前者为一级工厂化生产厂家根据设计方的指导信息直接进行生产活动以得到相应的产品，是普通而又直接的狭义生产活动；后者则是根据设计方的要求采购市场上已有的产品，从广义上来讲也是建筑工业化生产行为。

现阶段我国生产制造行业的工业化水平已经达到了一定高度，国家层面也出台了相应的标准来规范一部分通用零件的生产行为和产品规格，因此诸多常用的零件可以在流通市场上直接采购到。由于生产技术的成熟、生产流程的定型和生产规模的扩大，上述产品购买所需要的价格甚至低于自己生产的成本价格，并且由于执行的是统一的国家标准，质量也可以得到有效的保证。

因此市场采购也不失为一种得到标
准件的有效途径，这就需要在设计阶
段对于市面上成熟产品具有完备的了
解，在能够直接市场采购的情况下不
要选择自行生产。（图2-13）

设计阶段对于一级工厂化的控
制，是通过发布指导信息和接收反馈
信息的方式来完成的，生产方或者采购方接收到相应的指导信息后，严格按
照要求进行相应的生产活动或者订购活动。该阶段生产工作完成后，一级工
厂化的完成品被准确送至指定位置，即相对应的二级工厂化的生产工位，紧
接着参与后续的二级工厂化的生产活动，由此来实现分级生产的无缝连接。
一级工厂化的生产完成情况以及标准件送达情况的反馈信息也需要被传送至
设计方和决策方，以便设计方对于该级生产情况的准备把握。

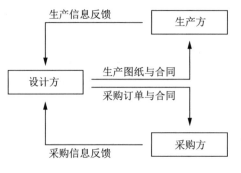

图2-13　一级工厂化自行生产
和市场采购及信息传递图
图片来源：笔者自绘

此阶段生产没有严格意义上的模块化划分，标准件同时也意味着通用件，
这是因为该级别成品为最初级的标准件，同一种标准件在后续的高级别生产
中可能被用在多个模块中，也有可能出现在各个级别的生产中。例如作为标
准件之一的六角螺栓，能够很容易得在市场上以合理价格买到，而且又存在
相应的国家标准 GB/T 5783-2000 保证着产品质量和安全，因此它是典型的一
级工厂化采购件。由于螺栓为常用的紧固件，因此使用范围广泛，在后续的
生产中它可能出现在多个层级的任何模块中，如可能出现在二级工业化的主
结构体模块中，也可能出现在三级工业化的外围护体模块中，甚至可能出现
在总装阶段的设备体模块中。由于该阶段生产的产品为通用型的标准件，可
以使用在后续的多个层级和任意模块中，标准件需要参与到高级别的生产活
动中来，因此必然需要经历相应的物流运输过程，所以其尺寸和重量都需要
受到运输方式的限制。

2.4.2　二级工厂化——组件安装阶段

二级工厂化为在工厂阶段实施的第二个生产阶段，同时也是在传统的
工厂厂房中完成的最后一个生产阶段，该阶段工作全部需要自行生产，没有
直接通过采购而完成的部分。该阶段生产需要的原料为一级工厂化阶段的产
品——标准件，二级工厂化生产过程是将后者进行组合装配，生产出尺度更大、
功能更完善、层级更高的产品，即建筑组件。此阶段进行的所有工作均为组装
作业，因此生产活动组成中不存在从无到有的标准件生产过程，假使需要新
的标准件，也要借助相对应的一级工厂化阶段获得。

组件生产完毕后需要运送到三级工厂化或者总装阶段的生产工位，作为原料参与生产过程。由于需要经过运输阶段，因此公路运输的尺寸和重量限制仍然制约着此阶段的生产，使得产品不能够做得过大、过重。研发设计阶段对于此特性要进行充分的考量，一些大型的组件则只能被切分成多个小组件各自分别生产；或者调整研发设计方案，使得前者具有一定的空间扩展性，在运输阶段中可以进行缩小以拥有较小的合乎规格的尺寸和重量。

生产活动进行到二级工厂化阶段，此时同级别内部的生产活动已经按照建筑内部组织构成进行了分类并被划归到不同模块中去，同样所生产的组件也各自具有了模块归属，它们被划分到主结构体模块、外围护体模块、外装饰体模块、内分隔体模块、内装修体模块、家具体模块、设备体模块中去。二级工厂化中不同的生产活动由此以一条划分线索将其进行有序地分类，分属于不同模块的组件在总装阶段之前不会产生交集，以此线索可将二级工厂化庞杂的生产活动分配给不同的厂家完成。

普通工业产品尽量将生产活动集中在一起，不同流程之间物理空间的缩短可以降低运送成本、提高生产效率。但是建筑产品不同于一般的工业产品，无法将不同的标准件生产厂家在空间上真正地集聚在一起，只能通过订单、合同等软连接将生产厂家以产业联盟的方式纳入工业化建筑生产建造体系中来。因此将二级工厂化独立出来，与一级工业化生产相呼应，由此可以方便管理，使相关生产信息的传递更加清晰（图 2-14）。

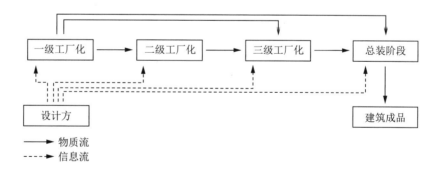

图2-14　各级生产物质与信息流汇总

图片来源：笔者自绘

2.4.3　三级工厂化——吊件快装阶段

三级工厂化是工业化建筑产品生产建造系统的第三个阶段，也是总装阶段之前的最后一级工厂化生产，此阶段生产完成后正式进入现场安装阶段。从工作内容来讲，它与二级工厂化类似，同样进行的是装配工作而非底层的制造工作，将低层级的标准件和组件装配成为更高级别的建筑构件。

相对于二级工厂化的生产工作和影响，三级工厂化的意义重大，它与二级工厂化最大的不同在于其生产地点是位于建成位置不远的工地上，而不是传统的工业生产的厂房。虽然无法取得二级工厂化所能够得到的各种完备的场地、设备和人员支持，但是由于三级生产位于工地，离所生产构件的最终安装位置不过几十或者数百米的距离，两者都处于一个场地内，所以该阶段生产的产品不会受到道路运输方面的种种限制。

因此三级工厂化所得到的产品被称之为吊件，顾名思义，是生产结束后可以直接进入吊装作业的构件。三级工厂化是连接工厂化生产与现场安装的重要一环，该级生产所有的装配活动均在简易的工地车间中完成，而工地车间经由快速建造和无损拆卸后可以多次重复使用，车间本体和内部设备能够在一个项目完成后通过专用设备运送到下一个项目的工地上。虽然在工厂中生产可以应用先进的设备和拥有更高的生产效率，但是运输条件的限制使得在工厂中生产的成品无法接近构件最终所需要的结果。三级工厂化的设置解决了上述的问题，与工厂阶段组装所类似的生产行为和置身于工地中的位置，使得经历过三级工厂化后的建筑产品可以完全贴近于所需的状态，这是进入最终阶段生产所需要的。吊件经过三级工厂化生产完成后可以直接通过吊装作业而就位，参与到下一阶段的生产活动中，最大限度地将吊件的集成度做高，减少总装阶段的工作负担。

2.4.4 总装阶段——现场安装阶段

该阶段生产相当于传统建造模式中现场阶段的工作，两者的生产作业地点同为建筑物最终所处的位置，同样都是位于建筑生产活动的最后一环，即该阶段所有作业完成后可以进入建筑成品的交付阶段，从而可以正常使用。但是两者还是存在本质上的区别的，在诸多方面的表现明显不同，对建筑生产产生不同的影响，最终分化为不同的生产模式，达到了不同的生产效率，产生了截然不同的生产效果。

1. 生产作业占比降低

与传统建造模式相比，工业化模式下的总装阶段的实际作业完成量显著降低，由于在总装阶段的前端设置了一级、二级和三级工厂化生产阶段，此举分担了很大一部分现场阶段的工作，使得后者的工作量仅占到工业化建筑生产的很小一部分比例。而在传统的建造模式中，现场阶段的生产工作占据了建筑生产总工作量的绝大部分，甚至在有些项目中占到了全部。两者在该方面的不同使得工业化建筑的现场阶段的生产用时得到控制。

2. 生产作业复杂程度降低

从生产活动来讲，工业化模式下的总装阶段的工作基本上集中在模块的接口处理方面，而几乎没有从零开始的底层生产活动，原则上将所有的从无到有的标准件生产工作全部集中在一级工厂化中完成。现场阶段虽然也会存在一部分非拼装方面的工作，但其主要集中在模块的接口处理部分的湿作业方面，作业量较小且作业难度不大。

而传统模式下的现场阶段生产作业则十分复杂，简单的模块化拼装作业极少，特别是占比最大的主体结构方面，在钢筋混凝土结构项目中全部工作量均为基础生产，即在现场进行从建筑原材料向建筑成品的直接转化过程。与对应的工业化模式相比较，后者的现场工作复杂程度低且作业种类较少，接口的连接主要采用通用的紧固件进行；而传统模式的现场作业种类复杂，现场的底层阶段的生产占比较大，在缺少辅助设备的情况下只能大量依靠人工采用手工方式进行生产，生产的先进程度和生产效率自然处于低端和初级水平。

3. 辅助作业量减少

建筑由于体量和复杂程度的原因，诸多生产作业无法直接完成，需要借助一些辅助作业来保证生产的进行，而后者在生产完成后则需要进行拆除，因此辅助作业虽然对建筑施工起到帮助作用，但是其安拆均需要耗费精力，且辅助作业所涉及的物质构成对建筑产品本身不能起到正面直接作用，故辅助作业占比过多将造成建筑生产效率的降低。

工业化建筑模式下的总装阶段工作多为模块化组装作业，能够在较短时间内形成作业工作面，由于秉承着机械化优先的方式进行生产，大吨位吊装机具在模块组装过程中发挥着重要的作用，所需要的辅助支撑也是局部的而非整体的。并且由于二级工厂化所代表的工地车间概念的引入，原本需要在工作面上进行的工作被大量地转移至工地车间中进行，零散的构件在工地车间内变成较大的吊件，这一阶段生产所需要的辅助作业量被固定在地面上。

传统模式下的现场阶段生产活动需要大量的辅助作业来支撑建筑实体部分的生产，甚至在有些情况下辅助作业量要多于实体作业量。如在钢筋混凝土主体结构部分生产中，搭设脚手架和模板支护方面所耗费的时间和精力甚至多于钢筋绑扎和混凝土浇筑，严重影响建筑生产效率（图 2-15）。

造成上述情况的原因在于传统模式下的现场阶段的生产活动过于零散和琐碎，在现场工位上进行从无到有的复合物质生产工作，其辅助作业必然是要一次一安拆的。而在工业化建筑产品生产模式中，以一级、二级和三级工厂化为代表的相关辅助作业在车间中被固定起来，以绝对静止的方式逃脱了频繁安拆的无奈处理方式，辅助作业此时被固化为相应的设备和工装机具，静止地布置在各级车间中；而物质生产则从传统的静止状态变成了运动状态，即原料经过各级生产完毕后，最终在三级工厂化的场所——工地车间中被整

图2-15 满堂脚手架
图片来源：笔者自摄

体吊装到工位上，其生产活动是运动的。由此工业化建筑产品生产模式中的辅助作业量得到有效降低。

4. 湿作业比例减少

传统模式下的现场阶段建造多为从零开始的物质生产工作，生产工序中湿作业所占比例极高，其在物质成型过程中必然需要经过气凝这一过程，材料在气凝之前整体强度和表面硬度均处于较低水平，两者在参数不达标的情况下无法进入到下一阶段的生产，等待气凝又需要耗费大量时间，因此过多的湿作业意味着生产效率的低下。而与湿作业对应的机械连接，其安装通过紧固件和辅助连接件配合完成，安装工作完成后即刻形成足量强度，并且立即可以进入下一步工序，因此生产效率可以得到有效的提高。

工业化建筑产品生产模式下的现场阶段的工作由于多为大模块吊装、拼接和接口处理方面的工作，其连接和紧固方式多采用机械连接方式。因此湿作业比例相比传统模式下的现场阶段工作得到大幅度降低，数量有限的湿作业部分大多集中在一起统一完成，或者分散到对于整体工序没有影响的微观各处。在减少零散的无用等待时间的同时，生产效率得到提高，也伴随着窝工率的降低，使得人工调用更加有效。

5. 工人劳动强度降低

传统手工模式下的现场作业，大量的生产工作需要借助人力来完成，虽然塔吊可以将物料运送至工作面，但是仍然存在大量的零散人工搬运和手工操作，工人处在动力直接输出和操作作业的第一线。因此建筑工人的劳动强度以及体力消耗比其他行业要大得多，这也是目前建筑工人招工难的主要原因之一，新生代进城务工人员普遍不会选择去工地从事重体力劳动，而是更多地选择在收入水平低一些的工厂中进行室内流水线作业。工业化模式下的总装阶段可以有效地降低工人劳动强度，工人的劳作方式变成了辅助操作，具体生产作业的动力提供和生产动作由相应的工装设备完成，人工此时被间接地用在设备操作方面，其劳动强度降低。

由此，现场阶段的工作在工业化建筑产品生产模式和传统手工模式下分别代表了生产效率、生产质量和生产水平的不同层级。前者在工业化思维下对于建筑的整体生产活动进行着革新，得以在现场阶段为生产活动带来简化，以及在工人的生产行为予以规范的同时优化其工作环境和作业内容。

2.5　工业化建筑生产的特点及与传统建筑生产区别

工业化建造模式和传统手工模式不仅体现在现场建造阶段工作模式方面的大相径庭，由于其完全不同的主观建造理念和客观现实背景，在生产阶段也呈现出完全不同的特征。工业化建造在生产阶段经过了一级工厂化、二级工厂化、三级工厂化的过程，在物质构成上经历了散件、组件、构件的过程，生产结果产生了可以直接安装到位的吊装构件。而传统手工建造的生产模式则相对较为原始，横向对比相当于工业化生产的一级工厂化阶段，产出结果为简单的散件。不仅如此，两种生产模式在以下各方面具有诸多不同。

2.5.1　生产层级

工业化模式的每一级生产阶段均需要对应下一层级，例如一级工厂化要为二级工厂化提供散件原料，二级工厂化要为三级工厂化预留接口，三级工厂化要为最终现场总装阶段提供各种必要条件，因此其生产层级呈现出严密的耦合关系。而传统手工模式不需要考虑这些问题，其加工产品为散件，在生产端没有层级划分，与现场建造端又呈现出直接连接的单一关系，每一生产方的产品均直接对应最终一级，即工地。

2.5.2　生产模式

工业化建造模式生产阶段具有规模化、专业化、机械化的生产模式特点，有科学的生产流程管理办法、完善的产品管理体系、现代化的硬件设施、精细化的管理团队与经过严格培训的产业工人团队。生产过程中相应工艺的选择保证产品质量，大型机床的应用降低工人工作强度，同时保证产品与劳动者的安全，是一种可持续发展的生产模式。

传统模式生产处于手工粗放型发展阶段，生产场地局限，有些作坊型工厂进行露天作业，少数甚至不具备平整的工作面。其生产模式与几百年前的手工业作坊没有本质区别，工人职业素质差，同时流动性大，生产过程较为散漫且随意性大，质量不能得到很好的保证。但是此种粗放型模式在对产品质量要求较低的情况下，可以通过降低工资、减少场地费用甚至采用劣质原料等大幅度拉低成本，利用低价竞争来占据市场。由于现阶段我国钢筋混凝土结构施工大多以传统手工模式为主，也造成了市场无序恶性竞争的现状，各厂家通过相互压价来争夺市场，也间接造成了现阶段建筑质量不佳、耐久性不好。

2.5.3　质量要求

工业化模式产品生产质量要求高，因其产品的模块化、层级化的特点，所以对产品质量的要求不仅仅局限在单纯的强度和尺寸精度上，还包括整体吊装刚度、吊点疲劳强度、运输过程固定点强度、固定点位置、模块接口位置、接口与上下层级连接碰撞、表面粗糙度等等。任何一个质量要求不能达到满足，就会对后续层级乃至现场总装阶段工作的顺利推进产生影响，进而拖慢工程进度。但传统模式下产品类型较为单一，在质量方面要求较少，大多仅需要满足强度和尺寸要求即可。

2.5.4　精度要求

传统建造模式由于存在大量现场加工作业和湿作业，因此在生产加工端的精度要求较低，其中要求最高的部分如预埋件的位置也普遍在 1 cm 乃至数厘米以内，甚至对有些部分没有精度要求。由于现场建造阶段对生产阶段的要求较低，导致大量的精度控制工作被累加到了工地现场。

工业化建造由于现场阶段工作量减少，工厂生产部分增加。现场尤其是模板工程，采用预制拼装组合，不同于传统的木模板现场定做的方式，湿作业及手工作业大为减少，因此对工厂阶段生产的一级工业化标准件、二级工业化组件以及三级工业化吊件的模块化接口质量要求较高，对精度提出了更高的要求。根据本研究的实际生产及后续实验，精度要求普遍在毫米级以内，个别组件要求在 50 丝[①]以内。

2.5.5　信息互联

传统模式由于生产层级、生产模式及质量精度要求的关系且生产厂家的产品均为散件，上游为基本原料供给企业，下游为工地现场施工企业，供给

① 丝为长度单位，常用于机械加工行业，1丝=1/100 mm，即0.01 mm。

企业之间完全没有信息传送及沟通互联。分散在四处的各生产厂家之间没有信息互通，处于相互孤立的状态下。处于此种信息流通状态的企业，各自负责本工厂生产任务并统一对工地的最终施工负责。这种模式实际上是将所有可能发生的问题和疑难点留到了工地现场，而这一阶段所能提供的再生产的客观限制条件较多，如果散件运到工地上发现问题，现场整改需要耗费诸多时间和精力，且对工期延后影响较大。但此阶段在运输方面限制少，不需要考虑公路运输尺寸问题。

工业化模式下的生产具有三个级别的工厂化阶段，生产加工企业被分为三级，每一级别的企业均具有相应的上游企业和下游企业，上下级信息需要高度互通才能保证整体工业化生产进程的顺利推进。由于信息需要高度整合，传统的静态图纸绘制与传递在工业化模式生产的过程中将遇到一定的问题，如普遍存在效率低、表述不准确、修改后各方更新困难等问题。因此需要引入其他领域的成熟技术和经验，借助建筑信息模型与数据库等技术提高信息互联程度，提高自动化水平。

2.5.6　加工设备硬件设施

传统模式在生产阶段大都采用手工模式粗放型生产，机加工采用小型低精度工具甚至手动工具，如切割机、小型台钻、钢筋折弯机、手电钻、乙炔切割等。生产场地较为简陋，普遍为一间临街或者位于建材市场的小作坊，由于空间较小，室内物品放置杂乱，经常存在占道生产经营的现象。

工业化模式由于精度要求高，产品模块尺寸较大，加工工艺要求复杂，因此需要大型精密机加工设备。根据本课题研究的相关工厂试制情况，传统建筑钢构加工厂，甚至网架生产企业的设施完全不能满足工业化模式的需求。能够满足加工要求的备选单位一般为机械配件加工企业，此类企业以往加工的产品类型与现阶段工业化建造的产品类型要求相似，具有高精度、精细化、模块化、产品化等特性。加工设备需具备打孔、一维切割、二维切割、二维焊接、三维焊接等功能，具体设备需求为锯床、摇臂钻床、数控激光切割机床、龙门铣床、冲床、数控等离子切割机床、车床等大型机床。由于大量机床的使用，也间接决定了车间面积不能太小，生产企业具有一定的固定资产值。工业化生产模式对以上加工设备硬件设施的要求，将生产力落后的小型作坊式加工企业屏蔽在外。

2.5.7　员工素质

工业化模式产品质量精度要求高，工期安排紧凑，生产厂家上下级具有完整的产品供求机制，机械设备操作较为复杂，因此对员工素质要求较高。工人普遍要求持相应的职业资格证书上岗，具体生产过程中还会进行相应机床设备的操作培训。工厂内部管理即"软环境"上具有完备的安全生产规章制度，对工人进行相应的安全操作预防措施及应急突发情况处理等培训。机器设备"硬件"方面也会有相应的安全储备设施运行，如数控激光切割机床在工作时，设备四周的红外测距装置会同步运行，如发现测定距离小于预设值即说明有外来物体进入工作区域，激光切割头立即停止工作；剪板机在工作时操作工人双手必须同时触碰两端按钮，底端的工作踏板才能被触发。正规完善的软硬件管理机制确保了工人的素质处于较高水平，培养了他们良好的工作习惯，保证了生产有条不紊地进行和有质有量地完成。

传统模式生产流程简单、精度要求低、工具简易，对于工人的素质要求较低，特别是职业技能和职业习惯方面。工人一般没有经过正规职业培训就上岗，通常是经过老师傅帮带的过程熟悉业务，技能形成的过程不正规也不全面，大多工人没有取得相应的职业技能证书。由于职业技能培训不正规，导致工人或多或少地养成了坏的职业习惯，其中对于生产影响最大的就是安全意识淡薄，例如经调研发现，在进行乙炔切割等接触易燃易爆气体的过程中，很多工人竟然一边操作一边抽烟，其中一些甚至直接用乙炔火焰点烟。除了安全意识欠缺之外，还普遍存在工作责任心不足、对于产品质量缺乏有效控制、工作区域器具物品放置混乱等现象。

2.5.8　场内起吊能力

工业化建造模式下的生产成品构件具有较大的尺寸和重量，除了进料及运输装车外，各阶段均要进行大量的起吊作业。因此在保证生产效率的情况下，厂房内要配置大吨位行吊才能保证生产进度，提高人员利用率，保证生产安全。根据本课题研究生产试验情况，行吊吨位宜为 10 t 以上，数量为两台以上，以便于相互之间的配合作业。同时由于生产车间内行吊的配备，组装模拟试验可以在工厂预先进行验证优化，为后续阶段乃至现场总装部分的顺利进行提供一定的保障，节省现场总装阶段的塔吊占用时间和吊车租赁费用。

传统建造在生产阶段对于起吊设备要求较低，大多集中在进料及装车阶段。由于尺寸较小且较为分散，一般情况下采用人工搬运或者小型叉车，卸车装车时间较长，且因为传统模式场地范围有限，如位于建材市场内部的一些小型加工作坊由于装货空间有限而无奈地选择占道经营，并且由于装卸效率太低的问题，每次大宗进发货均能造成市场内的拥堵。

2.5.9　运输能力

工业化建造的工程量大多数集中在生产端，由于采用模块化思想，故成品尺寸在限制条件下尽可能做到较大，在运输方面需要考虑公路运输的最大尺寸问题，以及相应载具的车斗高度和所经路线上的高度限制。而传统手工建造的生产无须考虑太多此类因素，大多仅需要满足重量和高度限制即可。

例如本研究中 6 个组合柱模架从南京溧水区运送到南京市国际会展中心的过程中，因模架高度 3.3 m、长 3.9 m、宽 1.8 m，虽然绕城高速限高 4.5 m，但是由于工厂车间大门与途经石湫镇所辖道路的限高门的高度均为 4.2 m，因此所选货车的车斗高度不能超过 0.9 m。可以满足要求的有两种货车，一种为载重量 2 t、货斗长度为 4.2 m 的蓝牌轻型卡车；一种为载重量 30 t、有效货斗长度为 9 m 的低底盘半挂重型货车。经过询价，轻型卡车单车报价为 1 100 元，重型半挂车单车报价为 6 000 元，如采用前者，需要 6 辆，总价 6 600 元；后者则需要 3 辆，总价为 18 000 元。综上考虑，选择 2 t 轻型卡车较为合理（图 2-16）。

上段仅为运送组合柱模架在车辆选择问题上的计算考量，由于尺寸、模块接口等原因，在运输过程中还须考虑对于构件的妥善保护。而传统建造在生产端大多为基本原材料，类似于一级工业化生产的散架，尺寸小、重量轻，不容易损坏，如钢筋、钢绞线、砌块、脚手架钢管及扣件、木方、木模板等，运输此类原料大多采用 10~15 t 中型卡车，由于单个尺寸小、重量轻，无须过多地考虑超重和超高的问题。

图2-16　最终确定的轻型卡车运送方案

图片来源：笔者自摄

2.6　本章小结

本章内容跳出了经典建筑学的关注范围，研究在物质生产的背景下，从生产模式的角度剖析当前传统建造模式的生产现状和所存在的客观矛盾。同时从目前建筑生产应用建筑工业化的需求方面，探索了建筑行业应当做出哪些适用性的改造，为后面的研究指明了方向。通过对比传统手工建筑生产模式和建筑工业化生产模式之间的区分与落差，使得相关亟待解决的研究问题得以锁定，为后面章节所阐述的研究内容奠定了基础。

第3章 工业化建筑产品研发设计系统

上一章就工业化建筑产品生产模式进行了阐述，其体系特点与传统手工模式下的建筑作品生产模式具有根本的不同和本质性的改变。在建造阶段所发生的变革带来了高效率和产品的先进性的同时，对于设计阶段也提出了更高的乃至苛刻的要求，手工建造模式对应的经典建筑设计的设计方法和信息指导措施，此时已经无法适应新的生产方式的要求。经典建筑设计中对于手工生产的松散信息指导方式无法提高生产效率，设计方将自己无法理解的部分推给建造方来解决，此举在工业化模式下被证明是行不通的并且也是被禁止的。因此工业化建筑产品的生产呼唤着与之相匹配的建筑设计方法，此方法需要能够有效地指导生产的有序进行，提供高效有序的信息来支撑后续的建筑生产活动。

符合工业化建筑产品生产的新型建筑设计与传统的经典建筑设计具有诸多不同，新型建筑设计在涵盖范围、设计目标、整体思路、体系架构、工作流程等方面具有其特殊的排布和要求。经典建筑设计中对于建筑和生产流程的理解不够深入，出具的施工图上所包含的信息无法直接指导施工，需要通过生产方理解消化后再行拓展加工、补足缺失的信息后才能够进行生产；而工业化建筑设计需要将所有的生产问题在设计阶段解决，发送给生产方的指导信息需要是完整正确的，假如后者发现生产指导信息存在问题与缺陷，需要通知设计方进行优化而不能擅自修改。

为了使得建筑设计能够适应产品模式下的建筑生产活动，需要摒弃经典建筑设计所遵循的作品模式，采用工业化产品模式组织设计活动。产品不同于作品，作品具有唯一性，但产品的生产需要具有一定的规模，虽然建筑具有多样性和非一致性，完全一样的建筑基本不存在，但是采用模块化思想和分级生产模式，至少可以将一级工厂化所对应的基本物质生产活动固定，形成一定的产品系列，后续再根据新的要求对产品库进行更新。高度模块化的情况下甚至可以保证二级工厂化和三级工厂化的生产活动也是相对固定的，仅在总装阶段将不同的吊件进行排列组合以得到所需的多样化的使用功能和

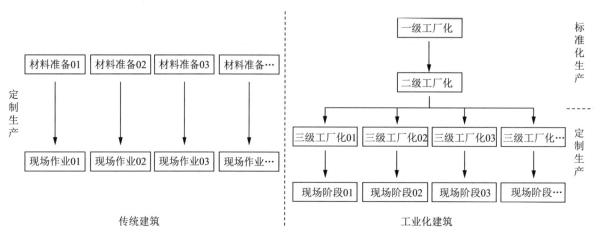

传统建筑　　　　　　　　　　工业化建筑

图3-1　工业化建筑与传统建筑
的模块生产对比（模块化）
图片来源：笔者自绘

空间形式（图 3-1）。

3.1　研发设计系统设置理念

产品的设计是一个复杂而程序繁多的过程，需要考虑到诸多限制因素，对于产品本身的功能、耐久性和安全性还需要进行验证测试。其设计内容远远不是简单地将产品做出来就结束了，而是需要进行评价、测试、验证。因此诸多工业产品均有原型产品的概念，原型产品是该系列产品的第一个实例，需要以此为基础进行测试验证，然后进行相应的修改，最后才能够进入正式的生产过程，原型的概念和操作方法保证了投入市场的正式产品的质量和品质。甚至在原型产品的基础上，在其上层设置了平台的概念，即核心构件一致的情况下，同一平台可以演化出多种产品。

3.1.1　平台化设计理念在类似相关领域的应用

1. 汽车领域的应用

从零开始设计一款新车需要耗费大量的时间和精力，而人们对于汽车产品和需求是多样化的，一款车型无法满足所有人的需求，为了满足消费者的要求，同一品牌需要同时发售多种甚至几十种车型以供消费者选择，而为所有车型进行独立研发显然是不现实的。因此厂商将车型根据一定逻辑进行划分，符合同一逻辑的多种车型被划归同一平台，重点以平台为单位进行研发，这样不同车型之间具有了相同的部分，有效降低了研发设计工作量，研发成本和时间也可以得到有效的控制，同时由于相应的重叠构件可以在不同车型之间通用，后续的生产活动得到简化，构件的生产基数得以提高，成本得到有效的控制。

图3-2　PQ35平台与衍生车型
图片来源:http://www.autohome.com.cn/
tech/201702/897939-5.html

如大众汽车集团的 PQ35 平台衍生了包括三厢轿车、两厢掀背车、旅行车、SUV、MPV 在内的多达几十种车型（图 3-2），同一平台下的发动机和变速性可以有多种选择。如此众多的车型却具有一个相同点，那就是几乎同样的轴距。与 PQ35 平台同时期的还有更小的 PQ25 平台和更大的 PQ46 平台，而在更为先进的 MQB 平台没有出现之前，中国国内生产的所有悬挂大众和斯柯达标志的车型均出自上述三个平台。而后续 MQB 平台则将 PQ25、PQ35、PQ46 全部统一在一个平台上，由此车型之间的通用零件比例更高，生产活动得以高度整合，这是因为同平台车型可以共线生产。

2. 航空领域的应用

在航空设计领域同样具有类似平台的理念，如苏联将战斗机原型所代表的体系称之为"系统"，而成功的系统具有能够满足多种需求的能力和潜力。例如，现阶段俄罗斯空天军下属的空军、防空反导部队和航空部队所大量装备的，并且作为主力机型对外出售的 Su-27、Su-30、Su-33、Su-34、Su-35、Su-37 均出自以早期 Su-27 原型机为代表的 T-10 系统，后者具备完备的性能和强大的拓展潜力，在 1977 年进行首飞后陆续经过研发得到了包括截击机、歼击机、强击机、轰炸机、舰载机、小型预警机在内的数种多用途机型，而这些均归功于 1969 年开始进行研发的 T-10 系统。

3. 船舶领域的应用

船舶设计领域也同样存在着与汽车领域的"平台"和航空领域的"系统"相似的研发设计理念，只不过前者以"级"为具体表述形式，其平台化的研发理念应用甚至比汽车和航空领域来得更早。为了便于识别与管理，所有舰艇均需要对其命名，而类似的舰艇建造不止一艘，特别是在军用领域，同类舰艇虽然结构和配置可以存在一定程度的变动，但是核心构架是相同的，因此它们在拥有自己的舰名的同时，统一以首舰的名字作为"级"名。以美国海军大量装备的现役宙斯盾驱逐舰为例，该级驱逐舰的首舰被命名为"伯克"号，后续下水的同型号驱逐舰虽然各自拥有独立的名称，但是均被统称为"伯克"级。同级舰艇之间并不是一成不变的，而是会根据需要进行相应的修改以满足使用要求。如舰上所搭载的各型武器装备会根据需要进行更换与变动，船舱的构造也会进行一定的改动，但是同"级"舰艇之间的系统构成的宏观思想和组织方式是一致的。

3.1.2　建筑与其他领域的相似之处

建筑与上述汽车、航空和船舶行业具有一定的相通之处。首先，相对于其他的工业产品，四者的内部构造均十分复杂且体型都非常庞大。其次，四者的使用时间较为漫长，建筑的设计使用寿命一般为 50 年，汽车的使用寿命可以到 15 年甚至更久，飞机和船舶的使用寿命也要达到 30 年以上，而一般的工业产品基本无法达到此耐久度水平。

参照同为大型、昂贵、复杂和长寿命工业产品的汽车、航空和船舶行业这三者的平台化设计方式，会发现上述三者的产品设计不针对具体个体，而是面向未来一定时间范围内的特定范围的产品而进行设计的，其目标对象是相互之间具有一定区别的产品个体群。上述特征与普通工业产品设计方法是截然不同的，一般的社会消费品价值不高且产品寿命不长，研发设计周期短，故研发开展过程中所投入的人力、物力及时间远远低于上述三者。如作为普及面较广的消费品——手机的研发时间往往只有数月，而平台化产品研发往往历时数年甚至十几年。

如前述的 T-10 系统的项目立项始于 1969 年，平台实验原型机首次试飞于 1977 年，系统定型于 1981 年，平台化研发设计历时 12 年；而该平台的首款产品 Su-27 装备部队投入使用的时间则为 3 年后的 1984 年，之后同平台的多款后续产品陆续在 10 年内迅速定型并装备使用。由此可见，平台研发占据了整个产品研发的大半时间和精力，但是恰恰因为平台研发工作的努力，使得后续的差异化产品可以在短时间内陆续被开发出来。

普通工业产品的研发投入少、持续时间短，研发设计所考虑的对象是与之相对应的具体产品，同一厂家的不同产品之间也不需要考虑相互之间的扩展性和延续性，并且产量可以达到较大基数，能够形成规模化生产。但建筑产品种类繁杂且产品基数小，单种类的建筑产品在数量上无法形成规模效应。对于普通的工业产品来讲，在研发设计中设置平台化研发阶段不是必需的，虽然平台研发工作可以提高产品序列的竞争能力、降低生产成本以及提高维护

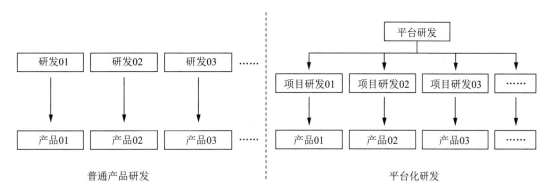

普通产品研发　　　　　　　　　　　　　　　　　平台化研发

图3-3　平台化研发与普通产品
研发的步骤对比图
图片来源：笔者自绘

完成率（图3-3）。对于建筑产品来讲，平台化研发阶段是实行工业化模式所必不可少的，是能够采用工业化模式进行建筑生产的必要条件，同时也是在研发设计过程中对于后续工业化生产和装配的具体兼容途径。应用平台化研发设计在对于建筑产品的设计和生产方面产生以下深远影响。

首先，系统平台的设计可以使得种类形态各异但是组织逻辑却又相互类似的不同建筑产品之间得到统一，不同类型的建筑项目可以在一个平台下进行宏观研发设计。统一设计同时也意味着后续生产工作可以得到简化与合并。

其次，系统平台在研发中虽然会耗费大量的资源，但是由于该过程发生于实际项目的前期，因此具有充足的时间来攻克技术难题，而不同于目前时间紧迫、任务量重、无暇仔细研究的建筑设计现状。由于研发时间能够得到保证，研究工作可以包括大至系统构架，小到微观技术的采用等诸多方面的内容。

再次，建筑系统平台所使用的来自研发人员的一些超前设想可以通过额列的原型建筑项目进行实验并验证其可行性，其最终结果可以较为容易且直接地回馈至原设计人员的手中，方便其进行修改和优化，以减少潜在错误在后续的大量生产应用中造成的严重损失。

然后，由于平台化阶段解决了绝大部分的技术问题，并且对所包含的子产品进行了详尽的阐述和论证，因此后续具体项目的产品设计阶段的工作难度可以降低，因此对于项目设计人员的技术要求不高，后者的工作更多的是在系统框架的范围内做好本职工作。优势技术人才得以集中，投入到系统平台的研发设计工作中去。

最后，同平台的产品在后续的生产建造和维护中能够做到生产过程合并、构件保养通用，通过平台化概念的应用得以简化工厂阶段的生产工作，减少中间产品生产种类，此举降低了后续工作的难度和对生产设备的资金投入。

3.1.3　研发设计系统的构成

在建筑行业中应用产品模式进行平台化研发设计需要考虑产品的适应范

围、扩展性能以及对于未来可能出现的
新功能的容纳能力。考虑到已经应用
平台化设计模式的相关行业的发展状
况，如汽车、航空及船舶行业，以及建
筑工业化产品的生产特征，工业化建
筑产品的前端设计部分应当被分为两
个独立的阶段，即产品研发阶段和项
目设计阶段。产品研发阶段的关键在
于"产品"，而项目设计阶段的核心在
于"项目"，即建筑产品在开始正式建
造之前需要经过两个相互独立的阶段

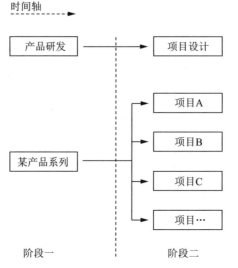

图3-4　建筑平台化研发设计示
意图
图片来源：笔者自绘

（图 3-4）。上述两个独立部分的内容会在后续的两节中分别进行详细阐述。

3.2　产品研发阶段——系统平台设计

　　产品研发阶段的研发工作对象是系统平台，是发生于项目设计阶段前端
的研发阶段。依照工业化建筑产品研发模式，进入项目设计阶段之前需要将
系统平台进行完备的建立，只有在确保平台的正确、高效及先进的基础上，
才能保证最终的建筑产品在有限的时间内以功能齐备的情况下交付甲方投入
使用。

　　系统平台的研发设计目标不仅仅针对某一具体建设项目，而应该能够对
应一定的建筑产品群体。从普适性角度来讲，平台的使用范围最好能够满足
目前存在的所有建筑功能，但是这一要求是无法被完全满足的。任何平台在
具备自身优势的情况下，也必然存在不足及所顾及不到的方面，因此理当存
在一定的适用限制范围，但是通过有效研发和技术人员的智力投入，可将此
范围进行扩展，在力所能及的情况下得以适用更为广阔的范围。

　　研究某类对象的难度要远远大于某个具体对象，所需要考虑的限制影响
因素会更多，研发工作量也更为繁重，因此在工业化模式下产品研发阶段所
耗费的时间要远远多于后续的项目设计阶段。而在传统的经典建筑设计中根
本没有类似的对于系统平台进行研究的产品研发过程，甚至不存在代表技术
创新的研发内容，所有的工作均围绕着对已有技术的重复利用方面。故产品
研发阶段需要做好新兴技术的吸纳准备，并且由于所面对的研发系统较为复
杂且集成化程度高，因此该阶段的研发步骤需要按照以下顺序和内容进行有
序地开展。

3.2.1　产品战略制定阶段

产品战略制定阶段为研发设计总过程中的第一个细分阶段，该阶段需要进行的工作为对产品进行宏观定位以及确定研发目标。作为未来建筑产业的发展方向，工业化建筑产品应当具有以下共同点来体现其产品的先进性：便于建造、节省人工、环境友好、绿色节能、可修可换、长寿使用。

具体内容则包括确定此平台所能够容纳的功能、技术需求、适用范围以及承载能力。

该阶段的工作成果为编制平台任务书、平台可行性研究报告以及研发计划表。

3.2.2　技术储备阶段

该阶段任务有三部分，分别为技术梳理、技术攻关和技术评估。

1. 技术梳理

技术梳理部分是对所需的技术进行定义和筛查，该定义范围来自实现产品战略制定阶段所制定的目标而需要的微观技术点的集合；确定范围后再对各技术点进行评估，得以识别出已有的成熟技术，以及所缺乏的技术的范围。

2. 技术攻关

技术攻关部分的工作则是在已探明技术需求点的情况下，针对欠缺技术进行集中研发，以期在充分的时间、人力、智力和物力的供给下，能够在可控的时间内将所需的技术逐个突破。技术储备阶段并非能够无限期地进行下去，尤其是其中技术攻关部分工作的成功率无法得到十足的保证，任何方都难以准确地预测某项技术能够得到突破的具体时间。因此该阶段的工作必须在预定时间内截止，即使部分技术点没有得到妥善的解决。

3. 技术评估

技术评估部分的工作是在该阶段的计划研发时间即将用完之际对技术点攻关完成情况进行评估，评估已掌握的技术点能否支撑后续的研发工作，如果不能，则需要返回产品战略制定阶段，对平台任务书进行修改，降低对系统平台的要求。未完成的技术点交由技术研发部门继续攻关，以期在未来版本的系统平台研发阶段能够作为已有成熟技术被直接使用。

3.2.3　原型建筑产品一体化研发阶段

系统平台的研发仍然需要借助具体的产品为依托，通过对原型产品的深入研究来完善对于平台的搭建以及验证能否达到所要求的各项功能。由此，该阶段的任务为以原型建筑产品为基础进行一体化研发，以此来探讨系统平台的问题。

1. 原型建筑产品的扩展性

进行一体化研发的原型建筑产品并非能够完全由现实情况下的某一具体建筑项目来代替，这是因为具体项目中对于建筑的功能指向过于清晰明确，这在传统的建筑设计中是好事，可以将有限的时间和精力投入到明确的某些功能上，但是此举对于原型建筑产品背后所代指的系统平台来讲却鲜有益处，系统平台所代指的是所能包括的一系列建筑产品，而不是仅仅表示某具体狭小范围甚至个体。以系列建筑产品为基础的对象之间形态迥异，功能也有较大的差别，想要通过原型建筑产品来研究系统平台，需要原型建筑产品具有一定的通用性和扩展性，虽然同样也是进行建筑设计工作，但是与传统的基于实际项目的建筑设计过程还是具有本质上的区别的。

原型建筑产品的一体化研发包括建筑、结构、给排水、暖通、电气智能化这五部分的工作，但是与传统建筑设计中呈线性依次排布的工作流不同，在原型产品研发中这五部分是联成一体的。在研发初期各方的技术人员就需要保持紧密的沟通（图3-5），只有这样才能够保证原型建筑产品具有良好的扩展性，能够代表更广泛的产品范围，使得在此基础上各个专业均能够保证较大的自由与通用程度。需要指出的是，不同专业之间的需求有可能存在此消彼长的过程，在原型产品研发阶段应该做好平衡的工作。

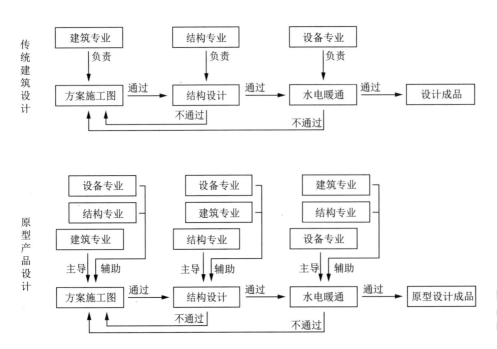

图3-5 传统建筑设计与原型产品设计的专业配合对比图

图片来源：笔者自绘

如建筑的使用功能与结构跨度就存在一定程度的矛盾，更大的跨度能够孕育出更加多样的建筑功能，而功能的多样可变也能够提高建筑的整体寿命，避免因为功能限制的因素而遭到拆除重建。但是跨度的提高却对结构方面提出了难题，也造成了结构构件的尺寸巨大，如梁高变大使得在保证净高的情况下只能加大层高，造成限高范围内的层数减少，进而使得总建筑面积缩水。上述仅仅是简单的两个影响因子相互博弈时所产生的结果，如果考虑到其他影响因素，情况将变得更为复杂。

针对原型建筑产品来讲，更高的功能满足能力很重要，对于平台的考量是基于其综合实力，而不是依照某一条限制因素做到尽善尽美，多种功能的达成可以通过模块化替换的手段来实现，这就需要原型建筑产品具有足够的容纳能力，甚至可以通过某方面性能的小幅降低而换来整体性能的提升以及更大的适用范围。原型建筑产品类似于生物学中的胚胎细胞，具备发育成为各种人体组织细胞的能力，原型建筑产品在一体化研发阶段中最为重要的就是关于其所代表的系统平台在未来的项目设计阶段能否具有良好的扩展性能，可以适用于多种功能的不同项目中。

2. 以构件为基础的构件法建筑设计

此阶段的研发设计工作应用构件法建筑设计，即以构件为切入点进行建筑的研发设计工作。建筑是由各种不同层级和类型的构件连接形成的整体，建筑设计过程中需要考虑的重点不仅仅是提供具有相应使用功能的空间，更应该着重研究形成空间的物质，毕竟只有通过物质的支撑才能够产生相应的空间，而构件则是建筑的物质基础。采用构件作为研发设计的基本构成，在进行研发设计的过程中会自然地考虑到构件的形成和安装的实际生产建造过程。

考虑到建筑产品的功能构成、模块封装与扩展接口，工业化建筑产品按照组织和功能逻辑分为以下模块：

01- 主结构体模块　　02- 外围护体模块　　03- 内分隔体模块

04- 装修体模块　　　05- 交通体模块　　　06- 设备体模块

07- 供给体模块……

通过模块的划分，将复杂的建筑物质构成进行了有序的梳理和划分，各分类模块也可以直接对应相关的一级、二级、三级工厂化和现场总装阶段的工作。采用构件法进行研发设计，使得原本混为一团的难以有序划分的建筑物质构成得以有效地进行组织，也为后续的扩展工作提供了可能。由于模块化可拆分和可组合的特性，通过不同功能体之间的替换，使得原型建筑产品的扩展性得以提升，在后续的模块功能扩展研发中能够具有更为广泛的适用范围。

3. 阶段性成果

该阶段的工作结果为基于原型建筑产品的建筑、结构、暖通、电气智能化等各专业图纸和配置说明文件。需要指出的是，传统的经典建筑设计中所使用的二维技术图纸由于自身所存在的种种局限性，此时已经不能够在工业化产品研发中胜任对于技术信息的承载工作，因此相关的专业图纸文件需要采用三维的建筑信息模型技术进行制作，原始的二维图纸仅仅作为阶段性研发结果的展示及辅助表述。

3.2.4 原型产品宏观设计冻结阶段

该阶段从时间维度来讲实际上代指一个具体的时间节点，在这个时间节点之前可以对上阶段的原型建筑产品的研发方案进行修改，而过了这个时间节点之后原则上不能进行任何修改，除非出现重大问题而将整个项目叫停。这是因为后续的研发设计工作需要保持前面研发方案的相对静止，由此才能保证后续工作以有效可靠的方式开展，如果前端研发方案发生修改，则有可能造成后续的研发投入变得没有任何意义，由此产生极大的浪费。

因此，原型产品冻结阶段是对于前端研发成果的冻结性保护，经过此阶段后所有的研发精力都将被投入到后续的研究工作，以避免对前端成果的过分纠缠而影响整体研发活动的有序进行。

3.2.5 构件研发阶段

原型建筑产品经过冻结阶段后，其在建筑设计方面已经得到定型化处理且不能被修改。以上述条件为前提，研发活动进入到与建筑生产相关的阶段，其中构件研发阶段是关于生产的第一个阶段。

构件研发阶段是为了实现原型产品研发目标，针对建筑生产而进行的研发活动，研发过程中以建筑产品的物质构成——各层级构件为具体研究对象，主要包括标准件、组件和吊件三个层次的研发内容。研发目标为通过此阶段的研发活动，可以有效地保证在后续生产活动中，与标准件、组件和吊件相对应的一级、二级和三级工厂化生产活动的有效进行，确保在预定时间、预定投入的情况下，能够顺利地生产出总装阶段所需要的构件。

虽然最终所需的生产结果一致，但是不同的内部构造设置与生产方法所带来的成本消耗则不尽相同，该研发阶段需要确定其中性价比最佳的方案，找到生产简便、成品率高、工艺适中的生产方法。为了达到上述目标，研发过程中需要对建筑物质生产的流程和工艺进行深入研究，其中的一些范围已经超出了传统建筑设计所涉足的领域，如冶金、机械制造、金属加工、电子电器等方面。

表3-1　构件铸造与折弯对比示意图

加工方式	原料	成型方式	处理方法	模具通用度	准备时间	生产速度	一体完成度	二次设计
铸造	铸造钢	物理方式	热加工	低，必须专用定制	较长	低	高	需要
折弯	钢板	机械方式	冷加工	高，通用模具可用	较短	高	低	需要

　　如表3-1所述的构件，在原型产品研发阶段只会对其外观轮廓和物理性能进行定义，而到了构件研发阶段，则需要就如何得到该构件的问题进行系统性研究和论证。这其中包括材料强度、内部构造、成型方式、耐久程度等方面的内容，以及对详细的生产方法的权衡和选择。

　　铸造和折弯两种金属成型方法虽然同样都可以满足原型产品设计要求而得到外观类似的构件，但是由于两者在原料种类、工艺需求、模具制作与生产效率方面存在的诸多差异，同一构件采用两种成型方法所得到的构件内部组成方式和细部均存在较大的差异。

　　铸造方法所使用的原料为铸造用钢锭，在成功的脱模工艺设置下，能够一次性完成形态较为复杂的构件；可是模具制作复杂且价格高，铸造过程的辅助准备工作烦琐且必须冷却后才能脱模，因此生产效率较低；铸造材料的机械性能低于热轧材料，如抗剪性能差及容易脆断，故在同样工况下需要进行适当的二次深化设计，通过设置更大截面或者额外设置肋板来进行加强。

　　折弯方式采用厚度一致的钢板作为原料，通过裁剪和冲压等冷加工步骤得到所需构件，由于不存在热处理步骤而免去了加温和冷却的时间，因此生产效率较高；折弯模具价格不高并且存在通用模具可供选择，从而免除了一定比例的专用模具制作；但是受制于机具刀口的限制，复杂形态的构件无法一次成型，需要进行复杂的二次设计，将其分解成简单的零件，各自单独加工后再通过焊接、螺接和铆接等方式连接成整体，因此构件质量同时受到零件质量和连接质量的双重制约。

　　综合上述两种成型方式，单从具体工法本身来讲难以判断两者谁更具有优势，只有与具体构件情况和预估生产数量相结合，才能通过综合评判得出具体生产方法的选择方式，进而确定生产步骤。上述例子说明了在构件研发阶段需要研究的不仅仅是将构件进行细化设计，还要考虑能否将其以简洁、经济、可控和有保障的方式生产出来。以上述目标为基础的深化设计，才能够成功地纳入系统平台的建设中来。构件在确定生产方法的同时，相应的物理形态需要得到确定，这其中包括内部包含的子构件的物理形态和生产方法，并且相关的附属信息和生产信息也需要一同进行收录，此时需要借助相应的信息工具进行管理。

3.2.6　总装研发阶段

相对于上一阶段以"物质"为研究线索，即如何通过适合的成型方法来获得所需的构件，总装研究阶段的研发关注点集中在"动作"上面，即如何将已有的各级构件顺利地进行运送与就位。该研发阶段所对应的是建筑生产中的现场总装阶段，后者在工业化建筑产品生产模式中被设置于一级、二级和三级工厂化之后，是整个建筑生产活动的最后一个环节。在生产模式的设计中，此阶段的生产已经没有了复杂的基础物质生产，而是集中在模块就位、拼装和连接工作。由于现场无法提供良好的生产条件，在工地现场进行基础物质生产恰恰也是建筑工业化生产体系所需要极力避免发生的事情。

因此总装研发阶段所需要考虑的是如何顺畅地移动构件的位置，以准确的姿态将其安置在规定的位置上，并且与周围的其他构件进行可靠的连接。上述问题看上去十分简单并且容易做到，但是在实际情况下却不尽如此。

工地现场环境复杂且空间狭窄，基础设施建设又极不完善，仅能在工地现场设置数量有限的大型机具，如通常情况下一栋建筑最多设置一至两台塔吊，需要安装的构件由于重量和体积的因素，无法采用人力直接进行搬运而必须借助机具进行辅助，并且构件在工地现场需要就位的准确位置通常也不是靠近地面的位置，而是在距离地面一定高度的空中，因此其安装难度大幅度高于在地面进行相同的作业。

上述因素均使得安装动作充满了挑战，况且需要就位的构件数量众多，构件之间也客观存在着一定的逻辑关系，如构件 B 必须在构件 A 就位后才能进行安装否则无法形成安装界面，抑或构件 C 必须安装在构件 B 之前，否则失去了进入就位区域的通道等等。因此工地现场的各项作业需要遵循一定的操作顺序，由此也决定了构件的存储排布、运送流程和吊装序列也存在着对应前者的"规则"，例如构件的存放位置应当与安装工序相互吻合，以避免在获取过程中对其他构件的损坏，并且缩短获取构件所耗费的路程和时间。

除了需要遵循一定的逻辑顺序，现场阶段的安装工作不能简单地呈线性分布，线性分布虽然可以降低施工管理和实施作业的难度，但是由此却会严重拖慢施工进度，带来机具的空置和人员的窝工以及造价的升高。不同工序所需的施工人员和设备是不同的，设备进场出场是个耗时耗力的工作，因此在现场中"人"和"机"会始终保有，一般情况下不会中途撤出又再次召集。施工人员即使无所事事也要对其提供食宿，不仅耗费财力而且还会挤占现场有限的空间资源，其空间的缺乏使得原本已经十分复杂的相关作业的实施变得更为困难；并且对工人来讲，如果出现上工率低的情况，也会选择离开，继而寻找其他能够保证其足够收入的项目工地工作。对设备来讲更是如此，其收费计量标准是依照租用日数来确定的，即使闲置也一样需要按天计费，由于等候工作造成设备的等待时间过多从而造成巨大的浪费。上述因素是串行工序所带来的一系列影响与后果，这些均是甲方所不能接受的。对于甲方来讲，应保证质量的情况下要尽量降低造价和缩短时间。

减少现场阶段的建造所需时间，可以从两个方面着手，分别是降低工作量和提高工作效率。前者是建筑工业化产品生产模式所倡导的，如本书2.4.4所述，通过生产模式的革新以及研发设计理念的界定，使得生产活动尽量前置，减少现场阶段作业量所占比例和降低现场阶段施工复杂程度，分别在数量和难度两个维度降低现场作业对时间的消耗。后者则是从提高工作效率入手，对于现阶段的建筑施工作业来讲，单个工种的平均生产效率难以在短时间内得到有效提升。但是可以从总体作业流程入手，合理排布工序，降低人员窝工率和机具空置率，缩短总体等待时间，由此从宏观层面提高工作效率，并且使得微观各工序工作人员的压力也能够保持在合理的范围。较之传统的单一工作流程的串行模式，工业化建筑产品的现场阶段生产工作需要采用并行的方式来缩短工期，此时总装研发阶段需要对安装工序进行系统性的研究与整合，在尽量短的时间框架内将所需工作进行密集排布，以期在人员投入不过量的情况下整体控制现场阶段工作所需的时间。

需要指出的是，现场阶段的生产工作并非人员投入的越多越好。首先，各具体工序的操作空间有限，超出合理的范围而过多地设置施工人员不仅不能提高效率，反而会阻碍生产活动的正常开展，现场总装阶段的生产活动需要足够的作业空间，施工人员过度的情况下会对后者进行挤占而影响正常的生产活动。其次，人员设置应当均衡否则也会适得其反，如前所述，不同工序需要不同工种的施工人员，一般情况下工种之间无法相互替换，如钢筋工没法去做木工的工作，而与此同时，多工种复合型工人数目较为稀少，因此盲目地增加工人虽然能够提高特定工序的效率，但是在其他工序中会造成大范围窝工情况发生，最终从宏观角度来衡量其效率依然没有得到提高。最后，即使增加工人数量能够从整体上提高效率，但是仍然极有可能产生如下后果，即效率提高所带来的收益会低于增加人员而多出的投入。

此阶段研发成果为针对现场总装阶段对安装工作产生指导性作用的信息，内容包括工序、工时、工种、人数、工具、机具、连接件等，上述信息通过附属信息的方式以所指代的构件为主体，以动态链接表格的方式进行关联性呈现。

3.2.7　系统平台设立阶段

1. 设立原则

经过了上述的原型建筑产品一体化研发阶段以及随后的构件研发阶段和总装研发阶段后，针对原型建筑产品的设计、生产、建造过程以及相关信息已经被明确地定义。如果将原型建筑产品作为实际建筑项目来对待，根据上述已有的信息则完全能够保证项目的顺利完工。但是设立原型产品的目的并不是直接用于实际项目，那样的话其适用范围则十分狭窄，仅能在点状的范围内支撑有限个数的建筑项目的实际应用。而原型建筑产品在工业化建筑产品研发设计系统中的作用是以其自身为载体进行系统平台的研究，使得研发系统具有更高的容纳范围和更好的扩展可变性，这样才能具有更为广泛的适用范围。

2. 构件库增容

系统平台设立阶段是产品研发阶段中重要的承上启下的研发节点，此阶段的任务是在已有的单个产品——原型建筑产品的框架内，保持"纵向"框架不变的情况下进行"横向"功能体模块的扩展工作。

原型建筑产品从本质来讲仍然代表了具体的单个产品，其内部各构件所代表的各功能模块内的具体构件存量仅为单个，没有可供替换的额外构件，更加没有形成构件调用体系。系统平台设计阶段的工作就是要将其进行初步扩展，使得单薄的构件存量得以扩展，具备基本的建筑项目扩展能力，由此系统平台得以设立（图 3–6）。

需要指出的是，构件量扩展工作需要严格地依照产品战略制定阶段所确立的适用范围和功能实现类别，在此范围内进行相应的研发工作的开展。脱离了原型产品所建立的功能模块框架和适用范围的构件扩展工作将是没有意义的，也无法有效地在系统平台中发挥应有的作用。

3. 附属信息梳理并确定信息种类

组成系统平台的各级别构件的附加信息的类别与名目在该阶段也需要一并进行整理、补齐和完善，它们与物理描述信息一起组成了构筑系统平台所需要的构件，其中具体所需要的信息种类与数量将在下一章中详细阐述。

3.2.8　数据库建立阶段

经过了上一阶段的工作，系统平台中建筑设计方面的内容及相关附属信息已经被有序地创造并获得，对于后续的项目设计中起着规范和指导作用的原型建筑产品，也在原型建筑产品一体化研发阶段中经历了各专业设计的全

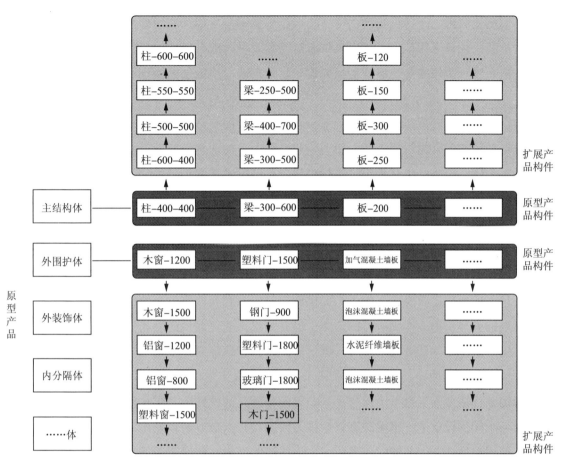

图3-6　原型建筑产品横向扩展为系统平台
图片来源：笔者自绘

过程，从而间接地证明了在原型建筑产品为代表的该系统平台框架下，以此衍生出来的相关建筑产品，在后续的生产、建造和使用过程中所具有的可行性。因此通过前面阶段性研究成果的指导，经过了相关系统平台项目操作训练的设计人员应当在接触到所适用的建筑项目时，能够利用系统平台的框架和已有的构件库进行基本的设计工作，虽然在构件数量方面有可能产生短缺，但是按照该系统平台的逻辑，可以根据实际项目的需要，在已有的逻辑下进行新构件的设计和入库工作，接着完成具体的项目设计活动。

表面上看，关于工业化建筑产品的研发活动已经告一段落，并具备了建筑专业相关的内容。但是想要高效地对已有的研发成果进行管理并在后续的项目设计阶段得到有效的应用，此时仍然欠缺对已有研究成果在信息方面的有效管理手段。

1. 采用数据库管理信息

经典建筑设计中对于信息的管理手段十分有限，甚至从某些方面来讲非常原始，文件的存取、传输等操作采用人工方式进行手动管理，在信息自动化方面处于较为低端的层面。由于在传统建筑设计模式中，普通技术图纸所包含的信息量有限，并且设计过程中参与人员数量不多且相互之间的协同程度需求不高，因此采用闪存、局域网和邮箱等低效手段进行信息的传递，但是上述信息管理手段完全能够满足经典建筑设计模式对于信息的处理和存储要求。

但是上一研究阶段所建立的系统平台自身所包含的信息量远远大于经典建筑设计模式下的普通项目，其中原型建筑产品本身的信息量就已经与后者在体量上相仿，而为了使其具有足够的扩展性，经过扩展增容后的构件库则会在体量上远大于原型建筑产品，如此才能网罗该系统平台所需要包含的众多构件，进而实现平台强大的适应性。体量庞大的构件库在为后续的项目设计人员带来便捷的同时，也占用着远大于传统建筑项目的存储空间。

为了使所提供的信息能够被相关人员有效地使用，在存储众多信息的同时，信息管理方面还需要为有关人员提供便捷的检索和获取服务，使后者能够以有效的方式快速地得到所需的内容。但是如果工业化建筑产品研发阶段的成果仍然采用效率低下的落后方式进行管理，相关信息散布于相互隔离的存储文件和储存介质中，甚至放置在属于不同的研究人员的工作计算机中，信息管理工作需要人工进行干预与介入。即使将所有的文件汇总在一起，储存在同一个硬件设备中，也无法有效地被后续的项目人员方便地调用，并且不同的使用人员在调用共同的信息时，也无法杜绝误删除和误覆盖的情况发生，将会对已有研发成果造成毁灭性的伤害。

而在工业化建筑产品的剩余研发阶段和后续生产过程中，相关信息会在相关的时间中被各方频繁地调用并获取，这不同于经典建筑设计中信息传递的单一性，仅设计方对施工方进行单项传递且后者不需要进行反馈工作。虽然来自不同部分的人们需要对上述信息进行使用，但是其信息接触层级和深度不同，其中存在保密级别和权限归属的问题，因此无法将相关信息直接向各方开放，需要对整体信息库进行权限管理，而这是以往的信息管理模式所无法实现的。

因此为了保证前期研发成果的安全，为后续的信息使用提供便利，对于庞大繁杂的各种信息需采用高端高效的方式进行管理，以往的主要依靠手工进行管理的方式此时已经无法适应新的要求，而数据库技术由于其自身特点就是致力于对海量信息的有序管理，因此采用数据库技术能够为管理工业化建筑产品的信息提供良好的依托。同时由于数据库存在可编程接口，也为信息的存储和读取提供了保障，能够从较多的软件中读取建筑信息，从而化解了工具软件所设置的技术壁垒对于信息管理方面的限制。同时借助云端存储技术的帮助，在保证信息存储安全的基础上，信息需求方均能够以便捷高效的方式接入数据库，通过多种设备下载或者上传，从而获取或者发送相应的信息。

2. 研发工作内容

此阶段的研发工作内容为寻找合适的"容器"以适合的方式来"装载"之前研发阶段所得到的信息，以便在后续的工作中高效正确地对后者进行操作，从而得以灵活地获取所需要的信息。

数据库技术作为信息管理的高级方式，在工业化建筑产品的研发、设计、生产和建造中得到应用，无疑会带来信息管理层面的巨大提升。但是数据库技术领域内部并非仅有一种信息管理方法，而是平行存在着诸多不同的技术，它们之间以相互独立的方式平行发展，并且能够在各自适宜的应用范围内对信息进行有效的管理。但是每种具体的数据库技术也存在信息处理上的盲区，在相关领域使用不适用的数据库技术将为后续的信息处理工作埋下诸多隐患。

因此该阶段研发工作内容为以下几点：

首先，根据需要确定适合的数据库架构、选择具体的信息处理技术以及其他信息管理方面的细节，这其中包括存储方式、检索模式、信息组织结构以及用户权限等方面的内容。

其次，按照所确定的架构、技术点及要求等相关内容，以上述内容为依据将所需的数据库框架进行搭建，实现数据库的各种基本功能并为后续的扩展功能预留接口。上述工作完成后，还需要进行数据库的初步测试工作，以此来验证所建立的数据库能否满足基本需求，如若发现问题则需要返回进行修改然后再次验证，直至成功地通过初步验证。

然后，将需要管理的信息装载进上步建立的数据库中，这其中包括需要研发相应的接口程序，以实现工作软件与数据库的接入，信息能够以非人工介入的方式，自动地从设计人员日常使用的工作软件导入到数据库中。信息导入后需要对相关数据启动校核程序，以检验数据格式、参数类型和参数数据是否符合所设定的规则。

最后，实现数据库的信息输出功能，该部分的研发内容为按需将数据库中的信息便捷地传送给信息获取方，并且在设定情况下将后者需要给出的反馈信息上传至数据库中。该部分需要重点解决的是多平台输出和信息安全的问题。前者照顾到使用不同设备的信息获取方均能建立与数据库的良好连接，因此需要囊括桌面电脑、笔记本、平板电脑和智能手机各种硬件设备，以及Windows、Mac、iOS 及 Android 各种操作系统。而信息安全则需要在技术和制度上保证信息的安全性，信息的下载和上传需要严格地按照权限进行，避免受到攻击时造成信息的泄露或者篡改。

3.2.9 更新维护阶段

信息管理的主体——数据库被建立后并非能够一直安全有序地使用下去，而是需要进行更新维护以应对突发情况和冗余错误的影响。更新维护方面的工作包括软件和硬件两方面，并且这两个方面的工作需要一直持续下去，只有正常的维护和更新才能保证数据库的正常运行，从而为后续的设计、生产和建造阶段提供保障。

数据库的日常维护工作需要专职人员——数据库管理员。为了保证信息的绝对安全，需要采用冗余方式对于数据库进行备份管理，以保证在后者遭到攻击或者发生损坏时能够确保数据信息的完好，必要时对冗余镜像备份采用离网模式进行设置，即仅采用局域网接入目标数据库而不与外网产生连接，需要数据恢复时由数据库管理员手动调用此部分的镜像对主数据库进行恢复。

除了应对突发状况外，随着数据库得到应用，后续的项目设计阶段所产生的新的数据信息也会被持续不断地接入数据库中，这其中包括各种新的构件以及前者所组成的新项目。数据库在不断地扩容过程中，对于新入库信息也需要给予相应的管理，虽然可以采用诊断程序进行入库信息的自动法规检测，但是仍然需要得到数据库管理员的最终授权和校核。

3.3 项目设计阶段——具体案例设计

产品研发阶段结束后，此时针对特定项目范围的系统平台已经建立，与之相对应的装载着相关信息的数据库也已初步成型，耗费大量时间的研发阶段已经告一段落，研发阶段在工业化建筑产品研发设计体系中被设置在项目设计阶段之前，其研发工作内容是传统的经典建筑设计中所不具备的。但是放置在产品研发阶段之后的项目设计阶段相当于经典建筑设计，其工作内容也与经典建筑设计类似，均是对于某具体案例的设计。虽然两者形制相似，但是却存在诸多不同。

传统的经典建筑设计的设计依据来源于各种现行规范以及建筑师的基础教育，虽然技术限制较少，并且此举也确实能够减少对于建筑设计人员过多的管制和束缚，但是却无法有效形成对于项目的体系和实体支撑，设计人员无法确保所给出的图纸能够真正地指导建造，因此前者的工作只能更多地体现在艺术方面，而难以在物质层面真正落地。

与此相反的是，基于工业化建筑产品模式的项目设计阶段除了需要遵循经典建筑设计模式中的各种制约因素外，其实施依据同时需要参照来源于前置的产品研发阶段所做出的大量工作而产生的成果，同时由于系统平台自身的适用性限制，因此对于项目设计的约束和限制会大幅度高于经典建筑设计。但是在系统平台的框架内进行项目设计，由于研发阶段已经完成了基本的生产建造的论证工作，能够有效地保证项目设计的可行性，并且产品研发阶段获得的信息也能够直接为项目设计工作服务。

下述内容为项目设计阶段针对具体案例设计的各细部流程。

3.3.1　项目评估阶段

项目设计阶段第一步为对项目进行评估，评估的目的在于衡量研发阶段设立的系统平台能否用于该项目，即结合项目的客观要求，与系统平台能够提供的适用范围进行对比分析。并且根据对比分析的结果，决定后续的设计活动是否继续开展，以何种方式开展。

1. 评估问题及结果

对于系统平台与项目之间的关系，以及前者能否在技术适用方面覆盖后者这些复杂问题，需要简化分析过程，首先就下述三个问题给出答案。

问题一：系统平台当前能否完全满足项目要求，即系统平台框架无须做出改动，构件库中各种构件能够提供给项目直接使用。

问题二：能否经过小范围优化扩容后使得系统平台满足项目要求，即系统平台框架基本不变或者仅需做出微调，构件库中大部分的构件可以被项目直接调用，而剩下的那部分系统平台所欠缺的构件，根据项目的具体要求进行研发投入后在短时间内即可获得。

问题三：系统平台通过较大幅度的调整后，能否满足项目要求。其中较大幅度的调整指为了满足项目的要求，对于系统平台的框架及关键支撑技术点做出重大调整，这意味着需要投入相当程度的研发力量，经过长时间的研发攻关后才能获得突破。

经过上述三个选项的筛选，项目评估结果会呈现出以下四类情况（图3-7）：

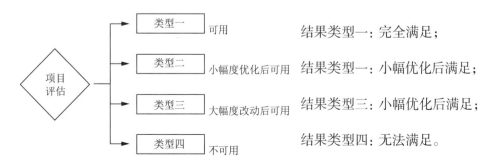

图3-7　项目评估逻辑图
图片来源：笔者自绘

结果类型一：完全满足；

结果类型一：小幅优化后满足；

结果类型三：小幅优化后满足；

结果类型四：无法满足。

2. 评估结果处理

在评估结果为类型一与类型二的情况下，系统平台完全或者基本满足承载需要，能够顺利地进行项目设计工作，虽然存在一些问题需要优化，但在项目设计的过程中也能够连带地完成上述工作。故评估结果为可行，可以直接开始后续的设计工作。

类型四作为评估结果最糟糕的一种，则表明即使通过大幅度的研发投入，在可预计的时间内也无法解决系统平台对项目的不适用问题，因此对于此项目来讲该系统平台完全不可用，只能采用其他方式推进项目设计。故评估结果为不可行，后续的设计工作需要终止。

类型三则较为特殊，系统平台本身虽然具备容纳项目的潜力，但是需要经过一定程度的投入并且耗费一定时间才能达成上述目标。此时需要考虑性价比的因素，即是否值得为了单个项目付出如此重大的研发投入，该决策需要由甲方、项目设计方乃至系统平台研发方三者共同来完成。如果最终决定为不值得，则评估处理方式与类型四一致；如果最终决定为值得，则需要引入系统平台研发方对系统平台进行大幅度的修改。

该阶段的最终成果为项目评估报告，并由此决定该项目是否继续进行下去。

3.3.2 任务书编制阶段

那些经过了项目评估阶段而进入这一阶段的项目均已在上一阶段被证明其具有充分的可行性，而任务书编制阶段则需要在已有可行性的基础上，对后续的可行设计内容提出具体的要求，这直接关系到最终设计工作所提交结果的形态，以及建造完成后交付到甲方手中的建筑项目所能体现的功能。

传统的经典建筑设计中任务书的编制工作由甲方独立完成，而当后者缺乏相关的专业背景知识时，则会借助第三方所提供的技术咨询来保证任务书的针对性和有效性；作为项目设计的实施者的设计方却不会被邀请来参与任务书的制定工作。此举能够在一定程度上避免设计方为了自身利益，在任务书的制定过程中对甲方进行误导，使后者无法做出反映自身需求真实性的决策。

但是在工业化建筑产品体系中，项目任务书的制定需要集中各方的智慧，其中包括项目设计方，甚至包含系统平台研发方。基于建筑工业化模式的项目设计需要在系统平台的框架下进行设计工作，在后续的设计、生产和建造诸多阶段享受着平台化和自动化带来的便利的同时，也会受到系统平台的种种限制。虽然在项目评估阶段在宏观方面确定了所属系统平台在该项目中可用，但是在微观方面仍然需要进行大量的评判工作，而第三方咨询机构虽然能够提供较好的公正性，但是其对于系统平台的熟知程度远非相应的设计方所能及，故无法在任务书编制过程中发挥应有的作用。

因此该阶段需要设计研发方与甲方共同工作，甲方在研发方的帮助和引导下对建筑各方面的需求进行具象和细化，研发方则根据系统平台的现状对甲方的需求进行评估，以确定在后续的设计、生产和建造中能否将其正常地实现，是否需要额外耗费大量的时间和财力，最终由甲方根据以上客观情况来决定任务书的具体内容。

该阶段的成果为项目设计任务书，通过任务书来明确甲方对于项目的合理需求以及对于后续设计方面的要求有哪些。任务书可以规范设计活动朝着既定方向发展，避免因跑题、偏题而对整个建筑项目产生不利影响。

3.3.3　构件法组合设计阶段

经过上一步的任务书编制阶段，在目的和要求方面均十分明确的项目设计任务书，已经在多方的共同努力下，经由甲方编制并最终以具体文件的形式交由到设计方手中。任务书与委托设计合同一并具备法律效应，设计方可以根据甲方的明确需求开展具体的设计工作。此时才是真正意义上的设计活动的开始，传统的经典建筑设计模式中设计人员开始参与设计的时间是从这一节点开始的。但是工业化建筑产品模式下的项目设计与经典建筑设计模式中的项目设计具有诸多不同，前者为构件法组合设计，是基于构件组合而形成的项目设计过程。

1. 构件法组合设计的定义

构件法组合设计是定位项目设计阶段的一个重要的过程，其设计概念基于构件法建筑设计。构件法组合设计的设计逻辑是自下而上的一个从微观到宏观的过程，根据系统平台中已有的各个级别的构件，将其进行逐级向上的组合后形成建筑的整体，从而以基本物质为依托承载了建筑所需要的功能。

2. 构件法组合设计的内容

构件法组合设计所使用的构件来自系统平台的构件库，构件的来源分别为下述两个部分。一部分为数据库初始设定的构件库以及后续项目根据具体需要对于构件库的扩充，两者均来自该项目开始之前，属于前人种树后人乘凉性质的构件共享，具体获取方式为通过外部接口将数据库中的构件及附属信息导出，并转换为设计人员日常所使用的、通用建筑信息模型软件能够识别的格式。另一部分构件来自本次项目设计所新增的构件，在构件库欠缺所需构件的情况下，在已有构件的基础上进行扩展性地修改，进而得到符合要求的构件，需要指出的是，此扩展性修改虽然实现了原有构件所无法实现的功能，但是其在系统构架中的关系以及构件的信息表述层级和内容仍然和构件库中的已有构件没有本质的不同，关于这部分的内容将在后文进行系统阐述。

同系统平台研发阶段的原型建筑产品一体化研发类似，构件法组合设计仍然是遵循着工业化建筑产品的生产模式，可以作为原型建筑产品在实际客观项目限制条件下的真实映像。构件法组合设计中的纵向组合①对应着实际生产和建造阶段的一级工厂化、二级工厂化、三级工厂化和总装阶段，横向组合②则依照建筑的功能模块划分，如主结构体模块、外围护体模块、内分隔体模块、装修体模块、交通体模块、设备体模块和供给体模块等。在进行构件法组合设计时，按照上述两个维度的参照将项目设计所对应的建筑产品进行虚拟化的构筑，依照这一逻辑进行项目设计则在进行设计工作的同时，虚拟建造活动也在同时进行中。

该阶段的设计成果为建筑信息模型，而非经典建筑设计模式中的图纸集，建筑信息模型集成了建筑、结构、水电、暖通、智能化等各个专业的信息，传统的设计中所需的二维图纸则能够通过三维化的信息模型的自动导出而获得。

3. 构件法组合设计的优势

通过构件调用并组合的方式进行项目设计，能够避免每次项目设计都需要从零开始的窘迫。同一系统平台中的已有项目和最初的原型建筑产品均能给当前项目提供参照作用，使得项目设计能够在其基础上进行优化。由于能够分享之前项目的设计成果，而且后者与当前项目同属于一个系统平台，故其参考和指导效用可以得到保障，因此当前项目设计难度得以降低，所需时间也能够得到有效缩短。并且由于诸多设计理念已经在之前的项目中得到检验，因此采用构件法组合设计能够保障当前的项目设计在生产和建造方面的可行性，降低项目后期出错的风险。

上述内容为系统平台对于当前项目的有序开展所产生的积极影响，其实当前项目与系统平台之间是相互促进的关系。当前项目设计所产生的有效信息对于扩展系统平台的应用范围有着积极的作用，而其在目前的设计过程中得到系统平台的技术支持和输出，同时也意味着项目在结束后会并入系统平台，进而为后续的项目开展贡献自己的一份力量。随着同平台内不同项目的持续开展，系统平台的数据库中的信息得到增容，构件库随着项目的进行在给予后者帮助的情况下其自身容量也得到提升。上述措施能够在时间维度上为项目提供越来越多的支撑，从而进一步提高对后续项目的支撑程度。

4. 构件法组合设计的不同

构件法组合设计与以往的建筑设计完全不同，构件组合设计代表着工业化建筑产品模式下的具体项目设计，以往的建筑设计代表着手工模式下的针对具体项目的建筑设计。除了上述宏观方面的区别，二者在细节处还存在以

① 纵向组合指以时间维度为主轴，按照安装的前后顺序来组织构件从微观到宏观的组合方式。
② 横向组合指按照物理空间顺序对于构件进行的组合划分，该划分方式不以时间维度为参照对象。纵向与横向组合共同形成了针对整个建筑的构件分布图。

下不同，并且正是由于上述不同点的存在，才产生了上节中所涉及的优势。

（1）设计生成方式不同

构件法组合设计是以自下而上的方式，将建筑设计以构件为承托从微观向宏观放大的设计过程，因此设计过程普遍具有较好的客观实际支撑，随着设计活动的深入，低层级的构件被逐步地从小到大逐级地组合成为更大的更高级别的构件乃至建筑整体时，相应的对于实际生产建造活动的考虑和对应工作已经在潜在的情况下进行。

而经典建筑设计与此相反，其设计过程是从宏观到微观的自上而下的模式，并且在实际设计活动中普遍强调设计理念、空间构成等非物质的因素，因此很多设计活动很难落地，特别是在设计理念过于激进和超前的情况下更是如此。

（2）设计工作所占比重不同

在经典建筑设计模式中项目设计的工作占据了整个建筑设计的全部，因此所有的设计问题都需要在有限的项目设计时间内解决，并且由于之前已完成的项目对当前设计无法有效地发挥参照性的效应，设计工作每次均是从零开始，即从 0% 到 100% 的过程。

而构件法组合设计则与经典建筑设计中的项目设计完全不同，构件组合设计仅是整个产品研发设计过程中的重要一环，是工业化建筑产品项目设计阶段的一个细分部分，其比重仅仅作为项目设计的一部分，并且在此之前还存在以构筑系统平台为代表的产品研发阶段。因此构件法组合设计仅仅是整个工业化建筑产品设计环节的一个部分，其比重甚至占据不到整个过程的 50%，这是因为工业化建筑产品设计内部的系统平台研发阶段的工作量要大于项目设计阶段。所以构件法组合设计在设计工作开始之前已经具有了一定程度的积累，是从 50% 到 100% 的过程[①]。

（3）设计工作方式不同

构件法组合设计由于在前端具有系统平台的技术支持和构件援助，因此它的设计过程与经典建筑设计有所不同，表现为在已有的框架下，根据新的设计任务书要求，对于已有的数据库中的产品进行适应化的扩展性优化工作，其工作方式从本质来讲是对已有事物的改良。

而经典建筑设计则是从零开始的创作工作，可用的参照较少并且多集中在与形式美感有关的表层方面，而对于与生产和建造方面相关的指导参考信息基本处于缺乏的状态，甚至没有任何物质层面的指导作用。因此其工作方式为彻底的从头开始的创造。

① 该句中的50%表述并非指严格意义上的一半。项目设计阶段作为工业化建筑产品研发设计模式中的第二阶段，在此之前还存在产品研发阶段，即系统平台设计阶段，因而该处的50%具有一定程度的估计成分。

3.3.4 构件入库阶段

经过了构件法组合设计阶段后，在传统的经典建筑设计体系中，建筑设计活动已经全部完成，可以将设计成果直接交于甲方。但是作为工业化建筑产品研发设计体系中的一环，此时设计工作还远远没有最终完成，项目的设计成果需要输入数据库中，以便于后续的生产建造阶段的工作人员能够便捷地获取所需要的信息。构件入库阶段就是为了达成上述目标而设置在构件法组合设计阶段之后的一个重要的项目设计阶段。

该阶段所需完成的工作为将包含前一阶段的项目设计成果的有效信息导入到数据库中并储存起来。在项目设计的上一阶段中，设计人员使用相应的建筑信息模型软件进行具体的项目设计工作，但是此种软件需要在特定的操作系统下运行，而能满足运行要求的大多为台式电脑或者笔记本电脑，小型智能移动端无法对其进行兼容，这就为后续的生产建造人员的使用设置了很大的障碍。虽然建筑信息模型软件对于构件模型的创建和编辑动作能够提供很好的便利，但是对于后续的信息管理却并无益处，因此在采用数据库技术进行系统平台的信息管理的基础上，项目信息也需要录入数据库中，以方便后续工作的开展。

将信息从特定应用软件录入数据库的操作无法直接进行，需要特定的建筑信息模型应用软件的 API[①]接口来进行二次开发，使用特定的脚本语言将信息从应用程序中导出，然后导入到数据库中。需要指出的是，录入数据库的不仅是各构件自身的物理信息和相应参数，还包含了由构件所组成的建筑整体，以及构件之间的关系。

3.3.5 生产建造准备阶段

生产准备阶段为项目设计阶段的最后一个环节，即做好生产前的最终准备工作。虽然相关的项目信息此时录入数据库，并且每个构件的生产待选厂家也已经在系统平台设立阶段就被定义，但是构件具有被多个厂家同时生产的能力，而由哪些厂家进行构件的生产和装配此时仍然没有最终确定下来，因此该阶段的工作就是解决上述问题，具体工作主要集中在下述几个方面。

首先，与厂家进行沟通确认能否承接此生产工作，以方便后者进行产能排布，确保能够在规定时间保质保量地定点完成交货。上述沟通结果最终以采购或委托生产合同来体现，以划分各方的责任范畴。在短时间内完成大量的生产工作对于单个厂家来讲有可能具有难度，因此上述情况下也可以采用多家同时生产同一种构件的方式来解决上述问题。

① API是Application Program Interface的缩写，中文为应用程序接口。由于应用软件的开发人员无法穷尽所有的使用功能，而应用程序则存在满足更多需求的潜力，因此几乎主流的建筑相关的软件都会设置API来满足使用人员日渐增多的对于应用软件的需求，并且预设了API函数以方便使用者通过所规定的语言进行二次开发。如AutoDesk公司的Revit软件采用C语言来编辑和调用API函数。

其次，与厂家对接以确定构件的设计能否满足生产工艺的要求，这部分也是对项目设计进行间接的验证工作，虽然关于生产可行性方面的探索工作已经在系统平台研发阶段和项目设计阶段进行过论证，但是此时仍然需要与厂家进行最后的沟通确认，这是因为不同的厂家进行生产的客观条件不同，这其中包括工装机具、设备、人员组织等方面。因此在正式生产开始之前需要进行确认工作。

最后，与现场建造方进行对接，确认后者的详细工作内容与工作量，便于提前召集工人、购买和租赁机械设备事宜,最终的沟通成果为委托建造合同。

综上所述，项目设计阶段是在系统平台研发阶段的基础上对具体项目的深化设计过程，其具体内容包括上述的项目评估、任务书编制、构件法组合设计、构件入库和生产建造准备五个阶段。这五个部分以紧密配合和环环相扣的方式保障工业化建筑产品项目设计阶段的有序和有效进行。

3.4　本章小结

本章对基于工业化建筑产品生产模式下的建筑设计进行了系统的阐述，原有的建筑设计过程被分为产品研发阶段和项目设计阶段两大部分，将现有建筑设计时间紧、任务重、无法进行深入设计的矛盾现状，通过改革设计流程和优化资源分配的方式进行了化解式的解决。系统平台的独立设立并与项目设计分离的设置方式，使得可以投入足够的时间并布局优势的人才进行产品方面的科技攻关工作，此举能够降低项目阶段的压力，使得后者能够践行模块化的组合调用设计方法，设计成果也能够更好地保证其可实施性，确保建筑设计所包含的诸多先进技术以产品的方式最终落地。

第4章 基于信息嵌套的树状表格式构件建模方法

4.1 建筑模型的历史与发展

建筑模型是对于建筑的形态表述，它以自身为载体通过形式与所表示建筑的一致对应关系来表达相应信息。它是以非正式建构工作来表述实际项目的建造结果，是对未来将要完成的建筑物的先遣性描述，设计各相关方由此能够在项目完工之前得到关于建成结果的反馈。非专业人士，特别是业主可以根据建筑模型这一"水晶球"窥见建筑的未来面貌，从而以最直观的方式感知设计成果。而建筑模型对于设计者更为重要，其预见性的验证表述可以对设计问题进行推敲验证，以帮助设计者对设计阶段性或最终成果进行优化与论证。

由于人脑海马体的短时间记忆容量有限，而大脑皮层容量巨大但是非条件反射形成需要大量时间，再加上空间思维能力的限制，复杂的建筑项目难以在设计者头脑中全部进行完备的构思，此时需要中转介质对于设计构思进行容纳以进行阶段性的存储与评价。这就如同简单的加减乘除可以通过心算直接得到结果，但是复杂数学问题需要演算纸来记录中间计算过程一样。设计者的构思单纯放置在头脑中难以对其进一步深化设计，因此需要进行物质具象化后，并以第三者的身份对其审视，然后进行评价以决定其构思可行与否，这样设计过程可以得到深化，而深化的过程就是得到最终优化结果的流程。

现代建筑项目功能日益复杂，分工更为精细，两个世纪前全部属于建筑师的分内工作现如今被细化分成了建筑设计、结构、水电、暖通等专业工作，并且这一细化还在继续，未来节能设计与消防设计还要从建筑设计专业中分化出来成为独立工种。因此设计各方需要进行信息沟通交流来保证了解对方意图并使自身思想被他人理解，互通交流需要媒介来进行信息的中继与交换。建筑模型由于自身的三维特性，相对于建筑图纸与建筑文字语言，更容易被对方准确接收。

按照物质形态来划分，建筑模型分为实体模型与虚拟模型两种，前者是在现实中使用相应材料对于建筑的物质描述，而后者则存在于虚拟世界中，这种虚拟世界可以是在人的思维里或者数字空间中，采用虚拟材质定义真实材料。两种类型的建筑模型具有各自鲜明的特点，交替出现在人类建筑的发展历程中并发挥其积极作用。

4.1.1　脑海中的建筑模型

其实建筑模型的出现要早于其他建筑描述方式，它应该算作是最早的建造设计载体。人类最早的穴居与树居是对于自然环境的直接利用，不能算作主动性的建筑活动，仅是对于已有自然环境的有限改造。真正能够算作出自人类之手的完整建筑要追溯到后期的树屋与木骨泥墙茅草屋，虽然以现在的标准审视，其建造技艺十分简单，但是其内部还是具有一定的建造逻辑的。如墙体内起到结构补强作用的木立柱的间距有一定的要求、屋顶部分梁的跨度要求与茅草的长度要求等。

早期人类建筑的设计者对于建筑的表述最先存在于脑海中，由于没有后来出现的纸笔与精细工具，无法对于建造结果进行完整的推敲，但是好在建筑体型不大而且复杂程度有限，而正确的构件布局与建造顺序已经通过"试错"的形式被验证，此时仅仅需要对于形式化的建造技法进行记忆。因此有限的建筑形式与构造等信息可以完全储存在人的记忆中，通过多次建造后被固化到设计者的脑海中，人类世界是以三维形式存在的，因此对于三维物体的最直接表述还是采用三维形式，这样省去了中间的维度转化过程。因此建造活动开始之前虽然没有实际的设计成果被展现出来，但是却已经以虚拟建筑模型的形式在设计者的脑海中成型。

建筑模型仅仅存在于设计者的脑海中，因此难以直接在人们之间进行传递，毕竟读取对方的思维是无法做到的。但是沟通交流的障碍也是可以得到解决的，其具体得益于下述两点。首先，建筑形式较为简单，没有复杂的手工技艺在其中，通过现场指导即可；其次，也是最重要的一点，原始社会的职业分工极为有限，设计者与建造者之间没有像近现代那种完全隔绝的专业分工，设计者同时也是建造者的一部分，固然会参与建造全过程，现场部分的施工指导也不需要额外的第三方媒介，仅将脑海中的虚拟三维建筑模型通过语言与实际操作进行演示即可。

该阶段建筑模型的作用于建筑发展是以一种自然状态进行的，同维度的形象化对应工作自动发生在人脑中，这是人体自然机制所决定的。它对于人类建筑的发展具有重要作用，但是其局限性也是显而易见的。首先，建筑模型存在于单一设计者的脑海中，虽然不会意外丢失，但是对于相关资料的传递十分困难，仅能通过语言转录与现场演示。以低维度的语言诠释高维度的三维建筑体，自然会产生一定偏差，而语言本身具有一定的不确定性，这对于文学创作来讲是优点，但是用作建筑模型的阐述却是劣势。而且，语言转录信息实际上成了师傅带徒弟的模式，最致命的问题在于授予方与接收方要存在时间与空间上的重叠，但原始社会的人类平均寿命较短，生活在不同时期的人之间难以进行此种虚拟建筑模型的信息交换，因此也制约了存在于人脑中的建筑模型的发展。

4.1.2　实体建筑模型

随着金属加工业的发展，特别是冶铁方面技艺的日渐娴熟，人类可使用的工具的性能更加精良，相比石器时代有了质的飞跃，对于材料的加工能力得到增强，加工精度得以提高。此时建筑实体模型出现并得到发展，根据清代雷氏家族的记载，宫廷建筑在建设之前需要经过相关部门及皇室的批准，而设计成果的展示则需要借助 1∶100 或者 1∶200 的实体模型，模型材料一般采用木材、泥土及金属。欧洲在中世纪建设教堂的过程中也采用建筑模型，甚至以此进行结构承载能力与受力线路方面的推敲。①

对于甲方及非专业人士来讲，建筑模型的出现弥补了其识图能力与空间想象力的欠缺，虽然后期图形学科的发展与透视原理的发现保证了建筑效果图表达的真实性与客观性，但是二维图纸对于三维实际建筑的表达还是低维度对高维度的表现过程，转述过程具有一定的局限性，观测者对于二维图纸的理解也存在偏差，并且由于建筑各部分相互之间的遮挡，单凭有限数张效果图很难对于建筑的全貌进行系统地了解。由于建筑模型的三维属性，上述局限在建筑建造过程中则不会发生。由于实体模型的微缩特性，观察者得以从各个视角进行观测，这包括了建成后的各种真实人视视角以及当时技术所不能达成的鸟瞰航拍视角。以上特性可以系统全面地向人们传达建筑的真实特性，方便相关决策者在短时间预先了解项目的未来面貌，从而做出正确的决定。

对于建筑设计者及技术同行来讲，实体建筑模型的出现对其设计过程不仅仅增添了一种表现手段，而且带来了催化剂般的推进作用，其变革性的效果包括以下几点：

首先，建筑模型的三维表达属性可以与设计者脑海中的虚拟建筑模型进行同维度转译，其思维中的建筑形态可以借助相应工具直接转化成为实体。这个过程简单、直接、有效，设计者之间通过实体模型交换设计思维，后者作为设计信息流的中枢核心，较之其他建筑信息载体如图纸与文字语言，其准

① 何蓓洁，王其亨. 华夏意匠的世界记忆——传世清代样式雷建筑图档源流纪略[J]. 建筑师，2015（3）：51–65.

确度与信息转化传播效率显著提高。

以建筑模型为载体的同行业信息传递路线为：①信息发送者头脑中的虚拟建筑模型；②实体建筑模型的交换；③信息接收者头脑中的虚拟建筑模型。

以图纸与文字语言为载体的信息传递路线为：①信息发布者头脑中的虚拟建筑模型；②将虚拟建筑模型维度降低为二维图纸或单维文字语言；③图纸或文字语言的交换；④接收者以图纸或文字语言为依据，升高维度为三维虚拟建筑模型；⑤接收者根据虚拟建筑模型完成对建筑的认知。其中，步骤④将低维度信息转换为高维度信息，错误发生率较高，有可能导致设计意图的误解。（图 4-1）

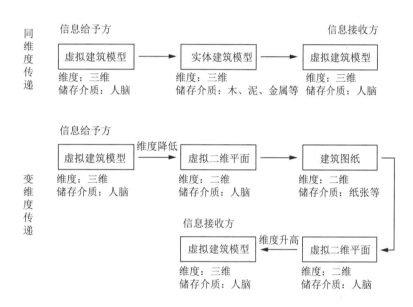

图4-1　同维度与变维度传递对比
图片来源：笔者自绘

上述两个过程的根本不同点在于维度升降对于信息传递流程的影响，人类是生活在三维世界中的生物，对于世界与物体的认知也是以三维方式进行的，由于实体建筑模型与人类认知维度相同，因此信息接收过程无须变换维度，信息传递路径简洁直接，所以建筑信息传递错误发生率低于维度升降的情况。

其次，由于实体建筑模型具有微缩比例特性，模型中的尺寸与真实建筑中的尺寸存在严格的等比例对应关系。通过在实际建造开始之前运用等比例表述这一有效工具进行建筑模型的制作，可以迅速逾越实际建造阶段的层层障碍，如运输能力、吊装能力与自然灾害影响等，在短时间内使用人力即可加速模拟等比例缩小模型的建造过程，使用建筑模型的最终建造成果来推敲实际的建造问题与相应的技术解决方式的可行性。

实体建筑模型的使用对于人类建筑活动的革新具有重大作用，它为建筑设计者提供了自身头脑中设计意图的信息无损化的实体对照，这一过程同时亦是三维对应三维的无缝对接流程。尤其是在进行复杂形体建筑设计时，实体模型的作用非二维建筑图纸能比。如西班牙建筑师高迪的诸多建成作品均在推敲实体模型的基础上得以深化，甚至建筑师单纯提供现场服务都无法顺利完成施工指导工作，需要在现场建造 1∶10 或者 1∶4 的小比例模型协助建造。①

但是实体建筑模型也具有自身的短板。首先，等比例缩放是把双刃剑，它带来种种优点的同时也带来一定的弊端，由于材料强度与加工能力的限制，模型的精度问题导致小尺寸的大比例模型无法提供足够细节，因此构造细部层面的推敲工作需要使用小比例模型甚至足尺模型，但是这种方式仅能应用于建筑局部，否则模型尺度太大导致完成模型制作的工作量几乎与实际建造工作量无异。其次，相较于建筑图纸，建筑实体模型的体型较大，资料储存与远距离运输等方面均存在诸多不便。相对于图纸便捷的复印功能，建筑实体模型在不借助三维打印的情况下无法进行快速复制，只能以手工制作的方式进行低速的复制工作。再次，考虑到成本问题，同一项目的建筑实体模型制作费用超过建筑图纸的百倍，如笔者曾经参与的某软件园建筑设计竞赛，一份建筑图纸的打印费用不到百元，而 1∶100 的建筑模型制作费用高达 2 万元。最后，绝大部分的建筑设计项目造型规整、形态简单，使用二维表述方式完全可以准确地表达清楚，纵使建筑实体模型具有诸多优点，而大部分建筑的属性决定了不是每个项目都必须使用建筑实体模型不可，因此实体建筑模型渐渐退化成了建筑的附属表达方式，逐步被边缘化。

4.1.3　数字建筑模型

实体建筑模型在建筑设计活动中逐步被边缘化的过程对于建设设计本身也造成了一定的影响，由于被普遍使用的建筑图纸采用二维坐标系来表达建筑，致使思维定式所造成的懒惰思想日益滋生。再加上材料的抗剪与抗拉强度的限制，以及工程技术水平的制约，更加确定了复杂建筑形体在建造方面的不可实施性。上述各种因素的共同影响，导致了规整建筑上进行烦琐立面装饰设计变成了一种时尚，进而形成了该时期的一种设计风格，最终建筑设计的重心逐步被类似平面构成形式的立面设计所取代。

随着计算机技术的发展，特别是计算机图形技术的革新，不仅二维建筑图纸可以在虚拟计算机世界中被绘制与存储，三维物体的信息也可以通过一定算法进行编辑、查看与储存。进入 20 世纪 90 年代后，集成电路技术经过几十年的飞速发展，图形工作站小型化的努力初见成效，计算机硬件设备的价格降至可接受的范围，特别是进入 21 世纪后，PC 计算机的普及以及图形处理器 GPU 从中央处理器 CPU 中独立分离出来，GPU 的顶点处理器与像素渲染管线数量的增加标志着其三维处理能力的倍增。三维虚拟计算机建模技术

① 后德仟. 高迪的现代主义和现代建筑意识[J]. 建筑学报, 2003（4）: 67–70.

得到普及的先决条件——硬件能力的提升，其实还要归功于电脑游戏产业的发展，人们对于三维游戏的热爱带来了对于计算机硬件产品的狂热消费，催生了三维图形处理能力的急速提升，同时由于消费数量的庞大也使硬件提升的同时价格不升反降，从而加速促进三维图形处理硬件的普及。

1. 数字建筑模型的特点

数字建筑模型的应用，对建筑模型制作方面带了诸多意想不到的革新，具体体现为下述五大方面。

首先，从制作难度来讲，原本复杂耗时的实体建筑模型的制作过程得到了极度简化，实体建筑模型的建立需要遵循真实世界中的各种物理定律，如材料强度、重力引力、连接黏合强度等，而在计算机虚拟世界中完全不需要考虑上述限制因素，从而带来了模型制作难度的下降。

其次，从制作时间来讲，数字建筑模型在制作难度下降的同时必然带来了制作效率的大幅提升，相同项目的数字建筑模型制作时间大为降低。实体模型的制作时间需要数日甚至数周，而熟练的数字建模人员可以在几个小时内完成一个普通数字模型的制作工作。

再次，从结果的精度来看，实体建筑模型由于采用等比例制作，模型尺寸要比实际尺寸缩小几个数量级，制作误差普遍存在。而数字建筑模型由于制作环境处于虚拟数字空间，因此不存在制作边界、材料性能或者加工能力的限制，采用 1∶1 等比例进行制作。并且由于虚拟世界中的各项均质特性，正确的建模方式会带来零误差的建模结果。

然后，从模型的修改能力来看，实体建筑模型的修改具有限制因素多与单向性可能。前者具体表现为受到材料强度、工具精度、作业空间等诸多限制，有些修改工作无法完成或者无法在不破坏模型的原则下完成。而以上难以解决的问题在修改数字建筑模型时变得轻而易举，可以通过漫游、剖切与隐藏工具快速"透过"模型的外部直接定位到需要进行修改的部分，并且由于虚拟状态下的修改工具没有体积，因此不会占用模型的空间，作业空间不会受到限制，可以对数字建筑模型进行无限制修改。

最后，从模型的复制交换能力来讲，实体建筑模型与数字建筑模型具有很大的不同。实体建筑模型受到自身各项物理特性的制约，模型的交换过程实际是对一定体积与重量的物体的搬运过程；复制过程则相当于重新进行制作，所耗费的时间与精力与最初制作过程相当。数字信息模型的虚拟物体属性决定了其不受物理特性的限制，文件储存于自有的存储介质或者网络中，交换形式分为存储介质交换和网络交换两种。存储介质交换在网络低带宽时代成为主流交换形式，交换介质有软盘、光盘、闪存盘和移动硬盘等，虽然需要人工进行运送，但是由于储存介质的体积小、重量轻，小的重量仅有十几克，大的重量不超过 1kg，运送的便利性大幅度优于实体建筑模型。在复制方面，数字建筑模型的拷贝工作极为有效与便捷，复制过程在单纯的二进制代码间进行，因此所耗费的时间极短，通常普通单体建筑的数字模型复制时间可以在一分钟内完成。

2. 数字建筑模型对建筑学的影响

数字建筑模型的上述特征虽然停留在基本要素层面，所具有的优势貌似仅仅表现在一些能够带来有限的帮助方面，但是其所带来的快速、便捷与全面的特质已经逐步影响到了建筑学自身的发展，对于建筑设计产生了深远的影响，甚至使其发展到了全新的阶段。

首先，数字建设模型将建筑设计师从立面设计的禁锢中解救出来，工具的革新拓宽了建筑设计领域，过去在头脑中无法构思的复杂形体，借助于数字建筑模型的承载、中继与对照，设计者可以在其基础上进行进一步的深化设计，其设计成果得到一定程度的丰富，涌现了诸多开创性的作品。

其次，由于数字建筑模型极快的制作速度，甚至建模手法熟练的建筑师可以跟上自己思维的步伐，即脑海中想到的内容可以立即以数字形式建立出来。这样，头脑中的三维模型与计算机中的三维模型之间的时空鸿沟得以压缩，甚至可以建立实时联系，头脑中的虚无、不可见与不确定得以迅速转化为数字环境中的可见与肯定，建筑师以此为依据可以对设计问题进行审视，设计问题具象化本身就是解决设计问题的过程。

最后，数字建筑模型应用普及至一定深度，非官方的建筑沟通手段已经从二维图纸进化至三维数字模型，三维数字模型可以无限制地缩放、漫游与复制编辑，其所表达的物理信息可以全方位包含建筑内部与外部的各个细节，而这些又是实体建筑模型所做不到的。沟通过程中全部采用三维模式，可以有效降低误解发生概率，省去了维度之间转换，沟通的效率得到保障，建筑师与用户之间大量信息的沟通可以正常进行，毕竟对于非建筑专业人士，二维建筑图纸是几乎完全无法被解读的。

3. 数字建筑模型的问题

然而数字建筑模型推进建筑设计发展的同时也带来一定的负面作用。由于建模难度大幅度降低，建筑师在创作阶段可以天马行空般地进行各种大胆构思而忽略现实世界中的各种限制，经过数代建筑师积累得到的那些原本被用于传统设计模式的应对简单问题的各种经验，此时已经不能满足建筑设计高速发展的需求。由此带来了严重后果，快速的发展造成了建筑师各项能力之间的脱节，虽然借助数字建筑模型的帮助而具备了前人所没有的空间形态设计能力，但是将设计意图转化为现实的能力明显跟不上要求，特别是建筑师知识库中关于如何将复杂形体建造成功的知识的欠缺。

4.1.4　建筑信息模型

1. 建筑信息模型的本质

信息技术作为第四次工业革命的核心，已经在与国计民生有关的各个行业得到应用，这其中当然也包括建筑行业。建筑信息模型的出现是信息技术在建筑领域的突出体现，虽然从字面上理解仅仅比普通的建筑模型在名称上多加入了"信息"两字，但是却从根本上转变了上一阶段数字建筑模型的虚无缥缈与不切实际，使得建筑设计的想法与理念可以贯彻到建造阶段。

建筑信息模型，是拥有信息的关于建筑的模型，其中建筑、信息与模型是组成该词条的三个基本要素，"模型"表明的该条目的本质，"建筑"代表了其适用范围，"信息"则表述了达成目标的途径。其含义为表达建筑方面相关信息的模型，其核心是表述信息，如同来自佐治亚理工学院的建筑信息模型之父查尔斯·伊斯门教授对于建筑描述系统——BDS（Building Description System）的表述，其 1975 年在 AIA Journal 上发表的以论文中论述的各点确立了建筑信息系统的雏形，如交互式定义元素、联动式修改、法规自动检查、自动算量分析以及平面、立面、剖面、轴侧和透视自动生成且基于同一描述元素[1]。同时期欧洲方面在建筑产品模型——BPM（Building Product Models）与产品信息模型——PIM（Product Information Models）方面的探索也大致与上述要义类似[2]。上述两地的研究内容均揭示了建筑信息模型的根本在于描述信息，正确信息的有效描述并呈现给特定接收方是其根本目标。

建筑信息模型中最为关键的一点是"信息"，建筑学本质是一门建造房屋的学问，设计的最终目标是保证优秀的建筑得以建造，而非提供让人精神愉悦的图纸或模型。建筑师所提供给施工方的文件就是建造指导信息，施工方按章施工就可以保证建造成果。然而现实情况却不尽如此，由于各种问题的存在，如沟通问题甚至建筑师自身设计缺陷的存在，如今建造阶段会出现各种问题，而诸多问题的发生是注定的且无法在现有层面能够被避免的，引发上述问题的根本原因是建筑设计阶段与建造施工阶段的割裂，而解决问题的良药就是采用信息化建设。

2. 建筑设计中的信息割裂

技术的发展促使了社会分工越来越精细，在古代中国一位县令的工作范围包括今日县长、县委书记、公安局局长、法院院长、监狱狱长等的全部职责，社会的进步使得了需要管理的事务量呈指数增加从而促进了职业的分化。同样趋势也发生在建筑行业，古罗马时期一位建筑师职责内的工作范围包括现在建筑工程行业内各细分专业的总和。专业细分是技术发展的必然方向，试想如果设计院结构专业、给排水与暖通专业的所有工作都由建筑师来完成，那么结果一定是灾难性的。以建筑师的知识体系与技术储备，难以包揽建筑全专业范围的工作，因此需要各专业协同完成设计工作。但是建筑设计是其他专业的载体，要先于结构设计、水电设计与暖通设计之前完成，因此在设计中难免出现不符合其他专业要求的情况，此时需要各专业之间进行协调来解决问题。

由于建筑形体日渐复杂，功能日趋多样，过去积累的关于各工种之间配合的经验现在已经无法继续适用，原有的按照最大尺寸留出缓冲区间的做法已经不能解决问题。建筑设计与其他专业之间需要更加紧密地沟通，建筑完成设计后再进行结构、水电与暖通设计的方法已经被证明会出现各种问题，因此需要在早期阶段采用各专业更加紧密沟通的方式完成设计。紧密沟通则需要缩短沟通时间，采用更加高效率的信息沟通方式，这样才可以在单位时间内保证尽量多次的沟通，从而推进设计项目沿着既定方向深入。原有的以二维建筑图纸为主、三维建筑模型为辅的设计表述模式无法达到上述高效要求，具体制约因素如下所述。

首先，包含大量信息的二维图纸需要人工进行烦琐绘制，而且很难采用增加人手的并行模式进行加速，因此每次沟通前均需要进行图纸绘制，而方案进行修改后必然要进行图纸的修订工作，则图纸绘制时间需要多次计入项目时间，此阶段变成了影响效率的瓶颈。如前文所述，图纸的表述过程需要进行维度转换，其他专业人员通过图纸无法完全理解设计者的意图，况且图纸表述的信息无法包含建筑的全貌，有一些问题在设计阶段无法暴露从而一直潜伏到施工阶段而爆发。

其次，作为辅助使用的数字建筑模型因为处于高维度的原因，表述信息的方式较为直观，由于与实际建筑同为三维坐标系表述，故极大缩短了绘制阶段的维度降低带来的额外制图时间，减少了建筑师设计过程中繁重的事务性工作，同时降低了在沟通阶段读图人员将二维图纸升高维度、理解建筑师意图的过程中发生错误的概率。三维建筑模型具有上述潜在优点，本来可以替代建筑图纸成为高效的沟通工具，但是普通三维建筑模型由于内核简单、功能单一，大多被用于设计早期阶段进行形体关系的推敲以及向同行及其他专业设计人员辅助演示空间关系并进行沟通，无法承载具体附加的信息。

建筑师对于相关专业知识的缺乏，特别是对于建造知识的匮缺，使其在进行设计工作中难以窥探到潜在的问题，更谈不上将其完善地解决从而避免此类问题在建造阶段的爆发。而普通数字建筑模型包庇、纵容并助长了上述情况的滋生及蔓延，普通数字建筑模型不仅所包含的有效信息数量少，而且在模型编辑过程中限制因素少，甚至在数字虚拟环境中完全可以反物理规律与逻辑定律，建模过程没有遵循相应的建造、系统构成的逻辑，所建立的模型可以没有任何规则地混在一体，更谈不上进行层级划分。上述对于数字建筑模型的滥用，掩盖了建筑师知识与能力的不足，使得"不称职"成为常态，进而失去对于建筑设计最终成果的把控，建造过程中施工人员对于错误信息的解决方法多为对其忽略或按照多年的施工经验进行臆断施工，所以最终呈现出来的建成效果千奇百怪，甚至设计者都不能确认这是出自自己之手。

3. 建筑信息模型对建筑设计的限制

建筑信息模型将信息装载入建筑模型中，原本作用有限的数字几何形体在加入了相关信息后，就与真实世界建立了对应联系。如同样是一个形态呈细长状的立方体，单纯通过几何信息本身难以判断此虚拟几何信息代指何物，但是相应信息的加入，如三维尺寸、重量、价格、密度、内部配筋、构件种类等，就能迅速将其与现实中的建筑构件所对应。

（1）直接限制

有了对应关系同时也就产生了限制，对于该虚拟物体与真实世界构件的评估工作其实就已开始，如材料与密度会存在相应关系，钢筋混凝土材料的密度不是一个定值，内部混凝土与钢筋的比例不同会产生一定波动，但是仍然会处在一定范围之内，假如某一钢筋混凝土构件密度数值超过钢材的范围，就会产生错误，建筑信息模型会限制错误的产生，届时密度数值会主动或被动地提示错误产生。此时信息不是单纯简单的加入，相应关联信息会产生交叉对照，它会检测信息加入的正确与否，会对错误信息产生限制。

具备各项信息属性的建筑模型，表面上虽然具有了上述种种限制，建筑师在建模过程中无法随心所欲，需要根据限制来完善设计，无形中会增加工作量。虽然限制表面上看是不够自由的负面不利因素，但是恰恰前者的存在保证了建筑设计满足限制的同时也间接保证了现实情况的种种需求，保障了建筑设计意图的真实性与可实施性。

上述关于基本信息方面的限制为直接限制，检验标准来源大多是客观常量与物质的基本原理，多是为直接检验性的限制因素，具有直接、易显现与易解读等特性，对于此部分限制的应对解决方法多具有直接性与唯一性，不需要耗费设计人员太多的体力与脑力。

（2）间接限制

相较于较为初级的直接限制，建筑信息模型中还存在等级较高的间接限制。相比直接限制的直观与快捷校正，间接限制需要建筑师耗费大量的智力因素以求得问题的合理解决方案，其涉及范围多存在于建筑信息模型中的模块层级划分、施工预留信息、建造工序步骤等等，上述限制因素均与建筑的终极目标——建造方面产生关联，控制目的为提供好的建筑产品，影响设计者做出抉择的因素已经不是在电脑上看上去好看这么简单了。此时则需要建筑师具有全面的建筑美学以及结构、水电、暖通、施工、材料及交通运输方面的知识，传统建筑学培养出的知识体系无法完全胜任前述各点，过去的那种仅能提供"建筑画作"的建筑师此时已经不能胜任工作。

间接限制的复杂性造成信息错误的发生不能够被直接察觉，由于信息之间存在相互之间的隐性对应关系，因此错误需要经过一定的转化后才能够被检测出来。而且间接限制之间存在着错综复杂的关系，任何新信息的加入或者某一信息的赋值发生变化都有可能对相关信息产生颠覆性的修改，原来"平衡"的关系有可能会崩塌并不复存在，建筑师需要利用自身广阔的知识背景及雄厚的信息储备快速重建平衡，这一过程必须在设计阶段结束之前，否则问题被拖至建造阶段后会引发重大隐患。

类似情况例如，长度、宽度与高度这三个信息的数值本身是中性的，单纯审视它们本身没有正确与错误之分，但是当与其他信息产生对照后，其他信息就会对上述三则信息产生约束，并且相互之间产生限制关系。运输信息加入后，如采用公路运输会对其产生以下限制以及附加影响，如长度不宜超过 12 m，否则也可以进行公路运输，但是会造成费用成倍上升；宽度则严禁超过 3 m，否则不能通过高速公路收费站；高度不宜超过 3 m，否则会造成运输费用的急速上升，3.5 m 是高度的最高界线，否则即使提高运费也不能完成运输。上述仅是公路运输这一条信息对其限制因素的汇总，可以看到存在的限制不仅数量多，而且种类也不少，这其中就存在无法完成的"禁止"和具有选择性条件下的"可以"。

上述限制需要建筑师对于公路运输知识具有基本了解，才能有效地探明限制存在的"位置"与"强度"，在设计中有效地处理限制因素并与其对应，假如设计隐患被遗留到运输阶段则会产生严重后果。如某构件设计高度为 3.3 m，一般运输车辆难以对其进行运输，需要联系专用低底盘拖车，虽然运输费用大增并且有可能会耗费一定等候专用车辆的时间，但是还是有可能完成运输工作的；假如设计高度为 3.6 m，则纵使花费再多的财力也无法完成运输作业。上述高度限制就是建筑师需要发现的限制存在的"位置"，而具体不同高度对应的作业能否完成及所需要耗费的财力多寡就是限制的"强度"。

假如运输方式变为铁路运输，则限制情况瞬间发生变化，原本公路运输情况下的各种变化则不复存在，转而变成新的约束条件。如对长度、宽度与高度的约束均不能超过一个阈值，阈值内运输费用恒定不产生变化，超过阈值则绝对无法运输。而采用航空运输又会具有新的阈值，并且会严格与重量信息发生关系，运输方案成功与否的关键此时会更多地取决于重量因素，有可能考虑到高昂的运输费用，甚至构件的基本材料会变成铝合金甚至碳纤维材料等。

上述例子详述了应对某间接限制所引发建筑师的一系列深度思考，建筑信息模型的应用为建筑行业的未来绘制了绚丽无比的蓝图，也带来了前所未有的挑战，建筑师如果能够正面面对建筑信息模型所带来的种种直接或间接的限制，建筑设计行业将进入新的阶段，达到前所未有的高度，建筑师也将确立自身对于整个建筑行业的整合与领导地位，使其能够拓展设计控制范围至建造阶段，最终确保建筑的高完成度。

但是建筑信息模型终归是一种工具，建筑师通过对于前者的有效利用，将原本就存在的问题以限制的方式进行显现，本身各种限制因素就是客观存在的，只不过建筑师通过建筑信息模型的帮助，从烦琐的制图与维度转换中解救出来，得以将更多的精力投入到对于设计问题的解决中，相对于建筑信息模型本身，更为重要的是建筑师自身素质的提升。新工具的使用也带来了一定的风险，原本建筑师不曾涉足的工作由建造阶段的相应人员根据经验来完成，虽然完成结果会与建筑师的设想有所偏差，但是最终还是可以保证基本功能的。假如采用建筑信息模型对于建造阶段加强控制，而建筑师的能力却不能达到要求，若给出了一系列的错误指令反而会严重影响整个项目的进度与完成效果。因此，新工具提出了新要求，只要建筑师自我提高才能适应变化。

4.2　建模方法探究

本章第一部分介绍了建筑模型伴随着人类社会发展经历了四个阶段，上述内容从模型的视角，以建筑设计与建造为出发点，影射了整个人类技术的进步。建筑模型在建筑发展的不同阶段也呈现出了截然不同的形态，建立模型的流程同时反映着对设计问题的梳理与解决的过程，正确的建模方式可以保证合适的设计范围的得出，确保对建筑师工作的促进作用，进而有效地保证建筑设计效率的提升。

4.2.1 建模方法的发展

每一阶段的建筑模型的应用实施均对应着相应的建模方法，建模方法是创建建筑模型的方式，包含着模型产生过程中的具体手法。随着建筑模型的发展，前者的存在形式迥异，相应的建模方法也发生着翻天覆地的变化。

1. 第一阶段建模方法

最初存在于人脑中的虚拟建筑模型的建模方法最为直接，单纯地通过人脑中的神经元电位信号的变化来完成建模过程。虽然人脑的存储机制、运算模式及神经信号相关方面的原理十分复杂，对于上述方面的研究还远远谈不上完善的程度，但是建模方法极为简单甚至单一。建模地点为想象中的某虚拟场景，在完全没有任何规律约束的无边界环境中完成建模过程。模型使用的原材料为脑海中的虚拟"材料"，材料的特性仅与现实世界中真实材料产生微弱连接，"材料"本身是没有物理属性的。建模者对于模型进行加工所使用的"工具"也非实物，准确来讲该"工具"甚至是不存在的，建模者可以直接对模型进行修改，塑形工作可以在瞬间完成。采用此种方法建立的模型储存在建模者的脑海中，因此对其进行再次修改的执行工作仅能由初始建模者完成。

2. 第二阶段建模方法

实体建筑模型阶段的建模方法是最为多样与精彩的，它也是在人类社会发展中影响最为久远的。实体模型的建模方法为在真实世界中，使用相应工具对真实材料进行加工与组合，从而得到描述真实建筑的等比例映像实体。由上述可见，建模的全过程发生在真实世界中，因此要受到各种客观限制，不同于上一阶段的建模方法的毫无限制，实体模型的建模方法需要遵循自然界中诸多定律，如需要符合重力原理、结构规则、材料特性等。建模方法按照组合方式划分有两种——分散拼合式和整体切削式，前者将整体模型分为一定数量的小构件，分别对单个构件进行加工以降低加工难度，然后将各构件拼合为整体；后者则使用体积大于最终完成品的整块材料，通过挖除工具对多余部分进行切除，由此得到建筑模型。对材料进行加工所使用的工具数量众多，简单工具如刀子、锯子、胶水、墨斗、钻头等，也有复杂的大型机床，如锯床、钻床、铣床、数控切割机、三维雕刻机、三维打印机等。实体模型加工工程量大，因此一般采用多人协作的方式来完成建筑模型的制作，由于存在于实体环境中，制作者之间采用听觉和视觉上联系即可完成模型制作中的沟通过程，由于客观参照的唯一性，故沟通方式较为顺畅。可多人协同制作的模式决定了模型的修改无须指定原制作者来完成，任何懂得相应模型制作方法的人员均可满足修改需要。

3. 第三阶段建模方法

数字建筑模型是存在于虚拟环境中的对于真实建筑的映射，但是不同于第一阶段在脑海中完成的建模方法，数字环境与人脑环境虽然都以电位的相对变化进行信号交换与数据存储，但是存储机制和信息对外表达途径完全不同，所以导致了两者的建模方法迥异。第一阶段建模方法的建模全过程均发生在人脑中，建模工具使用的是人脑，建模结果储存于人脑中，该建模方法的所有一切均与人脑发生直接关系，不会借助外界其他物质；数字建筑模型的建模过程则需要借助大量外部工具实现与建模者思维的连接。

数字建筑模型的建模过程发生在数字虚拟环境中，后者连同数字建筑模型一同被储存在计算机硬件中，建模者无法直接接触到虚拟环境，在真实环境下仅能看到储存介质本身，如硬盘、软盘、闪存和光盘的外观，想要接触到介质内部的数字物体则需要借助计算机软件来"进入"此环境中，使用建模软件作为直接工具对建筑模型进行创建与修改。由于具有相应的数字工具进行建模，第一阶段建模方法中那种仅能建模者自己明白而他人完全无法知晓模型的情况得到改变，借助计算机硬件使用软件建模的过程同时也可以被他人旁观，从而在建模过程中可以进行交流沟通。

由于在数字环境中进行建模，采用数字工具构筑数字物体，所涉及的环境、工具与对象均处于可被外界准确感知的虚拟数字世界中，由此带来了建模方式的深刻革新，催生了与实体建模方法完全不同的数字建模方法。虚拟世界中不需要考虑真实世界的限制，在建模方法上可以迅速超越建筑者的身体限制，原本实体模型制作的烦琐而耗费体力的过程被一个个简单的计算机操作所代替，并且由于数字信息的易复制特性，决定了重复操作的瞬间性与建模操作的可逆性。

瞬间重复操作在两个层面对建模方法进行了革命性的优化，首先在整体模型层面，由于模型复制的便捷性保证了极短时间内可以完成模型的复制工作，借助远小于实体模型重量与体积的数字模型设备进行交换，甚至借助高带宽网络突破地理隔阂，瞬间完成模型信息的传输；其次在建模过程层面，单个建筑项目中存在大量的重复构件，在实体建模方法中，重复操作需要耗费大量时间，而在数字建模方法中，重复操作几乎不需要耗费时间，上述特点可以成倍缩短建模时间、提高建模效率。

建模操作的可逆性带来了数字建模相对于实体建模的巨大优越性。实体建模者如同手工业生产，若产生无法使用的残次品，只能最终被当作废品丢弃，实体建模方法具有不可逆特性，加工过的材料无法回归到初始状态，仅能够进行修补作业，如被割成两段的木板虽然通过胶水或者连接件可以拼在一起，但是无法变成原来的状态，况且上述操作会额外耗费大量时间。由于数字信号的读写可编辑性，数字建模可以通过一个简单操作完成对于之前建模操作的撤销，甚至可以进行多步撤销，后者取决于相应软件对于撤销操作的内存预留以及硬件容量。

上述特点对建筑设计来讲意义重大，瞬间复制与操作可逆使得设计与建模融为一体，建模过程可以同时作为方案推敲中的一个阶段。人脑短时间储存容量的限制致使建筑师难以对复杂形体进行精确尺寸的设计，绘制二维图纸进行形态设计存在无法照顾到的盲区，且感官反馈不够直接，而且速度较为缓慢。由于建模方法快速、直接、操作便利，建筑师在形体设计阶段已经抛弃了原有的图纸加实体模型的方式，而是直接在数字模型上进行方案比对工作，头脑中模糊的想法通过准确的建模方法变成现实。由于数字建筑模型存在于虚拟数字空间，在空间尺度上没有限制，且不需要与建模者的人类尺度产生对应，因此数字建模过程中不需要考虑比例因素。

该阶段建模方法本质上与其他行业的数字建模方法一致，两者的数字化兴起均发生于最近数十年。由于建筑行业对于老旧技术的容忍度高，在新兴技术使用方面总是落后其他行业一步，在建模方法上也是如此。

在软件使用方面，诸多建筑师广泛使用的建模软件本身并不是为建筑设计工作量身定制的，如常见的 AutoCAD 和 3D Max，前者的发布是为了解决机械设计的建模与制图问题，后者的出现完全是为了 CG 动画行业，而建筑设计对上述两者的利用仅使用了软件极少部分的功能。

在建模步骤方面，该阶段不需要考虑先后步骤的合理性，可以从任何一个局部开始进行，在虚拟世界中构件可以在空间上进行叠加，因此实体建模方法中的组装顺序在数字建模中被逐渐忽视。由此对于建筑本源方面的顾忌完全来源于建筑师的自知自觉，从本质来讲甚至与数字雕塑建模无异，无须考虑建模步骤与组件完成的先后关系。跳跃性建模步骤的实行甚至催生了拼贴式的快速建模方法，由于数字模型复制与交换极其容易，建模者可以将其他数字建筑模型直接拼贴至当前正在建立的数字模型中，前者可以是之前创建的数字模型，甚至可以是来源于互联网上的他人之手的模型。

4. 第四阶段建模方法

建模方法发展到第四阶段进入了建筑信息模型层面，该建模方法在上一阶段建模方法的基础上进行了演化，甚至在某些方面与后者类似或者基本一致，可以说建筑信息模型是建筑数字模型的一类，两者是包含与被包含关系，但是前者在后者的基础上进行了突破性的发展并对建筑学产生了巨大的影响，并且其建模方法也产生了相应变化。

从两者建模方法的相同点来讲，首先，两者均存在于数字虚拟环境中，储存介质没有任何区别，仅是双方模型数字文件占用的存储空间有多寡之分。其次，两者均使用计算机作为建模工具并需要借助软硬件的支持才能完成相应工作，建模者均借助相应建模软件完成建模过程，区别在于建筑信息模型的硬件要求要高于普通数字建筑模型，且使用的软件各不相同，但是需要借助计算机软硬件的支持，同样也是在独立于真实世界的虚拟数字空间中进行建模工作。

建筑信息模型严格地将数字模型的整体及局部组件与真实建筑构件联系起来，原本仅能表示形态的虚拟物体此时具有了真实含义，上阶段数字建模方法中的随意与粗陋此时已不适用。该建模方法具有以下特点：

（1）需要遵循符合一定逻辑的建模顺序

建筑信息模型建模方法禁止随便从任意某一方向开始模型的创建工作，建模过程需要遵循一定的步骤，如先轴线、后墙体，然后依次为门窗、楼板、楼梯、屋顶等。如符合建筑信息模型建模方法的软件虽然会允许错误步骤的出现，但在实际操作过程中会在不正确建模的过程提示错误，假使经过建模者修改后的部分仍然被检测确定失败，则禁止继续该操作。

（2）以组件作为建模的基本元素并以此映射真实构件

不同于普通数字模型中点、线、面、体均可以被当成基本元素的方式，在信息模型建模体系中以构件作为基本元素，后者与数字建模方法中的体类似，但是它是对于真实建筑组件的数字映射，构件之间的划分依据实际情况而定，而不像普通数字建模方式中可以随意进行体块的划分，仅需要考虑建模的方便程度。由于将构件作为建模的基本对象，基本要素的真实性得到保证，对其进行刻画的过程实际上已经潜移默化地进行着建模方法与实际建造方法的统一，其能够从方法层面避免设计完成但是建造却无从着手的情况发生。

（3）信息属性的加入作为建模方法的一部分

较之普通数字模型仅仅需要考虑形式方面的影响因素，建筑信息模型的建模方法会涉及更多因素的影响，包括生产、加工、运输、建造等。如同作画和雕塑创作般的建模方式被证明是不符合建筑发展需要的，而更加务实的信息建模方法则可满足上述需求。建筑信息模型在建模过程中需要输入一定数量的附加信息，这些信息对于真实建造是必须的，它们可以从侧面反映生产建造阶段的实际需要，建模者在输入信息的过程中以此种形式了解到虚拟数字构件与实际构件的信息化联系，进而以此得到建筑设计优化的实际依据而不是简单地来源于美观因素。例如，建模者在输入重量属性时，该项属性的数值会对前者进行提示，建模者自然会对运输车辆与吊装设备的容纳能力产生连带性思考，从而对比原先设定的建筑构件划分形式在生产建造阶段的可行性，假如发现相应问题与冲突，建模者将促成建设设计方案的有效修订。

（4）参数数值可以控制建模形态

信息属性的加入也会反过来促进建模方法的优化，一部分信息数值的变化可以关联性地控制相关属性的动态改变，如长度、宽度、高度、体积、材质等。首先，原先烦琐地点击拖动鼠标再输入数值才能建模的工作，此时被简单的数值输入自动建模所取代。信息联动建模方法的出现提高了建模效率，同时也间接地保证了正确性，数值输入的错误发生率要低于手工直接建模，后者会因为一些不够规范的小操作造成错误隐患的发生。其次，信息关联建模方式可将多个独立的构件进行某种程度的联系，某一构件发生改变将引发连带性的其他构件的建模变化，此时建模方法具有延展性。

（5）技术图纸的绘制纳入建模方法

普通数字建模方法仅仅关注三维模型，其控制范围在于对形态方面进行推敲，对于相关二维技术图纸的正确得出无须考虑，模型建立完成并不意味着图纸到达何种深度，而拥有完整的图纸也不代表模型的完工，二者没有同步推进的联系。并且模型与图纸没有必然联系，二者之间形式与数据对应不上的情况时有发生并且相当普遍，且模型与图纸的对应工作还需要人工来进行中继转化，这将是一项极为耗费精力的工作，最为关键的是，采用人工进行查缺补漏难以杜绝错误发生，由于人的主观性和易受到外界因素影响的特性，疏漏总有可能会发生。但是建筑信息模型建模方式从根本上解决了以上问题，该建模方法中图纸是被计算生成的而不是被人工绘制的，通过对模型进行剖切来直接导出图纸，因此模型与图纸可以同步完成，完成建模工作即同时完成了图纸绘制工作，原本相互割裂的两部分在时间进度上得以对应一致。并且由于图纸不是由手工绘制而是计算机自动生成的，因此能够确保图纸与模型的一致对应关系，绘图错误可以从根本上被杜绝。通过此种方法建立的模型由于采用了技术图纸从模型切分生成而来的方式，因此在后续的方案修改过程中可以缩短改动所需的时间。

综上所述，作为第四阶段的建筑信息模型建模方法在继承了普通数字模型建模方法优点的基础上，通过将上述五点特征纳入建模方法中来，通过加强虚拟建模与真实建造之间的联系，弥补了日渐脱节的建筑设计对于下游真实建造过程的控制能力的缺失，促进了建筑行业的发展以满足社会对于建筑设计的需求。

4.2.2 当前主流建模方法

确定当前建筑设计活动中建模方法所属的阶段，对于探索适合建筑设计发展的建模方法十分重要，正确地了解建模活动现状对于方法的改进起到关键性的先导作用。

1. 调查主体与方法的确定

首先需要界定目前建筑设计生产的发生范围与活动主体，后者需要能够代表该行业的绝大多数情况。建筑院校与各研究单位虽然使用最为先进的设计理念与建模方法进行设计活动，但其行为不具备广泛代表性，且大多处于纸上谈兵的状态，研究项目大多处于探索阶段，还没有落地经过实践验证。并且更为关键的方面在于，这两者的从业人员为研究型人员，各方面素养如学历、科研攻关能力与知识背景均在较高水平，因此他们的工作现状与成果无法代表全行业的普遍情况。

我国建筑设计的主体为建筑设计院，为独立的企业法人，其从业资格需要经过国家的认定与评级，得到认可并获得相应评级的设计院才被允许接洽相应类型的建筑项目。各类设计院以公司的状态独立运营，建筑师无法以自身的名义直接接触建筑设计项目，需要首先入职成为某设计院的员工才能够合法地进行建筑设计工作，虽然现阶段存在一些独立的建筑师工作室，但是其设计活动还是需要依附于设计院而存在，即使工作地点与后者不在一起，但是名义上还是需要成为该设计院的一个分支部门，合同签订与施工图盖章等工作都需要以所依附设计院的形式进行。因此对于建筑设计院的一线项目的建模方法情况进行研究具有普适性，可以掌握真实的建模现状。

南京作为东部地区的重要特大城市之一，同时也是产业与文化大省江苏的省会，每年新开工的建筑工程项目众多，本地的建筑设计院完成的建筑设计数量众多且项目基本都进入建造阶段并最终顺利完工，因此对南京本地建筑设计院的建模方法与情况进行研究具有一定的普适性，具备一定代表性。本书通过对南京市主流的几家建筑设计院从业人员以专家访谈方式进行深度访谈，使用问答方法采集不同专家对于同一类问题的答案，然后经过对访谈内容的整理与加工，最终得出结果。

2. 调查结果

通过对访谈内容的整理与分析，具体到当前设计院建模方法的相关现状的内容，得出以下结论：

（1）多数项目使用非建筑信息模型软件

建筑设计项目的模型创建工作大多使用 Sketchup 和 3D Max 等普通的形

体建模软件，前者用于建筑师推敲方案，建模主体为建筑师自身；后者用于生成透视与鸟瞰等效果表现图，建模主体为非建筑专业出身的效果图绘制人员。上述软件均为非建筑信息模型软件，仅具有视觉描述功能，提供形态特征。更有甚者，有些项目如城市规划中的单体建筑设计，建筑师自己根本不做模型创建工作，直接找来效果图制作人员，通过口述或者出具参考图片的方式"遥控"后者建模，至此建筑师彻底丧失了对于模型的直接控制能力。

（2）少数项目采用建筑信息模型软件，但是使用方法与流程存在问题

个别项目由于项目复杂程度高或者规模过大的原因，按照规定在施工图审查时必须出建筑信息模型文件，故因此也采用了相关专用软件进行了建筑信息模型的绘制工作。但是由于应付检查的原因，建筑信息模型建模工作发生的时间阶段有问题。按照上节中所述的有效的建筑信息模型建模方法，模型建立工作要伴随着设计方案的形成过程，并且要先于二维图纸完成，因为后者是基于模型而产生的。然而实际的建模流程却大相径庭，首先采用普通建模软件完成建模工作，在此基础上完成设计后绘制相关二维技术图纸，然后基于技术图纸补上建筑信息模型，这样在施工图报建阶段就可以满足必须出具建筑信息模型这项指标。这种在施工图完成后再进行建筑信息模型制作的方法，在介入阶段方面完全处于颠倒的状态，因此也难以发挥自身的积极作用，无法对建筑设计工作产生积极影响，更谈不上对后续建造工作起到指导作用。

（3）技术图纸为手工绘制而非模型生成，模型文件没有切分技术图纸

现阶段的二维技术图纸均为使用 AutoCAD 这类二维矢量制图软件进行手工绘制，而非建筑信息模型建模方法所代表的自动生成模式，即由源于模型的切分投影视图进行自动生成，因此发生设计更改的情况则需要人工进行调整，各种平面、立面、剖面与总图之间的对应关系也同样由人工介入来维持其一致的对应关系。

（4）建立的模型没有额外的信息属性

在模型的额外信息属性方面，调查结果需要分成两个部分进行分析与阐述，分别为多数项目所使用的普通数字模型建模方法，以及个别项目在技术图纸生成后所采用的构建信息模型的建模方法。

前者由于采用的是非信息模型建模方式，因此除了本身所存在的形体信息外没有加入其他属性信息，而且该形体信息无法被提取出来。

后者虽然采用了相关建筑信息模型软件进行模型构建，但是仅仅处于该建模方法的初级阶段，存在的参数信息仅仅局限于软件本身自动赋予的内容，建模者没有额外对其进行添加与控制设计项目进程、指导建造生产的内容。

（5）建模过程中没有具体考虑建造问题

建模过程中仅在宏观层面上考虑建造问题，满足基本的结构常识，而这些常识大多为半个世纪前的知识，例如钢筋混凝土结构的经济跨度、梁的高跨比、结构柱的上下对位等。上述对于建造阶段的考量处于初级阶段，没有形成对建造全过程的系统性思维，甚至对整个工程进度控制来讲十分重要的运输阶段却完全不涉及。

模型层级不清楚，前者与建造密切相关，由于注意力主要局限于形态方面，所建立的模型无论是采用普通建模软件还是建筑信息模型建模软件，在建模层级划分上不清晰，不同材料、不同施工顺序的构件被混为一个整体模型。

3. 结论

按照上文涉及的建模方法的划分方式来衡量，对比各代建模方法的特点，现阶段的主流建模方法处于第三代和第四代之间，其基本特征已经具备了第四代建模方法的一些雏形，如已经使用了建筑信息模型专用软件，但是其绝大部分特征仍处于第三阶段建模方法的范畴。综上所述，当前以设计院为广泛代表的建筑实践的建模方法为 3.5 代，即第三阶段向第四阶段迈进的过程中，即数字建筑模型过渡到建筑信息模型，但是仍然处于建筑信息模型的初级阶段。此阶段对于建筑信息模型建模方法没有得到清晰的贯彻执行，即使采用相对先进的建筑信息模型专用软件，仍然习惯性地使用固有的建模方式进行模型的构建工作。

4.2.3　对当前建模方法存在问题的思考

建筑信息模型建模方法具有足够的前瞻性，该建模方法如果可以被深度贯彻执行，必将对后续建造活动产生积极作用，在宏观层面上推动建筑乃至整个大土木学科的发展，先进建模方法理应迅速代替落后的建模方式。然而现实情况却并非如此，建筑信息模型建模方法在设计院的实际普及程度远非理想，大量的项目仍然沿用较为原始的建模形式。

当前主流建模方法现状的形成是一个复杂的综合性过程，这其中受到我国特殊的建筑环境背景影响，也与国内从业人员的特点息息相关，综合受到以下各因素影响：

1. 技术因素

相对于普通数字模型建模，信息模型建模方法技术要求高，难度也较大。普通数字模型建模仅需要掌握基本的计算机操作知识后，经过简单的数天技术培训后即可掌握其方法；建模操作控制工具界面简单，控件数量有限且常用的命令数目少，如挤压、拉伸、合并、删除、倒角等。其基本上就是简单的形态塑造工具的虚拟化体现，技术要求低，非建筑学专业出身的人员经过简单的技术培训即可上任，对于建筑专业知识没有过多的要求。而建筑信息模型建模方法对技术要求较高，除了普通数字模型建模方法需要掌握的技术外，还需要对建筑方面有全面的了解，掌握信息模型建模方法所涉及的各项技术点。

2. 经济因素

如今除了个别特殊情况之外，绝大多数建筑设计院已经完成了改制，从国有事业单位转变为普通股份制企业，因此作为公司来讲，首先需要能够生存，保证企业的收支平衡，否则长时间举债度日，设计人员将大范围流失，最终走向破产的地步。

采用信息模型建模方法会增加设计支出，分别体现在以下几个方面。首先，建筑信息模型对于计算机硬件要求极高，现阶段设计院里普遍用于绘制 AutoCAD 和 Sketchup 的计算机难以应付各种建筑信息模型软件，而市场上目前可以流畅运行建筑信息模型软件的硬件设备，在保证可以进行一定复杂程度的建筑信息模型建模的基础上，其价格不会低于 2 万元，对整个设计院的硬件进行全部更新将是不小的一笔支出。其次，软件购买与人员培训费用的支出，各种建筑信息模型软件均价格不菲，虽然作为高校与研究机构可以使用免费的教育版进行学习与研究，但是用于实际项目的软件必须使用付费正版，正版一般情况下价格不菲，如 Autodesk Revit 的单机授权的价格在 1.5 万元；由于技术要求高，往往需要聘请专业团队对设计人员进行相关软件系统性的全面培训，这一过程少则半个月多则数月，同样需要耗费一定的费用。

而在与支出相对应的收入方面，目前一般建筑采用普通数字模型建模方式也可以顺利地完成设计过程，且设计费不会因为建筑信息模型的加入而上涨，实际上设计费在最近 20 年不但没有随着物价和 CPI 的飞涨而上浮，反而一路下跌。除非达到一定级别的建筑项目按照政策规定必须制作建筑信息模型，甲方会额外增加建筑信息模型的费用，而上述项目占总设计项目的比例较低，额外收入远小于相应的支出费用。

上述为设计院需要考虑的经济问题，而对于建筑师个体来讲也需要考虑到这个问题。在当前模式下，两种建模方法均可以满足基本的设计要求，这确实也是因为建造阶段对于建筑师的要求较低以及建造过程较为粗放而造成的。同时按照建筑信息模型建模方法制作模型所耗费的时间要大于普通数字建模方法，如此对照下，按照现阶段的背景，对于普通建筑项目采用信息模型建模方法的经济性较低。因此，建筑师对于采用更为先进的建筑信息模型建模方法积极性不高，仍然沿用传统数字建模方法。

3. 制度因素

制度方面也是建筑信息模型建模方法在设计院推广效果不佳的重要原因之一。如上节所述,使用信息模型建模方法的建筑师的工作效率没有传统模式的高,而此种方法所制作的模型的先进性则体现在后续建造阶段,但是生产与施工人员不会为此付给设计人员额外的费用,造成多付出的那部分精力不能得到回报。

但是作为设计院层面却是有意义的,该建模方法的成熟应用对于设计院自身的技术发展有利,建筑行业的粗放型现状总有一天会得以改变,目前的设计费计算方式也会得到优化,建筑信息模型的红利最终会被各方所共享,这其中必然包括设计院与建筑师,因此先期的技术投入与先行抢占制高点尤为重要。

从设计院的制度来讲,应当对使用建筑信息模型建模方法的设计人员给予鼓励与政策倾向,将设计者在当前背景下使用该模式建模所损失的效益补偿回来,政策扶持后该部分设计人员的收入要高于采用传统建模方法的人员,如此才能促进建筑信息模型建模方法的实施与真正落地。但是很遗憾,目前能够具有上述思想的设计院极少,在大部分情况下,建筑设计院的管理层处于对新型建模技术茫然不知或不作为的状态。

4. 政策因素

国家层面对于信息技术的扶持主要体现在政策层面,通过一系列规则的制定对新兴技术在发展初期的稚嫩与竞争力不足给予帮助,使其在初期状态能够存活的基础上得以稳步发展,进而可以在激烈竞争的市场中发展壮大。

目前我国建筑行业管理部门确实也制定了一些政策促进建筑信息模型技术的普及与发展,以期望该项技术能够得到各建筑设计院的重视。如住建部于 2011 年发布了《2011—2015 年建筑业信息化发展纲要》,把 BIM 作为支撑行业产业升级的核心技术重点发展,全文中 9 次提到"BIM";2014 年 7 月发布的《关于推进建筑业发展和改革的若干意见》中倡导推进 BIM 在工程设计、施工和运行维护全过程的应用;2016 年 8 月发布的《2016—2020 年建筑业信息化发展纲要》明确了企业信息化发展的主要任务,要求深入研究 BIM、物联网等技术的创新应用,文中 28 次提到"BIM"。

假如相关规定要求建筑工程全部采用建筑信息模型报建则能够极大地促进新型建模技术的发展,进而促进建筑设计工作的提高。但是上有政策,下有对策,有些规定的执行却变了味道,设计院作为企业为了追求利益的最大化,在经过测算后仍然采用传统模式,使用普通数字模型在短时间内完成设计过程,绘制完成技术图纸后,在报建时间点之前再将建筑信息模型补上,更有甚者将此部分的工作量以极低的价格外包出去，而该项目的设计人员完全不接触建筑信息模型的制作工作。

而作为政策的监管方，政府相关部门由于缺乏相关的人员、制度和措施，对于设计院报建文件的审批工作仍然停留在纸质信息文件的审批阶段，对于上交的相关建筑信息模型文件没有时间也缺乏相应的技术与人员进行详细的审查，能够做到的仅仅是审核模型的有无问题，而对于信息模型的细节以及内嵌图纸的审查工作则是忽视的。因此有些单位上报的建筑信息模型中仅有粗略的模型，甚至没有采用模型生成二维技术图纸。

5. 人员因素

建筑信息模型对人员综合素质提出较高要求，尤其在生产建造方面知识的储备量要求巨大，这就需要采用建筑信息模型建模方法的建筑师具有良好的学习能力，能够在最短的时间内以高效的状态汲取知识；而随着科技的发展，新兴技术又始终处于一直更新的状态，这些都需要建筑师始终处于学习的过程。

而设计院的工作状态明显与上述要求不符，现阶段虽然大多设计院冠名为建筑设计研究院，但是其性质还是更多以生产为主体，具体工作更像是依据一定的模式进行机械重复性的劳动，特别是施工图组的施工图绘制工作，其工作过程更类似于对成熟经验的套用。如果建筑信息模型发展到 ·定阶段，完全可以将此部分需要的结果由模型自动生成。

人类历史的每一次技术革新均会带来人工使用数量的大幅降低，而上述特征对于建筑设计来讲也同样适用。20 年前设计院内部存在着大量的制图员，其工作范围正是为了帮助建筑师绘制图纸，而他们本身不具备进行建筑设计活动的能力。在计算机没有被普及用于建筑设计之前，使用尺规作图的效率远非今天的计算机制图速度可比，单凭建筑师完成所有图纸绘制工作将严重影响项目的整体进度，因此采用并行模式，通过建筑师指挥制图员来达到短时间内完成大量的图纸的目的。但是随着计算机制图软件与巨幅图纸打印的出现并在设计院内部的应用，建筑师在完成设计的同时顺带完成图纸绘制成为现实，制图员这一个角色从此变得多余。好在当时我国建筑行业处于高速发展阶段，建设项目呈爆炸性增长，相应的建筑设计也随之激增，一些制图员经过初步培训后也接受一些简单的建筑设计。彼时对于制图员来讲只有两个选择，要么被历史直接淘汰，要么改变自己，拓展自身的知识背景与专业技能。

当前的情况与计算机辅助制图进入建筑设计行业的情况类似，新兴技术对于人员素质提出了更高的要求，过去大量存在的低要求、重复性工作对人力的需求已经日渐减少并逐步消亡，具体工作量被各种自动化软硬件所承担。

而与此同时，新的从业人员的素质变得尤为重要，具有良好素质的个体可以通过学习来适应新的形势，重新找到自身价值，否则将被历史所淘汰。

当前一线设计人员普遍存在学习能力不佳、新技术接受能力弱的问题，具体体现在建筑信息模型建模方法方面，表现为不愿意投入时间与精力学习建筑信息模型的基本知识、软件技术、建模方法以及相关生产建造方面的扩展知识等内容。他们仍然想凭借原有的知识储备应付现阶段的设计工作，殊不知时代的发展也同时开阔了建筑设计行业的眼界，一些新颖、高要求、高难度及高完成度的建筑项目依靠传统的经典建筑学的技术能力已经无法应对，亟须相关设计人员完善自身的知识架构，补齐新时期对于建筑师的技术要求。

6. 需求因素

建筑设计行业究其本质为第三产业，即为服务业的一种，其行业特征为向外输出建筑设计服务，不同项目的服务内容具有一定的变化，但是建筑设计服务有一个共同点，即可以通过以服务产品为依据指导建筑物的顺利建成并成功投入使用。服务的传递需要客观存在服务信息的接收方——甲方，只有在甲方对建筑物产生需求的情况下，建筑设计方才能成功地为其传递相应设计服务，进而从甲方处得到项目设计的衡量体系。因此甲方的需求对于建筑设计活动至关重要，它直接决定了最终设计成果能否被认可，进而制约着建造活动的顺利完工。

因此建筑设计方需要对甲方的需求进行解读，从而能够分析构建出对于设计方案的评价标准，然后以此标准进行建筑设计活动，设计完成后再将设计结果与甲方需求进行对比，在与甲方正式进行设计交接之前设计院内部进行一轮评议，符合需求的设计才会最终召集甲方来进行汇报。设计不满足需求与设计超出需求太多这两种情况均是不理想的，前者很好理解，需求得不到满足将导致项目建成后影响建筑的正常使用，这其中包括各方面的内容，如视觉效果、功能使用、结构安全、材料与空间的耐久等等；设计超出需求过多将导致过度设计并造成相关功能的冗余，最终将导致甲方为了并非自己需求的内容多花钱，因此设计超出需求同样也是要避免的。

现阶段对于绝大多数项目来讲，甲方没有明确地进行建筑信息模型建模的需求，自然增加该部分服务的费用他们也不愿意承担，这是导致设计院信息模型建模方法难以大量应用的根本问题。假如大量的项目甲方有需求并且愿意支付相关费用，那么相应的服务市场会迅速形成，服务的供需关系需要得到维持，设计院将克服一切困难，尽量迅速掌握建筑信息模型建模方法进而努力占据该市场的份额。

而建筑行业在粗放型的建造施工现状下，建筑信息模型无法对设计的后续阶段进行精细化的指导控制，更加难以为甲方节省建造经费，因此对于建筑信息模型的需求难以形成，甲方自然不会为了建筑信息模型建模方法在设计项目中的应用来买单。毕竟建筑设计是服务行业，无法为甲方提供省钱的服务，后者自然不会多支付设计费用。作为设计院来讲，甲方都没有这方面的需求，不愿意提供相关的经费，自然自身也不愿意为此买单，大范围进行建筑信息模型建模方法的普及工作难以奏效。即使在一些具有远见的大型设计院中，也只能自掏腰包进行技术储备性的研究活动，而且规模不大，往往是小范围的学术研究性质的活动。

上述内容分别从不同的层面限制着建筑信息模型建模方法的应用与普及，其中一些限制因素可以经过技术和资金的强力注入迅速化解，但是有些方面的限制因素难以从根本上撤销对于该建模方法的不利影响，如制度、需求与政策因素等与市场环境相关的因素，因为违背市场经济原则的做法终究不会长久。因此若从根本上解决这个问题，还是需要让建筑信息模型建模方法找到真正可以具有用武之地的领域，才能变被动为主动，让甲方产生对于该建模方法的强烈需求，从而能够使之大量普及。

在建筑工业化模式下，粗放型的现场手工施工作业让位于集约型的工厂机械生产和现场装配化拼装作业，在此种生产建造模式下，建筑信息模型建模方法成为保证设计与建造阶段紧密联系、确保最终建造质量的关键，因此甲方对于使用该建模方法会产生强烈的需求。在需求产生的同时，市场得到培育，相应经济效益产生，建筑信息模型建模方法自然而然得以茁壮成长。

4.3 工业化模式下的建模方法

4.3.1 信息嵌套模式

1. 传统建模

传统建筑设计在模型建立时也会使用嵌套方法。简单和组件较少的模型会采用单一层级的均质分布模式，即所有的组件都处在同一层级。此种方式优点为直观清晰易选取，可以在第一时间选取任意组件；但是缺点也较为明显，如果模型复杂程度提高，往往组件数量呈指数增加，由于组件之间的相互遮挡，选择或者修改那些位于模型内部的组件将会耗费大量的时间与精力。而且目前的建筑项目越发复杂，一个模型的内部组件数量大多不会少于 1000 个，普通的点选与框选操作很难在短时间内迅速定位所需组件群。

因此为了便于选择与修改，通常情况下会对模型的组件群进行分组。当超过两个组具有包含与被包含行为时就会产生嵌套关系，即高级别组包含低级别组，这时选择单一高级别组会自然包括所属的低级别组。配合相应的显示技术，如组件外物体隐藏等，组件的选择和修改效率会大为提高。但是也会存在一定瑕疵，如在被嵌套组件的选择定位问题上，如要修改一个组件，需要将上级组层层嵌套打开，如嵌套五次就需要打开五次才能定位所需要的组件。

传统的建模方式存在嵌套关系，但是这种方式是典型的自下而上式，所对应的嵌套关系在建模初期没有经过仔细推敲与系统思考。同级别之间内部联系或者上下级别关系较弱或者没有，同级别嵌套组之间没有相应的级别对等关系，如同样处于二级嵌套关系中的不同组件之间无相互联系。这种嵌套关系的使用附加值低，仅仅为了绘图方便，并且在做相应 BIM 模型升级转化时，此种过于复杂、缺乏逻辑的嵌套关系反而会成为阻碍。

2. 工业化信息层级嵌套建模

工业化模式下的信息模型建立具有嵌套关系，不同于传统模式下组件的平级分布与无序嵌套，此种嵌套方式具有内在的逻辑性，信息的加入、梳理与提取也更为合理。

从嵌套层级来讲，该模式具有三级嵌套关系，最底层为 1 级嵌套，最顶层为 3 级嵌套。嵌套层级的划分严格根据生产层级得来（如表 4-1 所示）：

1 级嵌套

该级别为最初级嵌套，代表了二级工厂化的过程，1 级嵌套本体为二级工厂化产品——组件，被嵌套本体为二级工厂化的原料，同时也可能是一级工厂化产品——散件。

2 级嵌套

该级别为中间层级的嵌套，代表了三级工厂化的过程，2 级嵌套的本体为三级工厂化的产品——吊件，被嵌套本体为三级工厂化的原料，同时也可能是二级工厂化的产品——组件。

3 级嵌套

该级别为最高一级的嵌套，代表着现场总装过程，3 级嵌套的本体为具体实例项目本身各个功能模块，被嵌套本体为现场总装的原料，同时也可能是三级工厂化的产品——吊件。

表4-1　嵌套层级示意图

嵌套层级	安装层级	嵌套本体	被嵌套本体
1 级嵌套	二级工业化	组件	散件
2 级嵌套	三级工业化	吊件	组件或散件
3 级嵌套	现场总装	各功能模块	吊件或散件

如上所述，每一级别的嵌套规则经过严格制定后，从根本上符合新型建造流程。相同级别的不同组件所代表的级别装配程度相同，通过组件的所属级别可以方便地知晓所处具体层级工业化装配程度，从而迅速定位该模块的组装过程处于整个工业化建筑生产全流程中的具体阶段，进而对具体分段建造流程进行整体把控。

4.3.2　树状表格式层级建立

1. 树状层级

由于嵌套层级的存在，模型的建立过程同时也是整个建筑的树状层级的构建过程，整个建筑项目的模型建立工作完成后，一个完整的树状层级会自然地体现出来。整个建筑体系可以通过一种逐级包含的关系形态体现出来。

如果采用穷尽法绘制整个建筑构件关系树，则主干为项目本身，初段分叉为三级嵌套本体及下属分叉，中段分叉为二级嵌套本体及下属分叉，末端分叉为一级嵌套本体及所属散件，作为遍布"树身"的"树叶"为初级散件。可以看到，散件可以处在各个层级，从树状层级图中可以看到，其分布的位置有可能是末端分叉，也可以是在中段分叉或者初段分叉，甚至直接出现在主干上（如图 4-2 所示）。

2. 表格方式

建筑内部关系可以通过树状层级进行穷尽检索，对迅速定位到个体起到

图4-2　树状层级示意图

图片来源：笔者自绘

十分重要的作用，同时也确保了建筑项目中数以万计的组件都处在正确的位置上，相互之间具有准确的关系。但是采用穷尽法表示此种关系过于复杂与效率低下，并且此种显示为静态方式，不利于后续的数字化存储与运算。现阶段建筑项目功能复杂，组件数量众多且种类繁杂。如果将所有树状层级关系绘制在一张图中，那么整张 A0 的图纸估计都不够，即使可以通过计算机对于图纸进行数字化储存，但是即便所有的信息都妥善地放置在图纸上，使用人力对于位置与关系的寻找工作仍然是不现实和效率低下的，同时相同属性信息的对比工作也难以进行。

表格作为信息显示的方法之一，核心是一种可视化的数据组织整理手段，其优点在于对比清晰、简单明了、信息精简干练。采用表格式的梳理方式对树状层级进行补充，可以在有限的视野范围内体现需要的内容，将不同层级组件所附属的信息集成在精简的表格中，条理化收纳参数信息的同时方便同类信息的归纳与对比参照。对于建筑设计人员来讲，表格的绘制过程同时也是验证设计逻辑与校核制图结果的过程。特别是对于构件的参数输入，在实际绘图中人工输入的错误是无法避免的，在模型建立后，如果单纯采用逐个选取构件筛查的手段难以有效进行校核。选取单个组件需要单击鼠标一次，然后单击属性菜单，作为最直观的最上层级的 3 级嵌套构件就需要两步操作。如果是最下端的 1 级被嵌套散件则较为麻烦，需要以下步骤：

第 1 步，单击选取 3 级嵌套构件；第 2 步，双击打开 3 级嵌套构件；第 3 步，单击选取 2 级嵌套构件；第 4 步，双击打开 2 级嵌套构件；第 5 步，单击选取 1 级嵌套构件；第 6 步，双击打开 1 级嵌套构件；第 7 步，单击选取被嵌套散件；第 8 步，选择属性按钮。

如上所述，查看最底层参数需要至少进行以上 8 步操作，耗费时间不少于半分钟，一个项目组件数量数以千计，采用手工方式进行比对校核是不现实的也是不可能的。但是如果采用表格这一工具进行树状信息表达，相应信息的校核对比工作就清晰得多，正确率提高的同时也解决了烦琐操作的问题（如图 4-3 所示）。

3. 参数化嵌入

随着数字信息的发展，信息技术带来了新的革命，在显示方式方面也带来了新的突破，为过去难以解决的问题提供了新的思路，对于数据的储存与交互拓展了新的视野。从根本上来讲，过去的静态、单向操作模式所带来的一系列弊端被新技术带来的红利所突破，这些弊端包括：无法自动分类、操作无法撤销、二维模式显示三维、数据静止显示、数据更新困难等，而采用新的参数化嵌入模式可以解决上述问题。

图4-3 同类参数对比表格示意

图片来源：笔者自绘

由于参数的动态调用,通过设置不同参数条件,可以将所需要的信息呈现,不需要考虑的信息可进行隐藏或者不提取,而那些被隐藏的信息可以在经过一两个简单操作后瞬间得以显现。参数化嵌入生成的图表具有动态更新功能,在属性信息修改后可以实时进行自动更新。

如图 4-4 所示,在参数化嵌入树状表格式层级系统中,层级关系得以清晰显示的同时相应关联操作也更加简便快捷,可以在有限的视图范围内对复杂项目进行有效的展示。鼠标单击"+"按钮可以开启本级嵌套关系,被嵌套组件自动按照顺序进行罗列,属性信息以图表方式进行生成;单击"一"按钮可收起本级嵌套,被嵌套组件及相关属性信息同时隐藏。通过定制化地展示嵌套关系,所需信息可以被妥善处理。

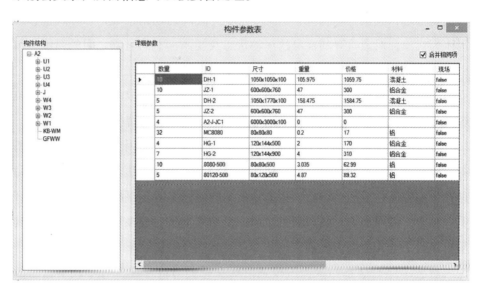

图4-4　树状加号层级显示示意
图片来源:笔者自绘

4.3.3　面向对象的参数化建模方法

1. 面向过程建模方法

传统的建模方法最终使用的是所建立的模型本体,这是一种典型的面向过程的建模方法。模型一旦建立后,假如其中的组件需要变动,则要对原模型文件进行修改,而原模型文件则有可能联系着项目中其他相同的组件,修改的过程则需要耗费大量时间、容易出错且过程不可逆转。建筑项目中具有大量相似构件,如长短不同、型号一致的螺栓,尺寸不同的泡沫混凝土砌块等,但是在实际模型建立过程中,只要有一点不同,就需要重新建立组件模型。虽然可以对原组件文件进行复制,然后在其基础上进行修改,这样可以节省一部分时间,但是仍然耗费大量时间,并且存储空间占用将成倍提高。

传统的面向过程建模方法关注的是模型建立的过程,即过程确定后结果不可变动,先过程后结果。但是实际模式使用过程中存在各种设计修改乃至后期的设计变更，设计活动是一个动态的过程，难以保证起初建立的模型后续不需要做出变动。由于相似组件重复建立与存储，耗费大量数字存储空间，对于网络交互信息提出了巨大的挑战，同时也造成了巨大的浪费。

2. 面向对象建模方法

面向对象建模方法以对象为主体，关注的是对象。面向过程建模方强调对系统功能进行抽象，事无巨细地将所有细节考虑到，但是人们对于客观事物的认识却是一个从个案推断规律，再从规律验证具体案例的过程，因此面向过程建模方法具有很大的局限性，面向过程建模方法解决问题的手段却是后一步的设计需要满足前一步的要求，这种过分强调环环相扣的建模方法过于局限死板，所建立的模型适用范围窄，修改困难。面向对象建模方法则反其道而行之，其认为客观世界由实体与相互之间的联系组成，以客观世界的实体为对象，对象具有其自身的运动状态及规律，不同对象之间的通信与作用构成了完整的客观世界。面向对象建模的使用者可以在问题渐渐深入的过程中逐步解决这些问题，而不需要重新修改前面已经完成的工作。面向对象建模方法具有对象、封装、继承与多态等这些重要概念与特征。

对象——对象可以代表任何事物，可以是实体、作用或者某种性能，所有对象都具有自身的运动状态与规律，故具有强大的表达与描述功能。面向过程建模方法建立的单体组件模型，模型的使用是对于该模型建立过程所产生的结果。而在面向对象建模方法中，模型被当作对象来看待，代表的是其所指代的一类事物的抽象源头，拥有对象所具有的属性。

封装——封装是一种组织模式，基本思想为将客观世界中联系紧密的组织连在一起，构造具有独立含义的实体，其相互关系隐藏在内部，对外仅仅体现为与其他封装体之间的接口。面向对象建模方法的模型使用方式与面向过程建模方法不同，组件的调用不是使用模型文件本身，而是引用该模型类的一个具体实例，再加上相应参数化联动技术的使用，这样可以保证实例模型所做出的修改变动仅仅被限制在实例引用层面，不会对模型类本身造成修改。

继承——实例模型由于是类模型的一个具体实例引用，因此除去实例自身所具有的额外特殊参数属性外，其内部形态联系继承来自类模型。虽然来自同一类模型的不同实例模型之间可能具有诸多不同，但是他们具有继承自同一类模型的核心特征，而这些继承来的特征决定了其在储存中可以节省空面，避免重复。

多态——同一类模型，不同情况下调用所产生的实例模型的形态与属性不尽相同，可以具有诸多变种。形态控制参数决定了被引用实例的外观形态的多态异化，属性参数决定了其属性信息的多态异化，而这些参数的组合方式具有数以万计的变种，多态性奠定了面向对象建模方法的广泛适应性，同时诸多不同实例引用来自同一类文件，仅需要额外记录属性信息，故储存效率方面的优势显而易见。

面向对象建模方法在建筑工业化设计模式中对于整合体系架构与提高系统效率方面起到助推作用。工业化建筑中的构件表面上看数量众多、型号多样，但是如果按照相似情况进行大类划分，则型号种类会大为减少。假如按照面向过程建模方法进行后台储存的话，则每个细分小类都需要进行保存，文件量巨大；采用面向对象建模方式储存则后台仅需要保存可以进行合并的大类对象文件，然后根据具体引用实例额外储存少量参数，由此数据处理量实现了指数级的降低，整个系统的运行效率也得以相应提高（如图 4-5 所示）。

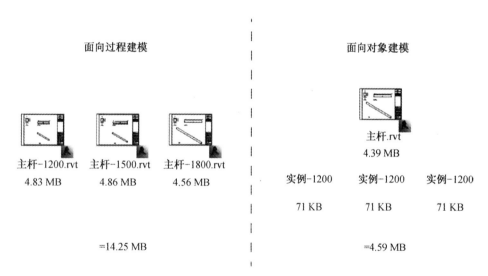

图4-5　面向过程与面向对象储存量对比
图片来源：笔者自绘

工业化建造模式在现场建造阶段手工作业比例较传统模式大为减少，零散工作大多集中在一级工厂化阶段，不同阶段的安装工作具有明显的层级划分。此时面向对象建模方法中的封装特性可以很好地模拟此种阶段的划分，模块化封装建模设计可以让设计者对于高阶装配的关注点从错综复杂的对象内部转移到对象之间的联系——模块接口上，从某种程度上也简化了设计过程与制图规则。如高阶别的模块组装不需要绘制子模块内部，只需要表述子模块外部轮廓与接口，具体内部情况在低阶别生产阶段的图纸中表示即可。

4.4　信息参数设立

建造信息系统的源头特征与核心竞争力在"信息"两字，同时 BIM 概念中三个字母缩写中最重要的不是代表建筑的"B"与代表建模的"M"，而是代表信息的字母"I"。后续参与交换、存储与反馈更多的是信息部分，信息参数设立的完备程度深刻地影响着建造系统的建构成功与否。

4.4.1 参数设立原则

1. 适量原则

首先，参数信息的设立秉承适量的原则，缺少信息或者参数信息冗余都是影响效率与无意义的。信息对于人们来讲是一种有效的资源，资源缺少会造成后续的交互媒介空缺与缺失；资源过多会造成无用信息挤占有效显示空位，将有效信息淹没，从而使得相应信息的提取变得困难甚至不能顺利完成。

缺少信息会在后续系统运算或者生产过程中无法得到有效信息指导，浪费人力、时间、材料与设备租用费，特别是现场总装期间，除去人力物力成本，单单工地每天的大型机械租用费就是以万为单位计算的。参数信息有效与否对于传统作业模式影响不大，传统手工作业由于现场湿作业多，工作较为简单、技术要求低、现场控制点少，依靠的是已经使用多年的老旧工法与技术，施工人员依靠以往的建造经验足够应付施工，所以设计方出具的指导信息完备与否不起决定作用。

缺少信息支撑对于工业化建筑来讲却关系重大，工业化建造过程如第二章所述，层级清晰且环环相扣。特别是现场总装阶段模块接口组装比例大，本级建造的产品为下一级建造的原料，对于模块内部功能、接口形式具有严苛的要求，上述任一要求不达标即会造成下一步安装工作的卡壳，因此足够的信息指导尤为重要。根据笔者工业化建造实践中遇到的情况，工人在安装工作进行中对于连接件的浪费程度触目惊心。甚至其中一个工作日的安装工作中，浪费的螺栓数量比使用的还多，诚然连接件质量不能 100% 达标，但是浪费的产生大多是被遗漏或者因为懒惰而不愿意过多走动造成的人为故意丢弃，而被有意无意丢弃的零散件则很难被回收，大多被当成垃圾进行丢弃或者夹杂在现场中，从而造成了本来连接件的采购数量足够并有富余，却最终因连接件短缺而窝工的情况发生。如能够通过参数信息的计算汇总，将该工序所需连接件进行损耗系数计算后进行精准核发，则能够节省大量人力、物力与财力。

参数信息过多也会对后续的种种工作产生阻碍，过多的冗余信息会消耗有效的储存空间与传输带宽，造成垃圾信息的堆积而阻塞有效信息的利用。如单个构件属性信息中的少数几条无用信息虽然对单个文件大小影响不大，但是一个项目具有成千上万的构件，而一个后台服务器会储存数以百计千计的项目，积少成多，单个文件大小多上几百字节，则整个服务器的储存量的空间浪费会达到惊人的程度。除了储存空间的浪费，通信带宽的无效占用也会带来巨大影响，工业化建造需要进行大量的数据下载与上传工作，而且对于大多数构件来讲这个过程不止一次，我国现阶段无线4G通信虽然速度较快，但是价格较昂贵且覆盖范围有限，一部分偏远地区的数据通信处于2G甚至GPRS级别，因此无效数据的传递会占用大量带宽，带来大量额外成本的同时阻塞有效信息的传递。

2. 分组原则

由于需要控制的信息众多，因此即使秉承适量原则的情况下，各级构件还是具有数量众多的参数信息，管理起来费时费力。如果所有参数信息不分组而全部放置在一起的话，势必会对信息输入的清晰直观性造成影响。尤其是需要人工输入的那部分信息，由于手工输入信息的过程本身就容易产生错误，再加上不同种类、数量众多的参数信息混合在一起，错误发生概率会大幅提高。而采用信息分组管理方式进行信息梳理，同类信息被分配到同一组中，建模过程中的信息录入工作会变得更为直观，错误发生的概率降低，保证后续参与存储的信息可以有效参与后续阶段，为整个系统更好地服务。

由于采用分组原则，信息参数的种类建立在开始阶段就具有大类思想，而这些大类划分是根据数据控制的区域来决定的。如基本信息组为组件的一些常用信息参数所汇聚的组别，物理信息组为根据实际物理相关参数所聚集的组别，而其中一定不能缺少的建造信息组则为指导控制生产施工的组别。如果划分组别过程中发现有些组的所属信息条目过于庞大，则需要依据实际情况，将太过冗杂的组别分成相应较为灵活直观的小型组别。如同属于为建造过程服务的属性条目，可以根据指导和反馈来划分小组，也可以根据不同级别的工厂化过程来划分。

每个组内的属性参数条目对于分组效率具有影响，组内参数过多的话，则单个组过于庞大而组内参数条目纷杂；组内参数过少而分组过多的情况则带来效率低下的问题。上述两种情况均造成分组失去实际意义，因此每个组别的所属信息条目宜在5~10条之间，此种情况较为理想（图4-6）。

3. 生成优先原则

工业化建造信息系统需要一定数目的参数来控制实际生产、加工与建造，即使秉承适量原则来设立参数条目，尽量做到无效的信息剔除精简，严格控制参数信息条目总数，但是需要设立的参数总量还是不少的，即使再精简，其数目依然不会低于20条。手工信息输入模式不可不避免地会产生错误，这是在任何情况下都无法杜绝的；相对于人工来讲，计算机自动输入由于避开

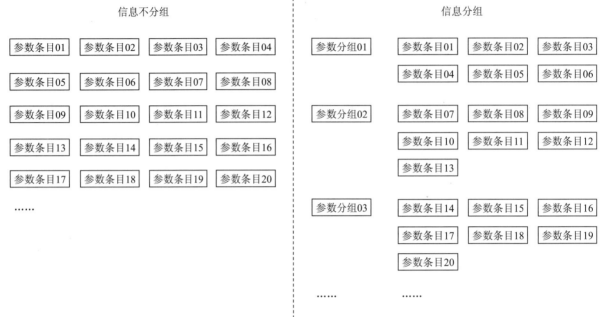

图4-6　信息分组与否对比分析
图片来源：笔者自绘

了人工的主观因素，可以将错误率控制在极低的水平上。故应当优先选择由计算机自动生成的参数。

参数自动生成从本质上讲是通过计算机自动提取相应信息，然后进行处理运算，最终计算得出所要结果的过程。参数自动生成方式有两种，它们的处理运算和结果得出过程一样，区别在于提取信息的来源，分为主动提取和被动提取两类。

主动提取为全过程完全自动，不依靠连带性手工输入，通过计算机自动读取模型的相应信息来完成初始数据的提取工作。如自动提取模型的体积，然后与密度系数进行计算得到重量属性参数，或者与密度系数和价格系数进行运算得到价格属性参数。全部过程完全自动运行，源头数据的采集通过读取模型来完成，在保证100%正确性的同时具有自动更新的功能，模型经过修改后可以自动更新为最新数据版本。

被动提取为虽然本数据的生成过程是完全自动的，但是计算过程需要借助其他参数，而其他参数本级或者上级参数的信息初始提取过程经过人工输入得来。目标参数的计算信息设定没有问题，但是如果所使用的上级参数信息出现手工输入纰漏的话，则会造成连带性错误。如某 10 个参数计算过程中使用到参数 A 的数据，而参数 A 的数据有一部分为手工输入，则如果参数 A 的手工输入部分发生错误，则包括 A 在内的这 11 个参数值全部错误。被动提取虽然风险较大，但是能够缩小手工输入的数据范围，进而减少手工输入量，在数量更少的情况下则更便于检查矫正。

生成优先原则得到贯彻执行，则能够减少错误发生率，提高参数数据的更新速度。而在数据生成过程中，应尽可能优先运用主动提取方式，但是不可能所有的数据来源均从模型自身读取，所以被动提取则被用来进行辅助，但是手工输入部分的数值与源头应当明确标出，以方便后续的校核工作。

4. 扩展原则

参数信息在正式设立之前须经过系统全面的考量与完备的规划，力求所设立的参数具有一定的前瞻性与适用性，以免在使用过程中发现问题从而影响生产建造进度。假如在参数设立初期能够预先考虑到后续出现的难处，及时对其问题进行纠正，则所耗费的时间、财力与人力成本能得到控制；但是一旦到了生产阶段，尤其是现场总装阶段发现参数设定出现问题的话，耗费的成本要多出数倍。即使加倍投入人力、物力与财力也很难对其进行弥补，仍然会大幅度影响项目进度。但是在设计阶段很难照顾到所有后续问题，特别是突发情况难以避免，对于参数设定来讲也是同样的道理，因此需要考虑到后续扩展问题。

扩展原则，即在秉承精简参数数目的基础上，考虑到后续实际使用中的突发情况，对于可能发生的属性参数增加问题予以回应。具体办法为预先设立一定数量的参数预留位置，在遇到需要增加参数数量的情况下可以直接启用，从而避免短时间内没有媒介记录参数信息，进而减少数据库更新负担。扩展参数类似于常用表格中的备注，但是其功能要远强于它，原则上按照数据类型设置扩展参数属性，但是考虑到数据库精简与节省空间占用，在尽可能的情况下采用兼容方式设置扩展参数，即采用一个数据类型装入多种数据，以提高扩展参数的利用率。

4.4.2　数据类型

1. 布朗型（Boolean）

布朗型（Boolean）为表示逻辑形态的数据类型，占用 1 bit，即八分之一个字节，其值为 True 与 False 两种，初始值为 False。布朗型数据与整型或浮点型之间可以双向转换，如布朗型转换为数值型参数，True 为 1，False 为 0；数值型参数向布朗型参数转化的话，0 被转化为 False，非零数值被转化为 True。

布朗型数据使用范围广泛，在实际使用情况中，常常表现为是否或者真假逻辑关系，在工业化建造信息系统中使用也较为广泛，多数情况表现为建模状态下的初始赋值 False，而在生产建造阶段自动或人工赋值并上传至数据库。具体情况如本阶段生产建造工作是否完成、物料是否入库、检测工作是否完成等。由于大多数布朗型参数需要通过网络上传后台数据库，故该型数据的空间占用率最低，意味着带宽占用率也处于较低水平，虽然数值型参数可以代替布朗型，但是在满足基本逻辑关系表示的情况下，布朗型参数的效率更高、实用型更佳。

2. 整型（Integer）

整型（Integer）为表示数值的数据类型，占用 32bits，即 4 个字节，其数值范围为 –2 147 483 648 至 2 147 483 647 的所有整数，初始默认值为 0。整型与浮点型之间可以进行转化，整型向浮点型转化可以无损转化，但是浮点型向整型转化的话会损失小数点之后的数字。整型在建造系统中一般用于储存整数数值的参数位置，如最小用工数与最大用工数，由于工人是不可以分割的，因此用工数肯定为整数，或者工具需求与大型机具需求量等一些不能以小数来表述的参数。

3. 浮点型单精度（Float）

计算机中用于表示实数数值的数据称为浮点数，常用的浮点数据类型有三种，分别是浮点型单精度（Float）、浮点型双精度（Double）与浮点型长双精度（Long Double）。单精度占用 32 bits，4 字节；双精度占用 64 bits，8 字节；长双精度占用 80 bits，10 字节。它们的精度与数值范围依次呈递增关系，但是对内存与存储空间占用也依次增加。

该建造系统中浮点型数据被使用在以下几方面：价格、重量、长度、体积等表达物理与经济属性方面的数值，因此它们均具有明确的数据使用上限。如单个项目重量不可能超过 1 000 万 t，价格不可能超过我国当年 GDP 总和；而对于精度的要求也十分有限，如重量精确到克，价格精确到分，长度精确到毫米。因此浮点型单精度（Float）完全可以满足系统对于浮点数据的储存要求。浮点型单精度的内存占用如下：符号位占用 1 bit，指数位占用 8 bits，尾数位占用 23 bits，其数值范围约为 -3.4×10^{38} 至 3.4×10^{38}。使用浮点型单精度（Float）可以杜绝数据溢出造成的系统崩溃，在兼顾数据精简的基础上，考虑到实际使用上限并留出了一定的缓冲空间。

浮点型数据可以与整型数据进行数学计算，但是计算后的结果为浮点型数据。整型可以转换成浮点型数据，但是浮点型数据转换成整型后会存在两个问题，一是小数点后数值被删减，二是有可能数据范围超过整型数据的最大存储范围，发生数据溢出。但是考虑到该建造信息系统数值计算范围有限，后者发生概率基本不存在。

4. 字符串（String）

字符串（String）是可以储存字母、数字、符号与文字的数据类型，根据其内部储存的字符数量不同而占用内存数会发生变化。字符串不同于布朗、整型与浮点型单精度这三种数据类型，其没有明确的储存空间占用数字，而在不同的系统中字符串具有上部限制，如在 MySQL 中普通字符串的储存上限为 65 535 字节，按照常用文字编码系统计算，一个汉字占用 2 个字节，英文、符号与数字占用一个字节，如果全部储存汉字的话可以装载 32 767 个汉字，这对于建造系统的属性信息来讲完全够用。

　　该数据类型被广泛地应用于建造信息系统属性参数的各个方面，适用范围远大于布尔型、整型与浮点型，凡是牵涉字符性描述的参数都要用到字符串。因此字符串计算处理的高效与否关系着整个系统的运行稳定性与数据交换的准确性。字符串可以与整型和浮点型数据进行相加计算，但是计算结果的数据类型均为字符串类型，这是因为整型或者浮点型数据在与字符串进行计算之前会先被转化成字符串类型。如图 4-7 所示，整型"1"与字符串"2"的相加结果不是"3"，而是"12"，这个 12 不是代表的阿拉伯数字 12，而是一个长度为 2 字节的字符串，字符串第一字节为"1"，第二个字节为"2"。

数值计算　　　1 + 2 = 3

字符串计算　"1"+"2"="12"

图4-7　数值与字符串计算示例
图片来源：笔者自绘

　　由于字符串的以上属性，在建造信息系统中很少对字符串与其他数据类型之间进行运算处理，但是对于单个字符串或者字符串之间的函数运算却有很多。由于字符串相当于多个字符的链表，通过对于字符的读取、截取与写入可以达成一些特殊目标。如建造工序中，一部分组件是作为工装机具使用的，因此必定该部分的现场总装工序较为复杂，一般的构件装配过程是单次单方向的，即仅装配一次同时不存在拆卸过程，但是工装机具却存在拆卸工序，而且有些常用的工装机具装拆过程不止一次。因此工序属性的赋值较为烦琐，但是也不可能对其加入多个表示工序的属性，这样的话会造成整个系统的各构件参数属性不统一，后续难以参与计算。通过字符串的内置函数可以巧妙地解决以上问题。如多个工序代码同时放置在一个工序参数中，按照装拆顺序排列，不同工序之间采用","进行分隔，这样在后续计算时可以进行识别。计算该字符串中","字符的数量，偶数代表该组件最终不会留在建筑中，奇数代表最终不会拆卸，数字"+1"代表该组件总共参与的工序数量（图 4-8）。

图4-8　工序代码字符串演示
图片来源：笔者自绘

4.4.3 参数组别分类

属性参数需要进行分类从而方便对其进行管理，考虑到相应分组原则，如数据使用、逻辑归类、建造信息管理等方面的因素，常用情况下分成以下四大基本组别，但是分组情况可以根据实际情况进行调整与增减。

1. 基本信息组

基本信息组包括建造信息系统所需要的基础类信息，包括名称、ID、价格、生产厂家、上级组件、备注等。基本信息组所包含的参数为对组件的基础性描述，使用者浏览该组信息可以在最短时间内对于基本情况得到大致性的了解。此组信息也是在数据库中迅速定位该组件的关键所在，通过 ID 检索可以在毫秒级时间内得到一个项目内所有该 ID 的组件清单，从而方便了解该组件的整体情况。需要注意的是，该信息组由于表述的是基本信息，故在设计冻结阶段之后，对于参数的运算仅发生读取操作，不发生写入操作，后续建造过程中对于带宽仅单向占用，即只下载不上传。

2. 物理信息组

该参数信息组是关于物理参数信息的组别，内容包括基本形体描述、控制长度 01（如长度或直径）、控制长度 02（如宽度或直径）、控制长度 03（如高度或球径）、重量、体积、整体密度、实体密度等常用参数，也包括热阻、功率、物理信息备注等预留扩展参数信息。该组参数多为数值型数据类型，且其中一部分需要参与到其他参数的自动化联动生成中，参数本身的数值对于物料的采购加工具有严格的指导意义，因此对数据类型的正确设置与数值的准确性要求较高，直接关系到后续生产与建造。假如发生数据错误的问题，在建造过程尤其是现场总装阶段将带来重大隐患，甚至关系到整体施工进度乃至安全保障问题。

3. 建造信息组

建造信息组为生产加工相关的参数组别，对应工业化生产中的一级工厂化、二级工厂化、三级工厂化与现场总装的过程。其内部容纳的参数信息条目与后续生产过程直接发生关系，组内包含指导生产或者对于生产状态进行反馈的参数。故在指导生产过程中数据传输对于带宽的占用是双向的，数据传递包括下载与上传两个过程。组内包含参数如工业化层级、所需工时、最大用工数、最小用工数、开始时间、完成时间、所属工序、所需工具、所需工装、建造备注信息等。

该参数组内可以看到用工数参数有两个，分别是最大用工数与最小用工数，此种设计方法具有深层次的含义。在建造活动的进行过程中，总用工人数往往是趋于稳定的，由于人口红利的锐减而导致招工难，因此很难在短时间内找到大量工人，更加不可能为了节省工钱，将千辛万苦招聘过来的工人在雇用一两天之后又全部遣散，然后过几天之后再重新招入。这种问题在工地现场尤为突出，为了稳定这部分工人，施工方通常在该工种无事可做的时候仍然支付一定比例的工资并且保障其食宿。而任何安装工序根据其自身特点与要求，均存在最小用工数与最大用工数这两种工况。前者即最低操作工人数量保障，少于此人数的工人协同工作的话，工序则无法顺利完成，如组件两侧同时紧固、较重组件的移动等；最大用工数为即使使用超过这一数量的工人，也不会带来施工进度的加快，产生这一问题的原因在于操作工位有限、工序步骤限制等。因此对于现场总装阶段来讲，工地上的工序十分复杂，每天的用工人数都不相同，如果能够通过计算得到最优解，保证工期的情况下，减少用工人数，保证整体工人上工率，则可以大大减少人员支出。

不光用工数量会带来柔性变化，其他参数也会造成施工进程的浮动，如一些安装工作需要大型工装机具的配合，所需工装与所需工具这两个参数就会带来影响，而有些工序的开展条件又建立在其他若干工序完成的基础上，所以施工顺序与进度的排布尤为重要，故建造信息组包含的参数对于建造信息系统最为关键，同时也是最为庞大的参数组。

4. 物流信息组

该参数信息组为物流运输相关的属性参数的集合，其实建造过程就是一个逐级递进的物流过程。材料通过陆路、水路与航空以数十或数百公里为单位运送至工厂或者工地，二级工厂化过程通过人力与机械以米、厘米和毫米为单位将散件组装成组件；现场总装阶段则通过各型工装机具将吊件与材料搬运至工位。

该参数组可被并入建造信息组，但是如此一来会造成建造信息组过于庞大，分组效果大为减弱，由于物理信息组初始值为空的数据众多，并且需要后续建造过程返回参数值，故将其独立分为一组。该组参数信息包括经纬度、所入仓库、上级仓库、装车/船/机状态、交通工具牌照、运输直接联系人、物品完好比例及评估人和物流备注信息等。

4.4.4　类型与实例参数

上文提到的本建造系统采用面向对象建模方法，其中的核心是关注对象本身而不是建模过程，每次对于对象的使用都是对对象的调用而不是使用对象本身。因此在实际操作中，源对象的参数信息也一同被继承，而不同实例的参数之间的关系会发生变化，按照关联与继承方式被分成下述两种情况。

1. 类型参数

该参数对于同一类型的所有实例赋值均一致，一个项目中对于某一具体实例进行参数修改，则其他所有同类型的实例全部自动更新，即同类型不同实例之间参数联动。

此种类型参数称之为类型参数，类型参数大量被应用在建造信息化系统中，最为常见的例子为组件的名称与 ID，以 M16 螺母为例，它的名称与 ID 是唯一的，一个项目中成千上万的 M16 螺母，它们可能被用在结构体或者围护体，也可能参与一级工厂化或者现场总装过程，但是它们的识别名称和识别码都是一样的，不同实例之间不一致的情况不允许发生，否则会造成严重的错乱。

2. 实例参数

对于同一类型的不同实例的参数值可以相同也可以相互之间发生变化，而且改变某一实例的参数赋值并不会对同一类型的其他实例造成影响，即不同实例之间参数不联动，此种类型参数为实例参数。

实例参数同样是建造信息化系统中不可缺少的重要部分，它的使用范围一点都不亚于类型参数，大量的参数都是实例参数。还是以上述的 M16 螺母为例，都是一样名称的螺母，但是会被广泛地应用在建造的各个阶段，由此不同的 M16 螺母之间，所属工序这一属性的赋值会产生变化，被用于一级工厂化的开头数字是"1"，而被用于现场总装阶段的赋值开头数字是"4"，此种情况会大量地存在于建造系统中。

需要指出的是，属性参数的类型或实例与否，关系着整个系统的正确性与效率，在建模初期就应该对其进行完善考虑与系统性地制定，不正确的设定在冻结阶段后再修改几无可能。若本来应该被定义为实例参数而被定义为类型参数，将带来大量错误操作；反之则会造成运行效率的大为降低，原本一次运算可以解决的问题会演变为成千上万次的多余计算。但是在实际定义过程中，在不能确认的情况下，则应一律定义为实例参数来避免发生计算错误。

4.4.5 参数联动与生成

参数数值的赋值形式分为手工输入与自动生成两种，如前文所述，赋值形式的不同会带来写入速度与输入准确度产生巨大差异，甚至其速度与错误率相差几个数量级。前者由于完全依赖人工输入，因此会受到人脑与计算机的协同障碍方面的影响；而后者则是参数设立原则所推崇的，参数自动生成在设立初期相对手工输入会多耗费时间与精力，但是却会为后续运算及修改工作带来极大便利。按照自动化程度来划分，参数联动与生成是参数自动优先原则的两个具体方法体现，它们分别处于自动生成的不同级别。

1. 参数联动

联动顾名思义即某一方的运动与另一方的运动产生关系，而这种关系不是松散、随机与杂乱无章的，而是具有某种对应关系。而这种对应关系更多时候呈现出一种逐一对应关系，如甲运动至位置 A，则乙一定会运动至位置 B，而这种位置 A 与位置 B 的相互对应是不受时间与发生次数影响的，且两者之间的一一对应关系通过摸索研究可以得出对应方程。由此，甲、乙物体的运动位置记录变得精简，在得出对应方程的情况下，仅需要记录单一物体即可得到两者的全部运动信息。

作为联动在属性参数方面的体现，参数联动也遵循着同样的原理，两个不同参数存在对应关系，而这种对应关系是以参数方程的形式进行表述。如代表体积的参数 A 与代表重量的参数 B 存在参数联动关系，两者的数值存在一元一次线性对应关联，因此它们之间的关系通过系数的方式进行转换，这个系数就是密度。而价格参数 C 又与重量参数 B 线性关联，这两者之间的转换系数就是单价。由此参数 B 与参数 C 都同时跟参数 A 产生联动，如果将转换方程嵌入信息系统中，前两者的生成与修改将自动跟随后者的变动。原先在纯手工模式下三个参数全部需要进行手工修改，计算机模式下变成了仅仅需要关注一个参数，手工输入量降低了三分之二，同时也意味着人工错误的发生概率降低了三分之二。但是参数联动也有一定的风险，虽然错误产生概率成倍降低，但是错误影响范围却会成倍提高。一旦源头关联属性发生错误，所有被关联属性的参数数值皆会连带出错。

参数联动实质是半自动化的参数自动产生，它是参数自动优先原则的初级体现。具有一定优势特性但是也存在短板，这却不影响其在建造信息化系统中被广泛使用。上述所介绍的为单联动案例，即某参数的数值受到单一参数的联动制约；而在实际使用中还存在双联动、三联动及多联动的情况，如某参数数值受到两个以上其他参数的影响，任意后者的数值改变都将对前者产生连带影响，其联系关系表述呈现为二元、三元甚至多元方程。

2. 参数生成

参数生成模式作为参数自动优先原则的高级表现形式，其数据生成过程做到全自动化，从根本上杜绝了人工参与过程，组成生成方程中的各变量均为计算机自动获取而非手工输入。初始参与数值获得方式为程序自动从模型中获取，这部分信息都与模型的物理属性描述相关，因此自然地从属于物理信息组。

由于其数值计算原理的特殊性，参数生成模式得到的结果可以完全避免参数本身的误操作与错误产生。假如发生错误，则错误的本身一定在基本模型层面，而不在属性参数方面。如某型钢组件由于截面不发生变动，为国标型材，因此其重量可以按照长度乘以相应系数 A 得到。则重量参数甲的计算由常量 A 与长度变量 B 相乘获得，由于 A 是常量而不会发生改变，则重量甲的计算仅仅受到变量 B 的影响，而变量 B 可以通过程序自动从模型中读取出来，这个过程由计算机自动生成而非手工，其过程保证精确的同时速度极快，错误发生率几乎为零。参数甲发生错误的情况只有一种，即模型没有按照正确方式进行建立，这种情况的发生概率与手工输出错误相比处在不同数量级，并且模型的物理信息发生错误可以直观验证，其校核过程与效率高于数值的复核。还有最重要的一点，采用建筑信息模型软件进行建模，系统本身对于各组件的关联会自动进行检测，单一组件的很多物理信息设定错误时会自动报错来提醒建模人员，则模型层面的错误发生率本身就被控制在较低水平。

参数生成方式具有上述众多优势，最重要的是错误率低与更新速度快，故在可能的情况下，应当优先使用此形式。

4.5 本章小结

本章构筑了新型的构件建模方法，在建立构件物理信息模型的同时，将工业化建筑产品研发、设计、生产和建造中所需使用的相关信息以适合的形式、数据类型、分组方式、联动方法，与构件的物理信息动态地联系整合在一起。并且在建模中对于构件之间的复杂关系进行梳理，通过采用信息嵌套的方式将工业化建筑产品体系内部的不同层级的构件之间错综复杂的组织关系进行记录和承载，上述内容最终以树状层级的拓扑方式给予整合，在进行构件的提取和索引时能够采用自定义表格的方式进行获取。在工业化建筑产品研发设计中采用上述方法进行建模工作，由此才能在导入数据库后对信息进行有序的管理。

第5章 基于共享数据库的建筑信息管理模式

　　工业化建筑产品模式的研发和设计过程中会产生大量的设计文件，并且后续的工作需要对信息产生持续的获取需求，同时具体的项目设计必须基于对应的系统平台而得出，由此仅在研发设计端就会产生频繁的巨量数据交换。后续的生产和建造过程更加需要信息的指导和反馈，如此才能使得执行方知道如何进行作业，以及使得管理方正确地指导工程的实时进度。

　　为了满足上述需求，传统纸质信息管理模式以及静态的数字文件管理模式已经不堪重负并在使用中问题频发。前者在信息表述方法和效率方面过于落后，严重地影响着信息交互的速度，并且由于介质的客观制约，所承载的信息更容易受到外界环境的侵蚀而损坏。静态数字文件管理模式虽然采用数字介质来储存信息，能够保证较佳的信息存储效率和文件完好程度，但是由于管理方式仍然停留在纸质信息管理模式层面，没有有效地发挥数字信息的优势。虽然信息得以储存，但是依旧采用人工方式进行信息的索引和提取工作，此时高效的信息链被卡在了关键的一环上，尤其是在项目较为复杂并且信息量呈爆炸性增长的情况下会造成数字信息的丢失，或者即使没有丢失，但是在关键的时间节点上无法及时得到所需要的信息，使得此时的有效信息被淹没在信息的"海洋"中无法被有效提取。

　　上述问题在传统的经典建筑设计模式中并不会产生较大程度的负面影响，这是由于建筑项目本身信息量不大，且研发设计端对于生产建造的控制能力十分有限，研发设计端的信息不需要也无法直接传达给生产建造者，因此落后的信息管理模式可以适应要求不高的经典建筑设计模式，二者配合并没有产生巨大的问题和分歧，最多需要更多的人工投入或者因为信息沟通不畅造成施工阶段的局部窝工情况发生，在现场的手工模式建造中，上述问题基本上都可以在现场解决，只是可能最终的建成结果与建筑师的设想有一定的偏差罢了。

　　但是换作工业化建筑产品模式，老旧低效的静态信息管理模式不只会拖慢项目进度，造成财力和物力的严重浪费，更严重的是，此时有可能根本无法支撑建筑项目的完工，甚至会造成大比例返工乃至烂尾的情况发生。如手工建造模式下，由于几乎所有工作都是在现场完成的初级物质成型工作，即便大幅度更改方案也是完全没有问题的，现场的工人总归有办法将其"攒"出来。但是如果换作工业化建筑产品模式，生产和建造需要经过逐级生产和装配才能最终进入现场总装阶段，此时现场工人的工作是装配而不是初级物质成型，凡是超出允许误差范围内的偏差都将导致现场阶段的工作停止，并且此问题在现场无法解决，必须返回工厂才能处理，甚至相应的构件需要重新生产。

因此，为了提高信息管理效率，信息管理模式需要从根本上进行革新，改变以往静止的人工信息管理方法，采用自动化程度高的信息管理模式，当然在关键节点的数据审核工作还是需要人工来完成的，但也是借助自动化工具进行高效的审核，事务性的重复信息处理工作还是要尽可能多地交由计算机程序来完成。此时为了系统性地对信息进行高效的管理，需要采用数据库技术作为信息管理的有力支撑和有效载体。

5.1 信息管理方式的发展

信息是对人类世界有用的数据，对于信息处理的各具体操作方法，如记录、储存、修改、拷贝和获取等，均决定着这些有用数据对使用者所能提供的效用等级。计算机出现之前，可以长久保存信息的载体均为类似于纸质的二维平面或类平面物质，信息记录形式无论是语言或者图像，其读取全部需要使用人眼来操作。因此信息管理方式极为单一，信息处理速度在计算机出现以前没有本质上的提高。

但是随着计算机的出现，原有的多样的信息储存格式，如各种语言、数字和图像等，均在底层被二进制代码取代①，信息的处理主体从人转变为计算机。人体由于受到客观条件和进化速度的限制，短时间内无法大幅度提高信息处理速度，但是对于后者来讲，计算机的处理能力一直在大幅度地提高。如 1985 年 IBM 公司发布的 80385 处理器的主频为 12.5 MHz，而 2013 年发布的用于笔记本电脑上的酷睿 i7 处理器 Haswell 系列的 4900 M 版本的主频已经达到 2.8 GHz，并且为 4 核心 8 线程，后者的信息处理能力较前者有了一千倍以上的提高。随着计算机硬件的革新，人类的信息管理方式也经历了下面三个阶段的发展。

5.1.1 人工管理阶段

数据作为信息的最终承载形式，必须具有一定的简单有效的规格才能保

① 计算机的储存和计算基于二进制而并非日常中所使用的十进制，其数字文件全都为0和1的集合。

图5-1　Jackquard 纺织机

图片来源：http://www.cnblogs.com/idooi/p/3162398.html

证所记录信息的可靠程度，否则每次读取信息都将出现不同的结构，这样会使得数据存储失去意义。人类社会已有的将文字和图像作为数据格式是明显不合格的，首先表述方式较为复杂，其次机器设备无法直接读取，无法成为标准化的数据格式。

随着机械设备技术的发展，各种类型的纺织机器得以发明，推进了纺织速度的攀升，由此布匹的产量上升、单价下降，使得更多人享受到纺织工业发展的益处。但是上述发明创造仅局限于单色布匹的纺织工作，而复杂图案纺织品的制作过程仍然需要人工来确定不同颜色织线的排列顺序，这是一项费时费力的工作，只有富有经验的高级纺织工人在纯手工的情况下才能完成，并且纺织速度极慢，而纺织工人还时常出错，由此限制了产量的提高，复杂图案的纺织品价格奇高。在 1801 年约瑟夫·雅卡尔（Joseph Jackquard）发明了 Jackquard 纺织机（图 5-1），解决了上述限制所织布匹图案的问题。他利用一套穿孔卡片来说明需要的线的颜色，从而控制了纺织图案[1]。由此对于布匹图案的复杂图像记录变成简单有效的数据格式，即已穿孔和未穿孔两种结果，是典型的二进制代码，这种格式的数据可以被便捷准确地记录、读取和储存。

Jackquard 纺织机采用穿孔卡片来记录信息，进而采用穿孔与否来决定纺织机梭子的抬起与放下，不同孔之间没有相互联系，在单位时间内仅能表示布尔型数据，即是或者否。1848 年，英国数学家乔治·布尔（George Boole）创立二进制代数学[2]，采用位数的叠加来表示更多的结果，如十进制"18"在二进制中表示为"10010"。由此可以采用多个孔位的方式来表述更为多变的数据信息。

早期的计算机外部存储设备为穿孔卡（图 5-2）和磁鼓[3]（图 5-3）配合使用，数据信息使用的操作步骤如下：①将所需要读取的穿孔卡插入磁鼓中；②磁鼓通电后将孔位的排列信息转换为电磁信号；③电磁信号通过电缆传递给处理器进行运算；④运算结果由处理器传递给磁鼓；⑤磁鼓将电磁信号打

① 李强，李斌，李建强. 对英国工业革命时期纺织机械发明传统观点的再解读[J]. 丝绸，2014，51（6）：68-74.
② 李兴鹤，胡咏梅，王华莲，等.基于动态二进制的二叉树搜索结构RFID反碰撞算法[J].山东科学，2006，29（2）：51-55.
③ 计算机所使用的内部存储器和外部存储器虽均用于数据存储，但是二者最大的区别为内部存储器必须通电才能使用，且断电后数据消失，而外部存储器则不受断电影响。因此数据存储工作必须依靠外部存储器来完成。

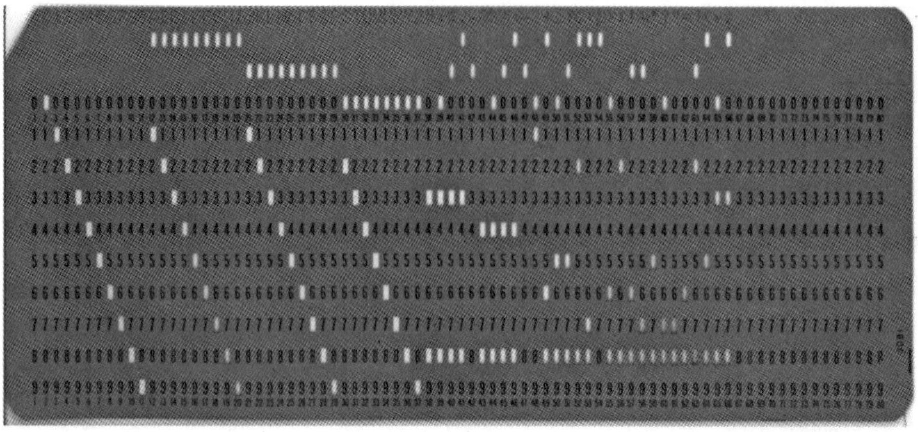

图5-2　标准80列矩形孔卡片
图片来源：https://upload.wikimedia.
org/wikipedia/commons/4/4c/Blue-
punch-card-front-horiz.png

孔转换为新的穿孔卡上的孔位排列信息。

　　上述步骤①和步骤⑤均需要采用人工方式放置穿孔卡，在此情况下磁鼓读取的孔位信息区域必须由人工进行控制，由此在精度和速度方面均无法得到有效的

图5-3　用于IBM公司650计算机中的磁鼓存储器
图片来源：http://blog.jobbole.com/124/

保证，穿孔卡也需要人工进行分类保存，这项工作更是费时费力并且容易出错，卡片在保存的过程中容易受到潮湿、霉变和虫蛀等影响。数以万计的穿孔卡需要保存，卡片之间的顺序只能采用人工方式进行编排，虽然可以采用穿孔纸带代替穿孔卡，从而提高单张卡的数据量，但是又会增加孔位信息的找寻难度。

　　1951年雷明顿兰德公司（Remington Rand Inc）的通用自动计算机（UNIVAC I）作为世界上第一款商业化运作的计算机，有效运行时间达到7万小时，首台通用自动计算机被卖给美国人口普查部，用于战后的人口普查工作。运算能力的提高得益于使用了新型的内部存储器和外部存储器，其中内存采用了100只水银延迟管，外部存储器则完全摒弃了穿孔卡，而采用磁带存储器（图5-4），以磁带中的磁信号代替穿孔卡中的孔位信息，数据信息的读取和存储速度都得到了极大的提高。除此之外，磁带相对于穿孔卡还具有两个重要优势：①磁带可以反复使用；②相同数据容量的磁带体积和重量远小于穿孔卡（图5-5）。

　　20世纪50年代中期以前，计算机主要被用于科学计算且数据类型单一，虽然存在多种数据存储介质，但是对于数据信息的管理方式无一例外全部采

图5-4　通用自动计算机及右侧的磁带存储器
图片来源：https://baike.baidu.com/pic/UNIVAC%20I/1816072

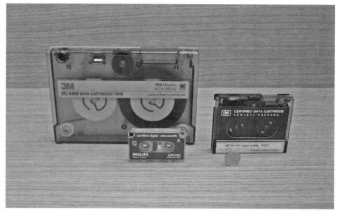

图5-5　各种规格的磁带存储器与硬币的体量对比
图片来源：http://cn.depositphotos.com/137343808.html

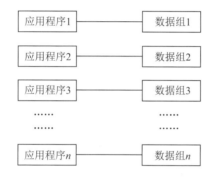

图5-6　人工管理阶段下的信息管理方式
图片来源：笔者自绘

用人工方式。不管储存介质为卡片、纸带或者磁带，它们均为顺序类数据储存材料，必须采用人工方式进行定位和移动才能处理相应的信息。由于没有操作系统，只能采取批处理①的方式进行数据处理工作，没有相应的软件进行数据管理工作。数据组之间是无法产生相互联系的，必须对应特定的应用程序才能进行数据的操作工作（图 5-6），此时数据和程序之间是无法相对独立的，数据的组织方式只能由程序员自行设计。②

5.1.2　文件系统阶段

　　20 世纪 50 年代中后期到 60 年代中期，随着计算机的逐步商业化应用，其使用范围不仅仅局限于科学计算，还被大量应用于管理领域。晶体管被发明并成功代替真空管，成为电子计算机的重要元器件，使得其尺寸和价格均得到大幅度降低，由此电子计算机得以大量应用，人类日常生活中的诸多数据处理难题也得以解决。

　　1956 年 9 月 14 日 IBM 公司发布了世界上第一个磁盘驱动器（图 5-7），命名为 305 RAMAC（Random Access Method of Accounting and Control），该驱动器内置 50 个直径为 24 英寸的碟片，可以储存 5 MB 的数据。305 RAMAC 的数据储存量相当于 64 000 张穿孔卡，虽然 305 RAMAC 的重量超过一吨，宽度相当于两台电冰箱，占地 1.5 m²，但是由于数据集成在一起，其管理难度要远低于使用人力管理 64 000 张穿孔卡片。305 RAMAC 对于信息管理最大的促进作用在于，磁盘驱动器的出现使得数据的获取方式不再必须采用穿孔卡

① 批处理方式：即将多个作业集合成一批一起进行计算，批处理过程中无法修改操作或中断，否则全部结果都将丢失。这是由于早期计算机能耗巨大且故障频出，中央处理机要等待低速的联机输入输出设备。
② 吕玲玲. 数据库技术的发展现状与趋势[J]. 信息与电脑（理论版），2011（16）：118-120.

和磁带那样的顺序方式，借助 305 RAMAC 可以随机得到所储存的任何数据，其平均寻道时间[①]为 600 ms，即 0.6 s。并且数据管理工作可以脱离手工方式进行，采用自动方式对数据进行管理，也保证了信息的处理速度和管理效果。

上述硬件方面的革新，进一步推动了计算机的普及工作，计算机更多地从科学计算转向信息管理工作，对数据进行大量的读取、写入、修改等工作。数据此时已经不再采用零散的方式进行人工管理，而是将其进行整合并以文件的形式存储在外部存储器中，如磁盘存储器。

在软件方面，高级语言的出现使得程序设计工作得以从底层烦琐的机器语言中解脱出来，如 1954 年世界上第一个计算机高级语言 FORTRAN 的出现。操作系统的出现使得应用程序具有了承载的基础，操作系统为用户提供了按照文件名进行存储的新型数据管理方法，使用者不需要知道具体数据存放在何处，仅需要知悉文件名称即可，由此数据和程序相互之间具有了一定的独立性（图 5-8）。

图5-7 世界上第一款磁盘驱动器 305 RAMAC
图片来源：https://en.wikipedia.org/wiki/IBM_305_RAMAC

图5-8 文件系统阶段的信息管理方式
图片来源：笔者自绘

应用程序和数据文件相互独立，通过操作系统与对方产生联系，二者可以分别存放在外部存储器中的不同位置，由此不同的应用程序可以使用同一组数据。如两个独立的应用程序，它们的功能分别为对某组数据求和与提取出某组数据中的最大值，两者在文件系统阶段可以共用同一组数据，对后者分别进行求解，而在人工管理阶段则需要重复设置同样的数据才能完成上述两项工作。信息以文件为基本单位进行共享，这一数据管理方式沿用至今，当前对于建筑信息的数字化管理工作也是以文件为基本单位的。

文件系统是信息管理方式发展的重要阶段，对于后续更高层面的信息管理阶段奠定了一定的基础。但是也存在着一些问题，数据以文件的形式进行存储，会造成数据之间的联系弱、数据不一致和数据冗余的情况发生。如设计

① 磁盘驱动器的数据信息储存在圆形的磁盘上，磁头需要找寻到相应的磁道才能开始数据提取工作，因此等待读取信息的最长时间就是磁头从最内侧移动到最外层的时间，衡量磁盘驱动器数据找寻速度为平均寻道时间。

方对于同一文件进行多次修改，并放置在不同的存储器中，如电脑硬盘、移动硬盘或者闪存盘，使得同一文件产生多个版本，最终导致设计方自身都不知道哪个版本是有效的。

当前建筑行业对于信息的管理方式停留在此阶段，信息的交互传递仍然采用以文件作为基本元素和载体，设计文件也几乎全部基于 Windows 操作系统，因此在信息管理中采用其他操作系统无法顺利地完成信息地交换工作。在实际的文件存储工作中，由于文件系统的关键节点的管理工作仍然需要依靠人工来完成，因此信息冗余和覆盖造成的有效信息丢失情况也经常发生。

5.1.3　数据库阶段

20 世纪 60 年代开始，以信息技术为代表的第三次工业革命爆发，计算机技术得以在工业制造、航空航天等各个行业得到广泛的应用，由此带来了数据量的飞速增加，同时数据共享的呼声愈见强烈。磁盘技术的发展使得磁盘存储器在容量、体积和速度方面持续地优化，能够快速储存的大容量磁盘进入市场。原有文件系统的管理方式在面对海量信息管理时已经力不从心，由于数据仅通过操作系统与相关的应用软件产生关联，信息管理的核心为应用程序而非数据本身，因此数据之间的联系仍然需要人工进行维系，在数据使用过程中造成的错误严重影响着信息安全。在数据处理方式方面，对于实时联机处理的要求变得更多，原有的缓慢的数据计算与信息输出方式已经无法满足当前的需求，并且由于数据量呈指数增加，单台计算机已经无法满足数据的储存和处理需求。

在上述背景下，出现了采用数据库（DataBase，DB）作为信息管理的核心方式，信息管理的重心被放在了数据上面，而不是仅仅关注于应用程序。数据库构成以数据库管理系统（DataBase Management System，DBMS）作为核心和中介，连接了数据库本身，并且通过各种应用程序完成对数据库的访问，DBMS 代替了操作系统进而跨越了不同的平台对数据访问的限制（图 5-9）。在数据库管理模式中数据信息的最小存取单位是数据项，实现数据共享的最小单位也是数据项，数据存储

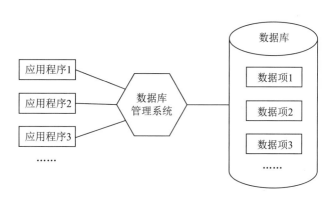

图5-9　数据库系统阶段的信息管理方式

图片来源：笔者自绘

可以降低冗余度，便于后续的信息扩充工作。引入 DBMS 进行数据管理工作，可以实现数据信息的独立、安全和完整特性，并可以做到并发控制。数据库系统的发展经历了网状数据库、层次数据库和关系数据库三个阶段。[①]

1. 分布式数据库

数据库是指以电子信号的为形式，采用有组织、可共享的方式长期储藏在电子计算机中的数据集合。"DataBase" 这一词汇首次出现在 20 世纪 60 年代，美国系统发展公司在为美国海军基地进行数据研究中所使用。1963 年，IDS（Integrate Data Store）系统投入使用，可以为多个 COBOL（Common Bussiness Oriented Language）程序提供共享数据。1968 年，网状数据库系统 TOTAL 问世。1969 年，IBM 公司以 McGee 为首研究推出了第一款数据库管理系统，它是基于层次模型的数据库管理系统 IMS（Information Management System），进而在商业、金融系统中得到了广泛的应用。[②]

分布式数据库作为数据库系统发展的第一个阶段，代表了数据库系统的萌芽阶段所能够解决的数据管理方面的问题。该阶段的主要特质为数据分别储存在多个不同的数据库中，而这些数据库存放在不同地理位置的计算机中，所有的数据库通过网络连接成为一个整体（图 5-10）。每一个地理位置的用户虽然自身的数据量有限，但是通过这种分布式管理方式，可以通过网络获取到其他数据库上的资源。因此分布式数据库具有分布性和逻辑整体性的特征。

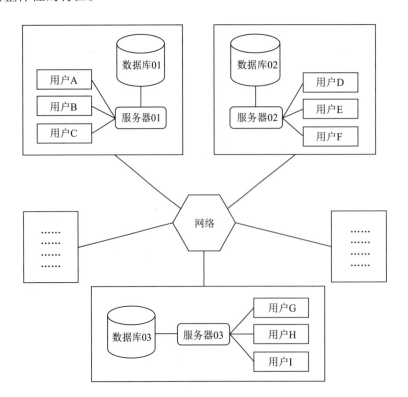

图5-10 分布式数据库组织方式
图片来源: 笔者自绘，参: 庞惠, 翟正利. 论分布式数据库[J]. 电脑知识与技术, 2011(2): 271–273.

① 唐仙. 探究数据库技术的历史及未来的发展趋势[J]. 网络安全技术与应用, 2015(7): 52–54.
② 杨新宇. 数据库技术历史、现状及发展趋势[J]. 科技展望, 2017(4): 24.

（1）分布性：分布式数据库中数据并不是存储于一台服务器中，而是分散地存储在不同的服务器中，因此可以有效地将零散的数据信息整合后供各方所使用。

（2）逻辑整体性：虽然数据是分散排放着的，但是对于用户来讲所有的数据是一个整体，即便经过数据库管理员（DataBase Administrator，DBA）的授权同意，其在数据使用过程中也无法得知所使用的数据具体储存在哪一台服务器中。因此分布式数据库系统的数据是一个相互联系的整体，在逻辑上是统一的，在日常的使用中与集中式数据库相比没有不同。

2. 关系数据库

分布式数据库所具有的功能已经能够较好地解决数据的整合、集中和共享功能，但在数据独立性方面仍然具有很大的欠缺，用户使用该种数据库进行数据存取时，必须需要指明存取路径并确定数据存储结构，这种使用方式带来诸多的不便，限制了数据库技术的发展和应用。

1970 年 IBM 公司 San Jose 研究实验室的研究员埃德加·科德（Edgar Codd）发表了题目为《大型共享数据库数据的关系模型》（*A Relational Model of Data for Large Shared Data Banks*）的论文[1]，首次提出了关系数据模型，开辟了关系数据库方法和理论。关系模型自身拥有完善的数学基础，抽象级别较高，且简单清晰便于理解。1970 年开始，IBM 公司在 San Jose 实验室增设人力进行研究名为 System R 的研究项目，以探索关系数据库的可行性，该项目于 1979 年完成，成功地实现了第一个结构化查询语言（Structured Query Language，SQL）的数据库管理系统。

关系数据库（Relational Database）是建立在关系模型基础上的数据库，凭借集合代数及其他数学概念来对数据库中的数据进行处理。将真实世界中的各种物体和物体之间的联系均采用关系模型来表示。关系数据库通过行和列的形式进行数据的储存工作，而行和列构成的二维集合称之为表，一组表则形成了数据库。当需要使用这些数据时，用户使用查询（Query）功能对数据库中的数据进行检索[2]。

3. 面向对象数据库

数据库技术在各领域的应用加深，原有的单一和简单要求此时已经无法满足使用者的需求，除了对于数字和字符等信息进行结构化的存储和检索处理外，越来越多的复杂的图形、图像等复合信息也需要入库进行数据管理，甚至包括数据之间的嵌套以及递归的联系[3]。数据类型攀升的同时，对于数据库的拓展应用程序也提出了更广的要求。图形和图像数据就分为较多种类，如可以分为二维和三维，位图和矢量图形，三维图形更是具有多类的数据格式。

① 吕娜. 关系数据库之父——Edgar Frank Codd[J]. 程序员，2010（6）：8.
② 邓承刚. 关系数据库对象级别检索结果相关性排序算法研究[D].大连：大连海事大学，2012.
③ 冯俊. 基于关系数据库理论的面向对象数据库系统应用研究[D].长春：东北师范大学，2011.

普通的关系型数据库管理系统难以处理众多的复杂对象，必须使用对应的特定应用程序将复杂数据分解成为适合在二维表中进行储存的复合数据，这将耗费巨大的精力，并且在数据库管理系统构建之初完全无法预料到后续需要处理的数据种类。而使用面向对象数据库则可以保证数据库管理系统在需要时得到扩展，能够像对待普通对象那样储存数据和过程，使其能够被正常地检索。

5.2　数据库系统的模式选择

数据库是按照特定逻辑对于数据模型进行组织、描述和储存的系统，是方便多个用户进行访问的电子计算机软件、硬件和数据资源所组成的系统，其本质是采用数据库技术进行构建的计算机系统。数据库系统的正常有序运行需要借助数据库、数据库管理系统和数据库管理员的协同配合，而适合的数据系统模式对于后续的数据库使用尤为重要，此时需要根据特定的客观需求对数据库的模式进行合理地选择。

5.2.1　系统架构选择

数据库系统将应用程序与数据项进行剥离，两者得以独立运作，由此才能够带来对数据信息管理方面的各种帮助，使得数据库管理的重心放在了数据而不是应用程序方面。数据库系统的架构从外向内分为三个层面：表示层、应用层和数据层（图 5-11）。表示层是用户可以直接接触到的层面，用户通过表示层向应用层发送请求指令和接收应答信息，以此来实现与应用层的通信；应用层为对数据信息进行处理的部分，其内部集成着众多功能性应用程序，应用层是位于表示层和数据层之间的中继层面，负责依据表示层的请求对数据层进行数据调用请求；位于最里层的为数据层，该部分是数据库系统最为本质与核心的部分，数据信息以独立于操作系统和应用程序的状态，通过特定的组织结构以数据项为基本单元在此进行储存并接受数据库系统的管理。

所有的数据库系统均存在表示层、应用层和数据层这三个层面，但是对于三者的组织方式来讲存在一些不同，表示层与应用层以及应用层与数据层之间的连接通信形式决定了数据库系统在不同情况下的有效使用。数据库系统架构由下述三种类型组成，它们分别是主机 / 终端、C/S 和 B/S。

图5-11　数据库系统架构层级分布图
图片来源：向海华. 数据库技术发展综述[J]. 现代情报, 2003(12): 31-33.

1. 主机 / 终端

主机 / 终端架构模式同时也是早期计算机的组织模式,主机为大型计算机,而终端仅包括输入和输出设备,即终端完全没有任何信息处理功能,因此必须通过数据总线的方式与主机进行连接,而这种连接为物理连接,不能够通过无线信号完成,适用于保密级别和数据处理速度要求均特别高的情况,用户通过特殊架设的非通用终端与主机通信进行数据交换。此种模式在数据库技术应用早期较为普遍,当时数据库用户数量有限且分布较为规律,用户多为大型机构如人口普查局、税务系统和军方等,相对于所管理数据的重要程度,铺设专用线路和终端所耗费的巨额投入是可以接受的。

但是随着计算机和互联网普及程度的日渐提高,人们日常生活中所使用的个人计算机的性能远远超出终端的标准且自身具有了主机所需要的完备的各项功能,仅仅在速度上不能够与大型主机相提并论而已,互联网接入速度也有了本质上的提高,普遍达到了宽带等级,具体接入速度达到了 2 M 以上,发达地区甚至达到了 50 M 甚至 100 M[1]。主机 / 终端这种模式相比当前绝大多数的数据库使用来讲已经丧失了优势,但是由于线路和终端是专用的,不与外部网络直接连接,因此数据安全性更高。

但是对于工业化建筑产品系统来讲,主机 / 终端的模式则完全不能满足需求,信息系统需要对来自各方的用户提供数据支撑,用户数量十分庞大且用户分布广、地点分布杂、位置经常变动,因此想要采用专用终端和总线完成数据信息的处理任务几无可能。

2. C/S

C/S 是 Client/Server 的简称,即客户端 / 服务器模式,二者均为完整的计算机系统,该种模式可以充分地利用两端的计算机硬件,将任务量合理地分配到客户端和服务器端,由于客户端也参与一部分的数据处理工作,因此可以显著地降低数据库系统的通信需求。

用户所接触到的客户端为专用应用程序,因此在通信层面能够更好地保证与服务器之间的数据加密工作,但是由于客户端具备一定的数据处理能力,因此一部分数据信息会下载到客户端所在计算机的外部存储器中,这部分信息虽然可以进行加密,却难以保证其数据的安全。应用程序均需要依附于相应的操作系统才能够正常运行,而目前操作系统数量众多,如果需要保证各种设备能够接入数据库系统,则需要针对所有的操作系统进行客户端应用程序的开发,这将是一件费时费力且需要持续投入的工作,在后续的数据库系统更新工作中需要将所有的客户端进行更新,因此有多少种操作系统就需要完成多少种客户端的更新工作。

[1] 宽带速度M全称为Mbs,即bits per second,1M=1024/8=128KB/s,但是这只是理论速度,实际上需要扣除12%的控制信号占用,实际网速上限为113KB/s,因此2M=226KB/s,100M=1130KB/s。

　　工业化建筑产品模式的数据信息用户所使用的硬件设置众多，所安装的操作系统更是多样，有设计方使用的工作站、桌面电脑和笔记本电脑上的 Linux 和 Windows 操作系统，也有现场工作人员使用的手持平板电脑和智能手机上的 Windows Phone、Android 和 iOS 操作系统。如此多样的操作系统需要进行客户端的开发和更新工作，势必对于整个信息系统的开展和日常维护工作带来严峻的考验。

　　并且由于 C/S 模式中客户端需要进行数据处理工作，因此一部分数据会通过网络从服务器进行下载并以数据包的形式存放在客户端所在的计算机中，这势必会占据一部分外部存储器的空间。对于工作站、桌面电脑和笔记本电脑来讲并不存在太大的问题，它们三者使用磁盘作为外部存储器，目前主流配置已经超过 1 TB[①]，数据包存放所需要占据的存储空间远远小于后者，所以几乎不会出现容量不够而影响客户端正常使用的情况发生。但是对于手持设备来讲，考虑到移动使用的因素，容量大的磁盘存储器无法解决磁盘高速旋转的震动问题，因此外存采用抗震动、速度快但是容量有限的闪存（图 5-12），主流容量普遍在 16 GB~32 GB 这一水平，并且操作系统还会占据一部分的容量，因此能够留给客户端数据包的空间十分有限，一旦容量超出阈值，势必严重影响用户对数据库的接入。

　　如果采用 C/S 架构应用于工业化建筑产品体系，能够降低服务器的运行负荷，数据通信可以保证在自订的加密情况下进行。但是却会因为数目众多的操作系统而增加客户端的更新成本，并且对移动设备的外存容量提出一定的要求。因此该种模式适用于用户所使用的操作系统不能过于分散，并且数据交换量十分有限的情况。

　　3. B/S

　　B/S 是 Browser/Server 的简称，即浏览器 / 服务器模式，该模式与 C/S 最

图5-12　手持平板计算机使用闪存作为外存
图片来源：http://gb.cri.cn/30524/2010/10/21/5291s3028214.htm

① 磁盘存储器采用行业内通用的1000的换算标准而非理论上的1024，故1 TB=1 000 GB。

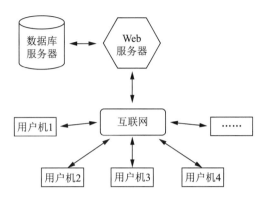

图5-13　B/S结构示意图
图片来源:笔者自绘,参:戴国峰.客户机服务器模式和浏览器服务器模式的对比分析[J].硅谷,2011(8):184.

大的不同点在于用户计算机不需要安装专用的客户端应用程序,操作系统自带 Web 浏览器,如 Windows 中的 IE、iOS 和 OS X 中的 Safari 以及第三方浏览器软件,都可以充当客户端程序的作用,由此避免了 C/S 结构中需要针对各操作系统开发和升级客户端应用程序的麻烦。

B/S 结构如图 5-13 所示,后台服务器由数据库服务器和 Web 服务器组成,通过互联网与用户计算机中的 Web 浏览器连接,用户仅需要访问相应的网址,就可以获得数据服务。Web 服务器承担了 C/S 结构中客户端软件的全部功能,所有的数据处理任务全部在后台服务器中进行,用户所使用的 Web 浏览器仅提供显示功能,与此相应的数据信息不会存储在用户计算机的外部存储器中。所以 C/S 结构中的操作系统和外存限制在 B/S 结构中均不会产生负面影响,并且即使用户使用的计算机硬件配置处于十分糟糕的状态,也不会影响正常的使用。

但是该种结构在数据安全方面具有自身的劣势,任何人在具有网络连接的地方采用任意具有 Web 浏览器的操作系统,均能够与后台服务器建立数据连接。因此在信息安全方面,B/S 结构具有自身的劣势,无法采用除 Web 浏览器之外的第二方应用程序进行加密工作,只能依靠浏览器自身或者浏览器所支持的协议来进行信息安全的加密工作。

5.2.2　数据库查询方式

对于数据库来讲,有用的数据信息得以入库储存仅仅是数据库功能最为基础的体现之一,更为重要的工作是如何在海量的信息中,便捷地提取出有用的数据以供使用,并且这一过程需要在短时间内高效完成。在建立为工业化建筑产品系统服务的数据库系统时,使用关系型数据库系统可以提高数据项之间的关联程度,以更具逻辑性的方式进行数据表(Table)[①]的组织工作,使得在后续的数据查询过程中能够更加有效地进行记录(Record)和提取字段(Field)的工作。目前关系型数据库查询方式有两种,即 SQL 和 NoSQL,它们分别具有自己的特点和应用方式。

1. SQL

SQL 是"结构化查询语言"的英文缩写,全称为 Structured Query

---

① 关系型数据库采用数据项即数据表(Table)作为基本组成部分,一个表实际上是若干条按行排列的数据的二维表格,后者由纵向的记录(Record)和横向的字段(Field)组成。

Language，是用于关系型数据库的标准数据查询语言，与 VB、C、C++ 和 Java 等普通程序语言不同，SQL 是带有特殊目的的编程语言，仅能在数据库领域用于数据的存储和查询，以及对关系型数据库进行更新和管理。

由于结构化查询语言的开源性和嵌入型的特征，因此在二次开发等实际使用过程中可以嵌入第三方语言使用。它是高级的非过程化编程语言，可以在高级别数据结构中使用。由于 SQL 是一种声明式语言，因此对于用户使用的要求较低，不需要指定数据的存放方法，也不需要了解数据的具体存放方式，即不需要"告诉"数据库管理系统如何做，只需要告诉数据库管理系统做什么事情即可。SQL 语言的表述方式十分接近英语，因此在语言使用方面具有很好的灵活性和功能保障。

SQL 于 1986 年被美国国家标准协会（American National Standard Institute，ANSI）正式进行规范后，作为关系型数据库管理系统（Relational Database Management System，RDBMS）的标准语言，以 ANSI X3.135–1986 版本进行颁布并确定为美国国家标准。紧接着国际标准化组织（International Standard Organization，ISO）于同年颁布了 SQL–86 标准，并在后续时间陆续进行修订，其间颁布了 SQL–89、SQL–92、SQL：1999、SQL：2003、SQL：2006、SQL：2008，目前最新的标准为 SQL：2016，当前使用的所有关系型数据库如 MySQL、MS SQL、Oracle 等均遵循 SQL 标准。SQL 同时也是数据库格式文件的扩展名，相关文件以 .sql 作为后缀。[①]

SQL 语言集包括四大部分：

（1）数据定义语言（Data Definition Language，DDL）

DDL 在 SQL 语言中负责数据结构和数据库对象的定义，由 CREATE（创建）、ALTER（转换）和 DROP（丢弃）三个语法组成。

（2）数据操控语言（Data Manipulation Language，DML）

DML 在 SQL 语言中负责数据访问方面工作的指令集，以 INSERT、UPDATE 和 DELETE 三个指令为核心，代表了插入、更新和删除，它们是以数据为中心的开发应用程序工作中必然会使用的指令。DML 的功能集中在数据访问方面，故该语法均用于以写入读取为主的数据库。

（3）数据控制语言（Data Control Language，DCL）

DCL 在 SQL 语言中是控制数据访问权的指令，具体功能包括对特定账户进行控制，以获得数据表、预存程序、用户自定义函数、查看表等数据库对象的管控权。DCL 包括 GRANT（分配权限）和 REVOKE（回收权限）两个指令。

（4）事务控制语言（Transaction Control Language，TCL）

事务控制语言是 SQL 的第四个组成部分，事务意味着若干个 SQL 语句所

① 闫旭. 浅谈SQL Server数据库的特点和基本功能[J]. 价值工程，2012（22）：229–231.

组成的序列，由于必须对数据库的完整性进行维护，因此更新数据库时对事务控制进行统一规范尤为重要。TCL 包括三个事务控制命令，即 COMMIT（提交）、ROLLBACK（回滚）和 SAVEPOINT（保存点）。

SQL 在实际的操作中严格地遵循事务性原则，事务控制语言与真实直接中的交易类似，具有 ACID 特性，如表 5-1 所示：

表5-1　ACID规则释义表

缩写	英文	中文	释义
A	Atomicity	原子性	事务一旦开始必须全部完成，否则只能回滚至最初没有开始进行事务的状态
C	Consistency	一致性	数据库必须保持一致的状态，事务的运行不能改变原有一致性约束
I	Isolation	独立性	同时并发的事务不会相互产生影响，一个事务在未提交的状态下，其数据在另一事务访问时不会受影响
D	Durability	持久性	事务一旦提交后，所做出的修改将永久地保存在数据库中

表格来源：参：www.runoob.com/mongodb/nosql.html

Atomicity 代表原子性，即所有的事务一旦开始就必须全部做完，不能出现中途中断的状态，否则所有的事务状态将强制回滚至事务没有开始的状态。如将 A 列表中的最后一项 X 转移到 B 列表中的事务分为两个步骤，即①将 X 项从 A 列表中取出；②将 X 项存入 B 列表中。上述两个步骤必须连带一起完成，否则出现只完成步骤①的情况，则会造成 X 项的丢失。因此原子性对于关系型数据库尤为重要，它确保了数据的完整和可追溯。

Consistency 代表一致性，此处代表了数据状态的一致性，具体事务的进行不能够影响数据库原来存在的约束。如 C 的数值是 B 的四倍，即 C=B*4，当一个事务改变了 C 的数值时，则必须同时改变 B 的数值，符合上述的约束，否则事务运行失败，必须强制回滚。

Isolation 代表独立性，即同时并发的事务互相之间不会产生影响，事务在完成之前，涉及的数据被其他事务访问所得到的值仍然是之前的状态。如前述将 X 项从 A 列表转移到 B 列表的例子中，该事务未完成的话，则在 B 列表中无法找到 X 项，后者仍然存在于 A 列表中。[①]

Durability 代表持久性，即事务一旦完成，其对数据库造成的修改则一直存在，正常情况下不会出现丢失的情况。

上述特质对于当前的工业化建筑产品系统较为适用，参数的组织形式在系统平台建立之初就已经确定下来，如每个构件除了物理模型之外所需要附加的属性参数的数量是固定的，这其中包括各种文本型、数值型、逻辑型、图

① 陈平平，谭定英，刘秀峰. 可扩展的云关系型数据库的研究[J]. 计算机工程与设计，2012，33（7）：2690-2695.

形数据，虽然数据的种类繁杂众多，但是数据之间的组成逻辑结构是固定的，即对于某一具体系统平台来讲，其数据项是一致的。因此使用关系型数据库对相关数据进行储存工作时，虽然在建库之初需要耗费少量精力对数据项的结构化逻辑进行标定，但是后续使用过程中会带来益处和便利。

2. NoSQL

SQL 意为结构化查询语言，而 NoSQL 并不是 no 前缀和 SQL 相加而代表非结构化查询语言的意思，而是 Not Only Structured Query Language 的缩写，所表述的意思是不仅仅结构化查询的语言。NoSQL 在传统的关系型数据库管理系统的基础上进行了变革和优化，多用于进行超大规模数据的存储工作，后者不局限于固定的模式，不需要严格的结构定义等多余操作即可进行横向扩展。

NoSQL 这一词汇最早见于 1998 年，卡洛·斯特罗齐（Carlo Strozzi）所进行开发的一个开源的轻量型关系数据库，但是此数据库的特殊之处在于不提供 SQL 功能，即不提供结构化查询功能。2009 年在一次关于分布式开源数据库的研讨会中，埃里克·埃文斯（Eric Evans）再次提出了 NoSQL 的概念，此时指代不提供 ACID 功能的非关系型数据库设计模式。同年在亚特兰大举行的"no：sql（east）"研讨会中，确立了对 NoSQL 的普遍解释：非关联型的数据库系统，但不是单纯地反对关系型数据库管理系统。[①]

对于 NoSQL 的特征定义为埃里克·布鲁尔（Eric Brewer）所提出的 BASE（Basically Available，Soft-state，Eventually Consistent）概念，它是 NoSQL 数据库在一般情况下对一致性和可用性的弱要求原则的体现，包含了三个方面的特征：基本可用（Basically Available）；柔性事务（Soft-state）；最终一致性（Eventually Consistent）。

NoSQL 作为数据库科学未来的发展方向，对于工业化建筑产品系统来讲具有一定的应用前景。随着多种建筑产品系统平台的建立，以及系统平台下面的项目案例的增多，传统的关系型数据库在未来可能面临着 SQL 所带来的 ACID 的天然限制，无法正常地应对大数据量的并发处理要求。而应用 NoSQL 则能够带来以下优点：如高扩展性、分布式计算、低成本、架构灵活、无复杂关系、半结构化数据。但是相应地也会带来一定的弊端，如对于查询功能的实现十分有限，没有标准化的格式等。

5.2.3　软件架构模式选择

在确定了所使用的数据库系统和查询语言之后，数据库系统管理所开发的应用软件还需要确定架构模式，不同的架构模式对于软件的后台运行

① Steve L. NoSQL：The unix database（with awk）[J]. Linux Productivity Magazine，2007（4）：156-159.

至关重要。

1. MVC

MVC（Model–View–Controller）是一种软件架构模式，将软件系统分为业务模型（Model）、用户视图（View）和控制器（Controller）三个部分（图5–14）。该模式的概念最早于 1978 年由 Trygve Reenskaug 提出，是施乐帕罗奥多研究中心（Xerox PARC）在 20 世纪 80 年代为 Smalltalk 程序语言发明的软件架构，通过 MVC 架构的使用可以实现动态程序设计，将对程序的修改和扩展进行简化，以此获得程序的重复利用行为，程序的复杂度得以简化，使其更为直观。

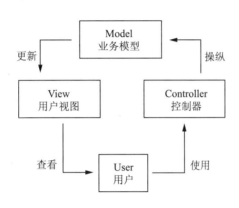

图5-14　MVC软件架构示意图
图片来源：张宇, 王映辉, 张翔南. 基于 Spring的MVC框架设计与实现[J]. 计算机工程, 2010（4）: 59–62.

业务模型、用户视图和控制器这三者将软件系统进行整合分离，同时赋予各部分专有的功能，其相互之间的关系如图 5–14 所示。

业务模型（Model）是程序员通过编写相应的程序来实现所需要的功能和算法，或者是数据库设计人员设计数据库和管理数据。Model 可以在不依赖 View 和 Controller 的情况下，有直接访问数据的权利，但是数据发生变化则需要以刷新的形式被外界感知，这是 View 的职能，但是 View 必须在 Model 上进行注册后才能了解数据的变化情况。

用户视图（View）负责对图形界面进行设计，由此能够将数据进行有目的性的显示，但是实现此功能前必须在 Model 上进行注册。

控制器（Controller）负责对用户的请求进行转发并处理，它起到对不同层面进行组织的作用，被用来控制对处理事务做出响应。

在进行 B/S 模式中的 web 设计时，数据层和表示层之间的代码十分容易混为一体，如 SQL 和超文本标记语言（Hyper Text Markup Language，HTML）[①]，MVC 可以从根本上强制将两者分开，由此可在软件设计方面带来益处。

首先，一个 Model 可以为多个 View 同时使用，在 MVC 模式中 Model 对用户请求进行响应并返回数据，View 对数据进行格式化并呈现给用户，表示层和业务逻辑分离，Model 可以被不同 View 重用，由此大幅度提高了代码的可用程度。其次，Controller 是高度独立内聚的对象，并同时与 Model 和 View 保持独立，可以独立改变数据库应用程序和数据层的业务规则，相互联系的不同数据库之间仅需要改变 Model 即可，Controller 可以和 View 合作从而正确地控制和显示数据，由此 MVC 可以构建互干扰性小的软件模块。此外，Controller 的独立提高了应用程序的可配置性，可以通过连接不同 View 和

① 超文本标记语言（HTML）是一种标记语言而非编程语言，网页浏览器可读取HTML文件来生成可视化网页。

Model 来灵活地实现用户需求。[1]

综上所示，MVC 软件架构的应用在当前构建工业化建筑产品信息系统的工作中能够起到重要的作用，它能够将数据库模型、视图应用和用户体验操控进行有效地整合，提高各部分之间的独立功能性。

2. MVVM

MVVM 由微软公司的架构师肯·库珀（Ken Cooper）和特德·彼德斯（Ted Peters）开发，MVVM 通过利用 Windows Presentation Foundation（WPF）[2]和 Silverlight[3]的功能，来简化用户界面的事件驱动程序的架构。MVVM 的发布由同样来自微软公司的 WPF 和 Silverlight 架构师约翰·戈斯曼（John Gossman）在 2005 年通过自己的博客宣布。MVVM 的全称为 Model–View–Viewmodel，是一种软件架构模式，它有助于开发业务逻辑或后端逻辑，分离图形用户界面的开发。MVVM 由三个部分组成：业务模型（Model）、用户视图（View）、视图模型（View Model），其中 Model 和 View 这两项与 MVC 模式中的相同，但是其特殊之处在于业务模型和用户视图之间新加入了视图模型。[4]

视图模型是对外部特征属性和命令视图的表述，其代替了 MVC 模式中控制器（Controller）的作用。视图模型具有绑定的功能，它通过 Binder[5]作为中介实现与用户视图之间的一致性通信，同时视图模型与业务模型之间实现双向数据调用以加强联系（图 5-15）。MVVM 模式通过利用 WPF 中的数据绑定

图5-15 MVVM软件架构示意图
图片来源：刘立. MVVM模式分析与应用[J]. 微型电脑应用,2012(12): 57–60.

功能，将用户视图层中的所有 GUI 代码进行删除，更好地促进了用户视图的开发与其他部分工作的分离，开发人员可以使用可扩展应用程序标记语言（如 XAML）来创建与视图模型之间的数据绑定关系。其目的在于使得交互式设计人员能够将更多的精力投入到用户界面的需求中来，而不是困在业务逻辑方面，以此提高生产效率，这是因为在后续使用过程中，业务模型的改动频率远远低于用户界面。

5.3 建筑编码系统

不同类型的构件同处于一个整体系统中，相互之间容易产生混淆，为了识别个体不同的构件，需要对其进行命名，并对各相关属性信息进行准确的定义。但是由于相互之间存在信息的交换工作，为了信息处理和接收各方能

① 任中方, 张华, 闫明松, 等. MVC模式研究的综述[J]. 计算机应用研究,2004(10): 1–4,8.
② Windows Presentation Foundation是Microsoft.NET的图形系统。
③ Silverlight由WPF的Internet应用程序衍生。
④ 陈涛. MVVM设计模式及其应用研究[J]. 计算机与数字工程,2014(10): 1982–1985.
⑤ Binder是一种XAML标记语言,使得开发人员不需要额外编写逻辑板块来同步视图模型和业务模型。

够正确地理解而不会产生误解，因此需要进行统一的编码系统，由此提高信息的传输效率和准确度。而这一工作应当在设计阶段就得到贯彻执行，这样才能在后续的生产建造中发挥作用。

最早的在建筑设计和施工中对建筑构件进行编码分类的实践出现在第二次世界大战之后的英国，当时为了解决战后短缺的问题，需要在尽量短的时间内完成大量的校园重建和扩建项目，该项目由英国教育部主导。为了控制成本、提高生产效率以及减少沟通中的错误，因此促使了英国皇家测量师协会（Royal Institute of Chartered Surveyors，RICS）制定了统一的工程量计算标准与建筑构件分类标准，进而在英联邦地区、欧洲其他地区以及北美得到推广。[①]

英国皇家建筑师学会（Royal Institute for British Architects，RIBA）从 1961 年开始持续更新并维护的 CI/SfB 系统（Construction Index/Standard for Buildings），为建筑行业内部进行信息交流的一种通用语言，使用建筑物理位置、构件、内部材料和施工活动这四个部分组成一条具体的建筑信息条目，每个部分对应着含有标准对照的栏位，栏位内对应着各个分项的代码，例如 32 27 St D4 这一信息条目所代表的内容如表 5-2 所示。

表5-2　CI/SfB信息条目示例解释表

32	办公室
27	屋顶
St	安装屋面瓦所使用的连接材料
D4	切割、加工、安装

表格来源：参：李秉颖. 美国BIM标准代码连接台湾地区营建咨询之可行性研究[D].新竹：中华大学，2013.

上述编码中，全部使用 CI/SfB 系统还是部分使用取决于行业内各方对信息的需求，如甲方业主关注第一栏的信息内容，这与后续的使用相关；材料提供商主要关注第三栏的信息，这与其生产排班和材料交付有关；而施工方则需要掌握全部四个栏位的所有信息内容，这与具体施工活动的定位、材料拿取、工具准备和操作步骤全部相关。但是上述编码系统较为笼统，在施工步骤解释和工作量统计方面具有一定的帮助，但是所有的信息代码集中在一起，则较容易混淆，因此在具体的实践过程中，相关研究人员在此基础上进行改进，建立了 MasterFormat、UniFormat 和 OmniClass 等编码系统。

5.3.1 纲要码（MasterFormat）

① Charette R P，Marshall H E. Uniformat II elemental classification for building specifications，cost estimating，and analysis[R]. NISTIR，1999：178–185.

MasterFormat 是由美国建筑标准学会（Construction Standard Institute，CSI）与加拿大建筑标准学会（Construction Standard of Canada，CSC）在 1972

年颁布的针对建筑施工的编码体系,将工程施工项目分为00到16这17个大类,
如表5-3所示为1999年颁布的分类表。其目的在于建立工程规范的标准化分
类系统,以供工程招标承包、编制工程预算和单价分析等使用,提高上述过程
的信息传递和获取的效率。

表5-3 1999版MasterFormat分类

00 招标文件与合同	01 一般要求	02 现场工作	03 混凝土
04 砌体	05 金属	06 木材和塑胶	07 隔热和防潮
08 门窗	09 装修	10 特殊设施	11 设备
12 装潢	13 特殊结构	14 输送系统	15 机械
16 电机			

表格来源:参:林佳莹.以模型驱动架构扩展用于营运维护阶段之建筑资讯模型[D].台北:台湾"中央"大学,2014.

MasterFormat 目前由美国建筑标准学会负责进行扩充与修订,采用付费使
用的方式每年发布。由于建筑产业和相关配套行业的发展,原先的17项分类
已经无法满足使用需求,因此于2004年将其扩充为50个大类并一直沿用至
今。表5-4为2016年版本,目前为00到49总共50个大类,但是在公开版
本中进行了预留,第15、16、17、18、19、20、24、29、30、36、37、38、39、47、
49为预留项以待未来进行扩充。

表5-4 2016版MasterFormat分类

采购群组	00 招标文件与合同			
要求群组	01 一般要求			
建筑设施群组	02 现场工作	03 混凝土	04 砌体	05 金属
	06 木材和塑胶	07 隔热和防潮	08 门窗	09 装修
	10 特殊设施	11 设备	12 装潢	13 特殊结构
	14 输送系统			
设施服务群组	21 灭火设施	22 管道	23 暖通空调	25 自动化设施
	26 电气	27 通信	28 电子安保设施	
基地基础设施群组	31 土方作业	32 外部环境治理	33 工具	34 交通运输
	35 航道和海岸			
处理设备群组	40 相互连接处理	41 材料加工处理	42 加热冷却干燥设备	43 废气废水处理
	44 废弃物污染处理	45 制造业设备	46 水处理装置	48 发电装置

表格来源:http://www.csinet.org/numbersandtitles

建设项目使用诸多不同种类的交付方式、产品和安装方法,上述均有一
个共同点,即需要参与的各方能够有效地协作起来,由此保证工作以正确的

方式及时地完成。项目的成功完成需要参与方的高效沟通，这就需要能够以简单的方式对重要的项目信息进行访问。只有各方人员均使用标准的文件系统时，才能进行有效的信息检索。MasterFormat 提供的就是这样标准的归档和检索方案来应用在整个建筑行业中，其主要用于施工结果，可以直接对工程施工的方法和材料进行表述，进而与施工成本的数据进行关联。因此从成本计算的角度来看，某一特定的建筑材料只在 MasterFormat 中出现一次，才能够便于统计计算，因此该编码系统多用于施工图设计阶段与招投标阶段。[①]

MasterFormat 在后续的发展中被发现原先的编码分类架构存在一定局限性，因此从原来的 17 大类扩展到当前的 50 个大类，并且有 15 个大类目前完全没有使用，为以后的发展预留空间。但是需要指出的是，MasterFormat 的编码分类方法是基于行业内普遍成熟的建造施工体系，因此对于具有前沿创新性的建筑体系无法在第一时间对其进行编码处理，这也是美国建筑标准学会每年对其进行更新的原因。另外，从分类表特别是将 2016 版与 1999 版进行对比，可以发现美国建筑标准学会一直努力将 MasterFormat 变得更大更全，但是后续的拓展主要集中在广度方面，与民用建筑领域相关的编码部分并没有得到实质性地扩展，它的拓展主要集中在工业和特种行业部分，甚至核电厂的发电设备也已编入在内。如 48 12 13 为核燃料反应堆（Nuclear Fuel Reactors）和 48 12 33 核燃料发电机组（Nuclear Fuel Electrical Power Generators）。[②]

5.3.2　元件码（UniFormat）

UniFormat 是在美国和加拿大被用于对建筑物种类、造价估算和造价分析进行分类的一种标准，其内部组成的元素都是大量普通建筑的主要构件。这套分类体系为建筑项目的经济评估提供了持续的帮助。其发展得到了建筑产业和政府的共同扶持，已经作为标准得到广泛的认可。

1973 年 Hanscomb 造价咨询公司在美国建筑师学会的委托下开发了一个称之为 MASTERCOST 的造价评估系统。接着管理政府建筑项目的美国总务管理处（U. S. General Service Administrator，GSA）在此基础上进行了发展。最终美国总务管理处和美国建筑师学会在此系统上达成一致并将其命名为 UNIFORMAT。两者分别从不同侧面对其进行使用，美国建筑师学会利用其进行实际项目建设管理，而美国总务管理处则使用其满足在项目预算中的需求，此时 UNIFORMAT 并没有上升为标准。

美国材料试验学会（American Society of Testing and Materials，ASTM）于 1989 年开始在 UNIFORMAT 的基础上研究发展了对建筑基本元件进行分类的

① 侯永春. 建设项目集成化信息分类体系研究[D]. 南京：东南大学，2003.
② CSI. MasterFormat 2016 Numbers and Titles[EB/OL]. http://www.csinet.org/numbersandtitles，2016.

标准，并且将其重新命名为 UNIFORMAT II 进行颁布，此时是它作为标准第一次被颁布。而在 1995 年，加拿大建筑标准学会和美国建筑标准学会为了避免混淆带来歧义，因此将其名称修改为 UniFormat™ 并注册成为加拿大建筑标准学会和美国建筑标准学会的商标，编号为 ASTM E1557-93，后续在 2010 年对其进行了修订，编号为 ASTM E1557-97。

UniFormat 的编码结构目前已经发展到四个层次。其分类理念为对构成建筑的基本组件进行分级式的划分，是一个对建筑构件和现场作业进行分解和编码的标准格式的体系，其建筑组件的拆分方式以建筑的物理构成为出发点，以此提供了一条线索来组织设计要求、成本资料和建造方法等方面的信息。其中按照从宏观到微观分为 Level1 到 Level4，如表 5-5 所示。第一层级是最大的组，以大写英文字母 A 到 G 为具体代码，依次分为下部结构（A）、外壳（B）、内装（C）、附属设施（D）、设备装潢（E）、特殊施工和拆除（F）和建筑基地作业（G）这 7 个主群组元素（Major Group Elements）；Level2 代表常规概预算所涉及的 22 个组元素（Group Elements），表述方式为 Level1 后面加上两位阿拉伯数字，例如 A10 和 A20 分别代表下部结构所属的基础和地下室，D50 则代表附属设施下面的电力系统；Level3 为单体元素（Individual Elements）共 79 类，代码为再加上两位阿拉伯数字，如 D5020 为照明线路；Level4 为子元素（Sub-Elements），代码为再加上三位阿拉伯数字，按照最新的 ASTM E1557-09 所列共 518 项。[①]

表5-5　UniFormat分层示意表

Level1 主群组元素	Level2 组元素	Level3 单体元素	Level4 子元素
A 下部结构	A10 基础	A1010 一般基础	……
		A1020 特殊基础	……
		A1030 地面板	……
	A20 地下室	A2010 地下室开挖	A2010100 地下室开挖 A2010200 结构回填夯实 A2010300 支撑
		A2020 地下室墙体	……
B 外壳	B10 上部结构	……	……
	B20 外墙	……	……
	B30 屋顶	……	……
C 内装	……	……	……
D 附属设施	D10 输送系统	D1010 升降梯	……
		D1020 手扶梯	……
		D1090 其他输送机	……
	D20 水管	D2010 卫浴设备	……
		D2020 生活用水管	……
		D2030 污水管	……

① Charette R P, Marshall H E. Uniformat II elemental classification for building specifications, cost estimating, and analysis[J]. NISTIR, 1999, 6389: 178-185.

Level1 主群组元素	Level2 组元素	Level3 单体元素	Level4 子元素
D 附属设施	D20 水管	D2040 雨水排水管	……
		D2090 其他水管	……
	D30 暖通空调	D3010 电源供应	……
		D3020 暖气系统	……
		D3030 冷气系统	……
		D3040 管线系统	……
		D3050 送风口设备	……
		D3060 主控机组	……
		D3070 系统控制	……
		D3090 其他空调设备	……
	D40 消防	D4010 消防喷头	……
		D4020 消防栓	……
		D4030 防火卷帘	……
		D4090 其他消防设备	……
	D50 电力	D5010 电力线路	……
		D5020 照明线路	……
		D5030 通讯安保线路	……
		D5090 其他电力线路	……
E 设备装潢	……	……	……
F 特殊施工和拆除	……	……	……
G 建筑基地作业	……	……	……
类别总数：7	类别总数：22	类别总数：79	类别总数：518

表格来源：参：刘政良,彭延年,黄俊儒,等."强化资料库,技术在扎根"活化编码应用推动策略[J].营建知讯,2010,326(3):58-63.

　　UniFormat 的使用能够在提高建筑设计和施工方面的信息共享程度,尤其在进行造价估算方面,如果在和行业内常用的造价测算数据得到对接的情况下,则能够在前期对后续的工作进行较为准确地测算。但是由于建筑行业的持续发展,相关行业的最新技术也在持续地应用于建筑行业,因此 UniFormat 无法将所有建筑组成要素都囊括在所包含的库中,而作为最新颁布的 ASTM E1557-09 版本也仅仅包含 518 个子项,其扩充和更新工作也只能由美国建筑标准协会官方进行,更新速度往往无法满足行业的现实要求。

5.3.3　总分类码（OmniClass）

　　美国 BIM 标准在国际词汇框架（International Framework of Dictionary,IFD）下,提出了建筑信息的整体分类方法——总分类码（OmniClass）,总分类码比 MasterFormat 和 UniFormat 所包含的范围更加广泛，其建立意图是弥补以往各种分类系统的不足，意图建立一个比以往编码系统都庞大全面的分类体系。其内容包括建筑环境中的所有空间、实体物件、人员、机具和进行的活动[①]。在使用建筑信息模型软件时，上述资讯可以通过不同种类的总分类码的形式，放置在具体构件的属性信息中。[②]

总分类码是以多个层面表示建筑信息的分类方法，具体表述时以两位阿拉伯数字为一层，采用多个层级的数字编码来描述物体的特征，实际使用时不同层级的物体也能够找到其对应的编码数值。如从宏观的建筑项目类别来讲，11–12 24 00 代表高等教育机构，内部有 11–12 24 11 综合大学、11–12 24 13 商学院、11–12 24 14 科技学院、11–12 24 17 农业学院、11–12 24 21 艺术学院等，也有按照设计用途、产品、工作成果、功能空间等划分，如表 5–6 所示。其中 21 号为建筑元件，等同于 UniFormat，22 号为工作成果，等同于 MasterFormat，一些分表已经作为美国国家标准。

表5–6　总分类码(OmniClass)构成类别表

表号	英文名称	中文名称	例子	发布类型	最新发布日期
11	Construction Entities by Function	功能划分的建筑实体	学校、车站、美术馆	待审批草案	2013–02–26
12	Construction Entities by Form	形体划分的建筑实体	高层建筑、大跨度建筑、单层建筑	待审批草案	2012–10–30
13	Spaces by Function	功能空间	厨房、办公室、卧室	国家标准	2012–05–16
14	Spaces by Form	类型空间	中庭、楼梯、房间	仅发布	2006–03–28
21	Elements	建筑元件	等同 UniFormat	国家标准	2012–05–16
22	Work Results	工作成果	等同 MasterFormat	国家标准	2013–08–25
23	Products	产品	马桶、冰箱、电视	国家标准	2012–05–16
31	Phases	阶段	设计阶段、实施阶段	待审批草案	2012–10–30
32	Services	服务性质	设计、估价、测绘	国家标准	2012–05–16
33	Disciplines	专业活动	建筑设计、景观设计	待审批草案	2012–10–30
34	Organizational Roles	组织角色	业主、建设方、设计师	待审批草案	2012–10–30
35	Tools	工具	汽车吊、塔吊、扳手	草案	2006–03–28
36	Information	信息文件	规范、技术手册	国家标准	2012–05–16
41	Materials	材料	混凝土、玻璃、塑料	待审批草案	2012–10–30
49	Properties	性质	长度、颜色、重量	待审批草案	2012–10–30

表格来源：参：http://www.omniclass.org

总分类码在制定编码的过程中充分吸取 UniFormat 和 MasterFormat 在制定之初以及后续使用过程的经验，在各个层级均为后续的编码扩展工作预留了空间，不仅大类划分预留出了足够的空间，甚至各级编码也均为不连续设定，如在初始设置编码阶段所有的编码尾数均为奇数，如 01 后面依次为 03、05、

① 进行的活动不仅单单指代建筑的生产和施工，还包括与建筑相关的所有活动，如调研、合同签订等。
② Weygant R S. BIM content development–standards, strategies and best practices[M]. Hoboken: John Wiley & Sons Inc., 2010: 191–193.

07、09，将偶数位留给未来扩展使用。CSI 也一直在进行各分类编码库的修订和扩充工作，企图囊括所有行业内的信息条目，因此总分类码库的体量日渐庞大，当前在官网上采取分类下载的方式获取对应的总分类码数据。目前的总分类码层级算上大类总共有 7 级，并不是所有层级都需要被用足才能够表述相应的信息，事实上绝大部分的条目都没有使用到第 7 级，但是不足 4 级则需要在后面以 00 的方式补足到第 4 级。如商品混凝土 23–13 31 13 使用到了第 4 级，预应力钢绞线 23–13 31 21 13 11 13 则使用到了第 7 级，但是就对象本身来讲，两者所代表的物体层级一样，不存在包含与被包含的关系。只有前段数字相同的编码条目之间存在包含关系，编码短的条目物体层级高于编码长的条目，如混凝土结构产品 23–13 31 包括上述商品混凝土 23–13 31 13 和预应力钢绞线 23–13 31 21 13 11 13。

5.3.4　工业化建筑产品复合编码系统

上述所介绍的 CI/SfB、MasterFormat、Uniformat 和 Omniclass 编码系统，主要针对行业内较为普遍的情况来进行信息条目的编排和入库工作，所涉及的对象往往是在行业内得到大量推广并达成行业共识的技术、工法、流程等。但是对那种具有前瞻性的创新建造体系，难以在短时间内对编码进行扩充，这是因为上述编码系统的使用层面已经上升到了国家标准，编码的分配和扩充工作需要慎重并经过审核，这就造成了编码系统的更新速度大幅度落后于新兴建筑体系的出现，并且编码更新的频率难以做到实时更新，甚至一年更新一次都无法保证，如总分类码第 31 部分"阶段"是 2012 年发布的，甚至第 35 部分"工具"还是沿用 2006 年修订的那一稿。

表5–7　总分类码31阶段明细

编号	英文名称	中文名称
31–10 00 00	Inception Phase	开始阶段
31–20 00 00	Conceptualization Phase	概念化阶段
31–30 00 00	Criteria Definition Phase	准则定义阶段
31–40 00 00	Design Phase	设计阶段
31–50 00 00	Coordination Phase	协调阶段
31–60 00 00	Implementation phase	实施阶段
31–70 00 00	Handover Phase	交付阶段
31–80 00 00	Operations Phase	运营阶段
31–90 00 00	Closure Phase	关闭阶段

表格来源：参：2012 DRAFT Omniclass Table 31[EB/OL]. http://www.omniclass.org/，2016.

上述特征对于新型工业化建筑体系来讲都是无法直接适用的，如按照前述的工业化建筑产品生产模式，建筑的生产和建造过程分为一级工厂化、二级工厂化、三级工厂化和总装阶段，但是按照总分类码31阶段的划分方式（表5-7），上述四者全部归于实施阶段（Implementation Phase）31-60 00 00，如此采用已有的编码系统无法解决信息使用上的问题。

而本研究涉及的建筑工业化体系采用产品模式，该模式需要建立完整的产业链，以此来保证对于生产和建造过程的把控。因此不是所有的生产企业都能够直接地进入到此体系中，与此相反的是，意图进入产业联盟、参与生产的企业需要首先经过评估，纳入产业联盟后才能成为生产活动整体链条的其中一环，合作的生产和建造企业在系统平台设立阶段就已经确定，生产企业的选择与相对应的构件进行对应和确认后再行录入数据库。因此生产企业始终处于所对应的系统平台的管控之下，自然内部的统一管理规定能够得到较好的实施。

因此工业化建筑产品模式的编码制定工作可由具体的系统平台制定方完成，仅需在产业联盟内通用即可，在编码系统的制定规格方面完全可以使用企业标准来代替国家标准。具体原因如下：

首先，企业标准的限制条件要求要高于国家标准，否则企业标准自动失效。因此从使用效力来讲，采用经过认证的企业标准自动符合了相应的国家标准，因此不存在应用企业标准的同时与国家标准相抵触的情况发生。

其次，产业联盟内部的各加盟企业数量是有限的，其体量规模要远小于行业的总企业数量，因此自行开发编码系统并在产业联盟内部使用，从管理难度和可行性角度来讲是没有问题的，并且可以通过信息平台来规范编码系统的使用。

再次，采用产业联盟内部通用的编码系统可以降低更新所带来的成本，也能保证更新的及时进行，进而不会影响正常的设计、生产和建造计划。并且由于各方都使用统一的数据库系统来进行信息的发布和传递，因此编码更新和扩展工作更容易实现。

最后，由于采用数据库系统进行信息的管理，对于编码系统的使用便捷度方面会带来优势。相应的编码系统的使用执行力度能够得到保障，基于后端数据库的信息管理方式能够使得编码的应用得到有效的监管，编码在实际应用中被错误使用能够被数据库判定为非法错误。

综上所述，内部通用的企业标准和数据库管理方式，采用上述两种模式进行编码系统的应用工作，能够使得工业化建筑产品模式内部自定的编码系统具有应用的基础和支撑，可以根据自身的需要进行灵活地使用。考虑到工业化建筑产品的生产模式以及内置的三级工厂化和现场总装这四级生产模式的特点，特定编码系统的建立逻辑应当符合实际的生产需要，即符合生产阶段划分的要求。同时由于第四章所述，工业化建筑产品模式的建模方法采用信息嵌套的方式进行，因此编码系统的制定方式应当能够对其进行呼应。

　　上述内容中所讨论的 CI/SfB、UniFormat、MasterFormat 和 Omniclass 的编码层级构成方式按照从宏观到微观的方式逐级进行细分，意图采用穷尽的方式将所有的建筑条目进行分类，以保证每一个体都能被归入到特定的类别中来，尤其是针对建筑构件进行的细分。但是在工业化建筑产品模式中，此种方式并不能对产品模式下的建筑设计和生产产生有效的推动作用，信息归类本身对于信息传递会产生积极的影响，降低信息传达的错误发生率，但是采用数据库系统进行信息管理会提高信息解读的正确率，对于工业化产品模式来讲，逐级装配和构件的嵌套关系才是更为关键的层面，能够对上述两个方面产生推动作用的编码体系才能够具有真实的效应。

　　因此本研究提出了采用复合编码系统来进行信息的梳理工作，编码按照层级深入的方式逐级进行，但是其应用的逻辑与传统的编码方式有所不同，传统的编码方式为从宏观到微观的自上而下的方式，复合编码系统采用自下而上的方式进行编码的组织工作，以此来呼应构件逐级组装成为整体的方式。

　　编码由数字、英文字母、符号"–"和括号"（ ）"组成，其中英文字母不区分大小写。符号"–"用来区分不同编码的不同层级，具体构件的级别越低，其内部包含的"–"数量越多。构件逐步向宏观方向进行组织的过程，就是低级别的构件向高级构件聚合的过程。括号"（ ）"内部包含的内容代表一个整体，但是括号不是必须出现，仅在需要使用的时候被用来消除误会的发生。

　　例如，A2–JGT–（LHJ8080–2740）为某一具体最底层构件的编号，构件的自身名称为括号内部所包含的内容，即"LHJ8080–2740"，其中 LHJ8080 代表截面为 80 mm×80 mm 的铝合金型材，LHJ 为"铝合金"的拼音首字母，2740 表示长度尺寸数据为 2 740 mm，由此该构件的三维尺寸已经得到，并且可以得出该构件的族文件名为"LHJ8080"，此构件为该族下的一个名为"LHJ8080–2740"族实例，2740 为"LHJ8080"族的控制参数。上述编码也说明了所有"LHJ8080"族下的族实例均具有同样的 80 mm×80 mm 的截面尺寸，它们之间仅长度尺寸不同。"LHJ8080–2740"是一级工厂化需要得到的构件，从编码中可以解读，对于该构件来讲，一级工厂化的工作包括两个部分：第一部分为从市场中采购到的 80 mm×80 mm 截面的铝合金型材，第二部分为将该型材切割成为 2 740 mm 长度的定长尺寸的杆件。JGT 是"结构体"的拼音首字母，是二级工厂化的产物，包括由 LHJ8080–2740 在内的多个一级工厂化产物。A2 是三级工厂化的产物，作为独立的模块可以参与到现场总装阶段的装配工作中，A2 又与 A1、A3、B2、C3 等同级的构件共同组成了整体项目。

例如，A2–JGT–（M16–35）代表了"M16–35"这个一级工厂化构件，"M16"代表了直径为 16 mm 的螺栓，"35"则代表了螺栓的长度为 35 mm。它向上组成了二级工厂化产物"JGT"，后者又向上组成了三级工厂化产物"A2"。

例如 A2–（M16–35），此处与前例括号中的内容相同，同为"M16–35"，则表明作为构件本身的形态是完全一样的，都是长度为 35 mm 的 M16 螺栓。虽然为一级工厂化产物，但是它直接参与到三级工厂化阶段的工作，而省略了二级工厂化的内容，此时从层级来讲，在组成 A2 的过程中，A2–（M16–35）中的"M16–35"与 A2–JGT–（M16–35）中的"JGT"两者的直接结合共同组成了三级工厂化构件"A2"。因此，A2–（M16–35）中的"M16–35"虽为一级工厂化构件，但是此时的使用级别却是二级。

表5–8　复合编码系统说明

总名称	三级工厂化	二级工厂化	一级工厂化
A2–JGT–(M16–35)	A2	JGT	M16–35
A2–(M16–35)	A2	无	M16–35

如表 5–8 所示，复合编码中具有三个层次，分别对应着一级、二级和三级工厂化，各层次的编码命名逻辑可以不同。上述例子中一级工厂化的编码逻辑为材料功能与外观尺寸；二级工厂化的编码逻辑为建筑的组成区分，如结构体、外围护体、内分隔体等；三级工厂化的编码逻辑为对应着现场总装阶段的区位分布等。不同的系统平台之间的复合编码系统的各级编码的组织逻辑可以完全不同，以利于生产和建造为准，单个系统平台自身就是独立的运作体系。

5.4　外部接口

我国目前广泛使用的建筑设计软件为 AutoCAD 和 SketchUp，但是上述两者均不是建筑信息模型软件，无法提供信息输入、输出和计算功能，也不能够为模型附加有效的信息。目前市场占有率较高的建筑信息模型专用软件为 Autodesk 公司出品的 Revit 软件，后者具有三个分支，具体为 Architecture、Structure 和 MEP，分别供建筑、结构和设备专业的人员使用[1]。因此将其选定作为研发设计方使用的工作软件，进行建筑信息模型的绘制工作。

研发设计人员在使用 Revit 进行研发设计工作时，使用建筑信息模型软件对工业化建筑产品的记录工作集中在以下三个方面的内容：①虚拟构件本身；②属性参数信息；③构件之间的逻辑关系。

[1] Revit 软件从2013版之后将 Architecture、Structure和MEP整合为一个软件，在此之前将Revit Architecture、Revit Structure和Revit MEP分别以独立的方式发行。

其中第一部分是对于构件外观形态的记录，研发设计人员采用专用软件就可以完成准确的绘制工作，后续进行导入和导出工作只需要符合所使用的数据库软件接口形式即可。

第二部分为构件的附加描述信息的记录，具体体现为附加的各种属性参数信息，以参数信息组的方式进行汇总，其数据在建模过程中以及导入数据库中进行管理，均需要采用相应的数据类型进行记录，如布朗型、整型、浮点型双精度、字符串等[1]。

第三部分构件之间的关系对于工业化建筑产品系统来讲尤为重要，如第四章所叙述的采用信息嵌套的方式进行建模工作，构件之间具有一定的层级组织关系。低层级构件组成高层级的构件，而高层级构件在物质层面来讲就是下属的低层级构件的累加，但是其属性参数信息却有可能是全新的，如重量信息前者重量信息的累加，而所需工具、安装时间和安装用工等却是独立于前者的。因此在采用信息嵌套的方式进行构件之间的树状层级关系的记录[2]。

Revit 软件中的基本组成要素为族（Family），类似于面向对象程序设计中的类（Class）的含义与功能，族是一系列功能和实体的封装，在使用 Revit 进行模型的具体绘制过程中，无法直接使用族本身，只能调用相应的族实例（Family Instance），族实例是族在具体使用环境中的映射，族实例内部的改变不会影响到族自身，由此才能保证族本身的独立性不会受到其他因素的影响。

由于 Revit 是典型的建筑信息模型软件，因此信息是可以与模型进行整合的，在具体的操作中，相关信息以属性参数信息的方式嵌入族中，进而使得每个族实例均能够具有与个体对应的信息。在 Revit 初始设置中族会具有一定数目的附属参数信息条目，但是这些描述信息较为基本且不全面，无法充分满足工业化建筑产品对于参数信息的广度和深度需求。Revit 软件内部族分成两种模式，分别为系统族和自定义族，其前者的属性信息无法进行修改，而后者允许用户根据自身的需求编辑参数条目。因此为了满足对于属性参数的增补功能，在 Revit 中必须全部采用自定义族来建立每个构件。

Revit 自定义族与系统族一样，本身也自带一定数量的属性参数，但是其数量和类型无法满足工业化建筑产品系统的需要，因此需要额外进行参数的统一添加。如果上述参数全部采用手工的方式进行添加，不仅费时费力更无法保证统一。因此需要利用共享参数，统一所有的族参数，这样才能实现通过专用接口按照预定的格式，完成数据的导出工作。

外部接口按照上述功能要求，为了完成数据从工作软件（Revit）到数据库的转化工作，共需要有两个模块。图 5-16 为上述功能模块嵌入到 Revit 软

① 关于本系统的参数所使用的数据类型介绍详见4.4.2数据类型。
② 关于信息嵌套方式记录树状层级关系方面的内容详见4.3.1信息嵌套模式和4.3.2树状表格式层级建立。

图5-16　外部接口在Revit软件中的UI界面
图片来源：笔者截图

件中的 UI 界面。Revit 的二次开发可以适用 VB 和 C 语言作为工作程序语言，考虑到程序语言本身的功能和便利性，本研究采用 C 语言进行二次开发工作。

（1）参数处理模块

通过预先定义并通过系统 Web 端上传至数据库的共享参数来更新、添加至新建立的构件类型，即自定义族中，以保证与同一系统平台下的其他构件所代表的族在属性参数上的一致。模块功能使用通过 UI [①] 界面中的"下载参数"按钮来选择数据库中的参数列表导入 Revit 中，点击"添加共享参数"按钮即将参数列表中的具体属性参数条目赋值给当前 Revit 文件中的所有当前层级构件以及所下属的低层级构件。具体技术实现方式在 5.4.1 中将详细阐述。

（2）信息管理及导出模块

该模块能够实现对每个添加完参数的构件（族实例）[②] 进行属性参数的管理，其中包括对于参数数值的分层级显示与修改。虽然 Revit 软件中自带明细列表功能可以显示和修改当前嵌套层级下的族实例的属性参数，但是其功能却有限，无法显示和修改树状层级下的更低层级的族实例，即明细列表功能无法打开嵌套关系中的子列表，并去遍历显示与修改。因此该模块首先需要解决上述问题，实现对构件（族实例）树状关系的遍历显示与动态修改，所对应的 UI 为"参数管理"按钮，点击此按钮将弹出一个表格清单，该文件中的所有构件（族实例）和相关属性信息都会给出，使用者可以通过修改表格中的数值实现对具体族实例的参数修改。

最后该模块还需要将所有构件本身、属性参数与构件关系导入至相关数据库中，其对应的 UI 为"导出模块"按钮，点击此按钮将开始信息从 Revit 工作软件导出至数据库系统的过程，并会弹出相应的导出进度窗口。

该模块功能的具体实现方式将在 5.4.2 中做详细阐述。

5.4.1　参数处理模块

本系统将采用 JSON 方式来表示和存储参数的定义，但是在 C 语言中，并没有直接内置高效的 JSON 处理方案以供使用，因此采用 NuGet 库中的 Newtonsoft.JSON 库来对 JSON 进行处理。

① UI为User Interface的首字母缩写，意为用户交互界面，即使用者通过其来具体地使用软件，实现相应功能。
② Revit中以族实例（Family Instance）来表示具体构件的概念。族（Family）代表某一类物体，族实例则代表某一具体型号的物体，如六角螺母为一个族，其中M12六角螺母为六角螺母族的一个族实例。

① RevitAPI 全称是 Revit Application Program Interface，为 Revit 自带的应用程序接口，内置诸多函数可供用户调用。Autodesk 公司设置它的目的为方便用户进行二次开发，以实现原版 Revit 软件不具备的功能。

1. 参数组的定义

正如 Revit 自身的共享参数定义一样，数据库系统在定义参数组时，也可以指定该参数组是放置在 Revit 参数的哪个"组"内，由此来显示此参数组内的所有参数。而 Revit 的"组"是固定的，在 RevitAPI①中的"组"是由名为 BuiltinParamaterGroup 的枚举值来定义。而在 Revit 所需要的共享参数文本文件中，参数组的"组"是由这个枚举值的名字定义，因此在系统中也将直接采用枚举值的名字来定义参数组所属的"组"。

当系统需要识别此参数组属于哪个"组"时，可以直接采用 C 语言的特性 Enum.TryParse 来得到此参数组所属于的"组"（图 5–17）。在个别情况中，当参数组的组名无法被枚举解析时，则返回 INVALID。

2. 参数的定义

在进行参数定义时，也同样存在如参数组的"组"的问题，即如何存储参数数值的数据类型。系统采用相同的处理方式，在数据库系统中保存参数值类型枚举的名字，再由 Enum.TryParse 来解析其值（图 5–18）。

```
public BuiltInParameterGroup Group
{
    get
    {
        BuiltInParameterGroup g;
        return Enum.TryParse(GroupId, true, out g) ? g : BuiltInParameterGroup.INVALID;
    }
}
```

图5-17　对参数组进行类型枚举的名称解析
图片来源：笔者制作

```
public ParameterType ParameterType
{
    get
    {
        ParameterType type;
        return Enum.TryParse(DataType, true, out type) ? type : ParameterType.Invalid;
    }
}
```

图5-18　对参数进行类型枚举的名称解析
图片来源：笔者制作

3. 参数的解析

由于采用 JSON 及 Newtonsoft.JSON 对参数进行解析，而 JSON 中每个数据的类型必须有一个对应的 C# 类，这样就可以直接用：

var result = JsonConvert.DeserializeObject<ParameterResult>(jsonParameters);

数据库返回的 JSON 数据可直接转换为系统所需要的参数组及其参数，其中类 ParameterResult 的定义如图 5–19 所示。并且在生成 JSON 所对应的类的时候，必须为每个 JSON 的键值所对应的属性指定标注。

4. 参数的添加

根据前述已经做好的基础工作，添加参数的具体流程步骤如下所示：

（1）找到族内的所有标注，检查标注是否关联参数并记录所有关联参数

```
class ParameterResult
{
    [JsonProperty("groups")]
    public ICollection<ParameterGroup> Groups = new List<ParameterGroup>();


    [JsonProperty("parameters")]
    public ICollection<Parameter> Parameters = new List<Parameter>();
}
```

图5-19 进行参数解析所使用的类ParameterResult
图片来源：笔者制作

的标注；

（2）记录族内所有共享类型参数的值；

（3）删除所有非系统定义的共享参数；

（4）添加系统定义的共享参数；

（5）检查标注是否可以与新加入的参数关联；

（6）将原参数值赋给新添加的参数，其中包含原参数的公式。

系统可以将由数据库中定义的共享参数添加到族及其该族下的所有族实例，因为每个构件下面并没有更多的嵌套层级，因此在添加参数的时候不需要考虑嵌套族的问题，因此在系统中可以直接由族实例得到所有不同层级构件的列表。

在 RevitAPI 内部，每个参数的标识仅由参数的 GUID 来区分，可以重名，而采用统一的参数的目的就是为了统一 GUID，进而避免重名带来的干扰。在添加参数时，由于族内可能已有同名的参数，因此必须将同名参数的所有相关属性恢复至所覆盖新参数上。由于参数种类可能是实例参数或者类型参数[①]，故在添加参数时，必须有所区别，对于类型参数，则需要遍历族内所有类型以取得每个族类型下此参数的值（图 5-20）。

```
// 记下原有共享参数的类型参数的值
var oldValues = new Dictionary<string, IList<ParameterDetails>>();
foreach (FamilyType type in document.FamilyManager.Types)
{
    var values = document.FamilyManager.Parameters.Cast<FamilyParameter>()
        .Where(p => p.IsShared)
        .Select(parameter => new ParameterDetails
            {
                Name = parameter.Definition.Name,
                Guid = parameter.GUID,
                Value = App.GetFamilyParameterValue(type, parameter),
                Formula = parameter.CanAssignFormula ? parameter.Formula : null,
                Dimensions = dimensions.Where(t => t.FamilyLabel.GUID == parameter.GUID).ToList(),
                ParameterType = parameter.Definition.ParameterType,
                StorageType = parameter.StorageType
            }).ToList();

    // 如果只有一个类型的话，类型的名称可能是空
    if (string.IsNullOrEmpty(type.Name))
        oldValues[document.Title] = values;
    else
        oldValues[type.Name] = values;
}
```

① 参数种类按照同一族实例下不同个体之间的联系，分为实例参数和类型参数。类型参数为同一族实例下的所有个体的该项参数均相同，并且更改其中某一个体的参数值，剩下的所有个体均自动更改。实例参数为同一族实例下的不同个体的参数值之间不产生联系，可以相同也可以不同。例如对"M12六角螺栓"这个族实例来讲，材质类型和外观尺寸是类型参数，因为凡是名为"M12六角螺栓"的所有个体上述两个参数均一致，但是生产厂家和安装位置却必须是实例参数，因为可以有不同的厂家同时生产M12六角螺栓，并且相同型号的螺栓可以被用在不同的位置上。

图5-20 遍历共享参数判断其是否为类型参数
图片来源：笔者制作

由于建筑信息模型软件的特性，参数可以作为标注来使用[1]，因此系统在添加参数的时候必须检查每个被替换的参数是否被用于标注。如果参数是被用于标注的，那么在添加参数的时候也必须将替换的参数关联到标注上。并且在添加参数的同时，被替换下来的非关联标注的参数的值也必须一并保留，并重新赋给新参数（图 5-21）。

```
// 把原参数所有相关信息赋值给新参数
foreach (FamilyType type in document.FamilyManager.Types)
{
    document.FamilyManager.CurrentType = type;
    var values = string.IsNullOrEmpty(type.Name) ? oldValues[document.Title] : oldValues[type.Name];

    foreach (var parameter in App.AddinApp.Parameters)
    {
        var newParam = document.FamilyManager.get_Parameter(parameter.Guid);

        // 这里一定要先看GUID是否相同，不然改名就会失败
        var details = values.FirstOrDefault(p => p.Guid == parameter.Guid || p.Name == parameter.Name);

        if(details == null)
            continue;

        // 先看是否有公式，如果没有则赋值
        if(importFormula && !string.IsNullOrEmpty(details.Formula))
            document.FamilyManager.SetFormula(newParam, details.Formula);
        else if (newParam.Definition.ParameterType == details.ParameterType)
            App.SetFamilyParameterValue(document.FamilyManager, newParam, details.Value);

        foreach (var dimension in details.Dimensions)
            dimension.FamilyLabel = newParam;
    }
}
```

图5-21　将原参数的相关信息进行赋值

图片来源：笔者制作

5.4.2　信息管理及导出模块

此模块的主要功能为管理每个项目文件中的各层级构件的参数值，并将完成后的模块信息导出，其中包含模块的族文件及其构件的所有参数及明细表。上述族文件与所有参数的组合方式可以囊括所包含的所有族实例，具体族实例就是由"族"和"特定参数"组成。

1. 参数值管理

参数值管理的主要目的为在不使用 Revit 软件内置功能的情况下，直接检查每个模块的构件明细及其参数（图 5-22），并能在参数表中直接修改类型参数与实例参数，在修改参数的同时自动地将相关族实例进行更新。

采用 WPF 的 DataGrid 来显示所有的构件参数明细。由于系统定义的参数是变化的，因此不能使用 DataGrid 的属性绑定来决定参数的列，在构建 DataGrid 的列时，使用系统后台定义的参数来作为数据的列，其中第一列与第二列分别为族实例的名字及族名（图 5-23）。

对于数据源来讲，系统采用 ObservableCollection 来实现。而数据源中的每个条目，系统采用 DynamicObject 实现对每个构件的族实例的对应，在修改

[1] 在使用建筑信息模型进行参数化建模时，模型的外观标注尺寸可以与属性参数进行锁定关联，通过修改数值的方式来联动地改变模型的外观。

族	族类型	型号名称	名称	材料材质	生产厂家	重量	高度	价格	所属层级
YB-LWH150-100-5-7	（YB-LWH150-100-5-7）-5640	YB-LWH150-100-5-7	<按类型>	none	87.6456	0	438.228	结构体
YB-LWH150-100-5-7	（YB-LWH150-100-5-7）-840	YB-LWH150-100-5-7	<按类型>	none	13.0536	0	65.268	结构体
YB-LWH150-100-5-7	（YB-LWH150-100-5-7）-840	YB-LWH150-100-5-7	<按类型>	none	13.0536	0	65.268	结构体
YB-LWH150-100-5-7	（YB-LWH150-100-5-7）-5640	YB-LWH150-100-5-7	<按类型>	none	87.6456	0	438.228	结构体
单方双 H 三向夹板节	H-Joint	H-Joint	<按类型>	none	15	0	150	结构体
单方双 H 三向夹板节	H-Joint	H-Joint	<按类型>	none	15	0	150	结构体
单方双 H 三向夹板节	H-Joint	H-Joint	<按类型>	none	15	0	150	结构体
单方双 H 三向夹板节	H-Joint	H-Joint	<按类型>	none	15	0	150	结构体
F100-5	（F100-5）-2750	F100-5	<按类型>	none	43.175	0	215.875	结构体
F100-5	（F100-5）-2750	F100-5	<按类型>	none	43.175	0	215.875	结构体
F100-5	（F100-5）-2750	F100-5	<按类型>	none	43.175	0	215.875	结构体
F100-5	（F100-5）-2750	F100-5	<按类型>	none	43.175	0	215.875	结构体
JCDK	JCDK-300	JCDK	玻璃	none	4.71	0	23.55	结构体
JCDK	JCDK-300	JCDK	玻璃	none	4.71	0	23.55	结构体
JCDK	JCDK-300	JCDK	玻璃	none	4.71	0	23.55	结构体
JCDK	JCDK-300	JCDK	玻璃	none	4.71	0	23.55	结构体
方管五向夹板节	（JBJ-Joint）-3	JBJ-Joint	<按类型>	none	10	0	100	结构体
F100-5	（F100-5）-830	F100-5	<按类型>	none	13.031	0	65.155	结构体
F100-5	（F100-5）-5630	F100-5	<按类型>	none	88.391	0	441.955	结构体
F100-5	（F100-5）-5630	F100-5	<按类型>	none	88.391	0	441.955	结构体
F100-5	（F100-5）-830	F100-5	<按类型>	none	13.031	0	65.155	结构体
CN100-50-20-3	（CN100-50-20-3）-840	CN100-50-20-3	<按类型>	none	4.5108	0	22.554	结构体
CN100-50-20-3	（CN100-50-20-3）-840	CN100-50-20-3	<按类型>	none	4.5108	0	22.554	结构体
CN100-50-20-3	（CN100-50-20-3）-840	CN100-50-20-3	<按类型>	none	4.5108	0	22.554	结构体
CN100-50-20-3	（CN100-50-20-3）-840	CN100-50-20-3	<按类型>	none	4.5108	0	22.554	结构体

图5-22　部分构件参数明细表
图片来源：笔者制作

```
dataGrid.Columns.Clear();

dataGrid.Columns.Add(new DataGridTextColumn
{
    Binding = new Binding(nameof(Entities.RevitFamilyInstance.FamilyName)),
    IsReadOnly = true,
    Header = "族"
});

dataGrid.Columns.Add(new DataGridTextColumn
{
    Binding = new Binding(nameof(Entities.RevitFamilyInstance.FamilyType)),
    IsReadOnly = true,
    Header = "族类型"
});

foreach (var parameter in App.AddinApp.Parameters)
{
    var binding = new Binding(parameter.Guid.ToString());
    if(parameter.ParameterType == ParameterType.YesNo)
        dataGrid.Columns.Add(new DataGridCheckBoxColumn
        {
            Binding = binding,
            IsThreeState = false,
            Header = parameter.Name
        });
    else
        dataGrid.Columns.Add(new DataGridTextColumn
        {
            Binding = binding,
            Header = parameter.Name,
            IsReadOnly = parameter.ParameterType == ParameterType.Material
        });
}
```

图5-23　采用DataGrid显示构件参数明细
图片来源：笔者制作

① Revit的文件储存类型分为项目文件与族文件，其中项目文件以.rvt作为后缀，族文件以.rfa作为后缀。因为Windows操作系统在文件名即后缀显示方式上的选择区别，在默认情况下，文件的后缀名会被自动隐藏。

参数时，使用RevitAPI中的IExternalEventHandler处理参数值的变动（图5–24）。并且为了提高DataGrid的效率，在RevitFamilyInstance遍历完所有参数值之后，将所有的参数值放在一个缓存的Dictionary中。

2. 模块信息导出

系统需要将其中每个构件的信息导出，通过Web端导入每个模块的信息，用于数据库系统的统一管理。导出的信息必须含有：项目文件中的所有族文件；族实例及其类型；所有系统参数的值。

综合考虑后系统采用XML文件来存储各构件包含的所有信息。

在每次导出前，必须将要导出的族保存至所选择的导出目录中。在Revit中每个族的名称就所储存的族文件名字，但因为每个人电脑设置的不同，有可能文档名字是不含文件类型后缀，因此需要对文档的类型进行识别，以添加对应的文件扩展名①（图5–25）。

在导出的XML文件中，按照下述两种情况分别进行数据保存：①所有构

```
class RevitFamilyInstance : DynamicObject, INotifyPropertyChanged
{
    public event PropertyChangedEventHandler PropertyChanged;
    7 references | Steve Yin, 95 days ago | 1 author, 1 change
    public FamilyInstance Instance { get; private set; }
    2 references | Steve Yin, 94 days ago | 1 author, 1 change
    public ElementId Id { get; private set; }
    1 reference | Steve Yin, 95 days ago | 1 author, 1 change
    public static ParameterPaneEventHandler EventHandler { get; set; }

    private IDictionary<string, object> cachedValues;

    1 reference | Steve Yin, 95 days ago | 1 author, 2 changes
    public string FamilyName => Instance.Symbol.FamilyName;
    1 reference | Steve Yin, 95 days ago | 1 author, 2 changes
    public string FamilyType => Instance.Symbol.Name;
    0 references | Steve Yin, 94 days ago | 1 author, 1 change
    public bool IsReadOnly { get; private set; }

    1 reference | Steve Yin, 18 days ago | 1 author, 4 changes
    public RevitFamilyInstance(FamilyInstance instance)...

    [NotifyPropertyChangedInvocator]
    2 references | Steve Yin, 94 days ago | 1 author, 3 changes
    public virtual void OnPropertyChanged([CallerMemberName] string propertyName = null)...

    0 references | Steve Yin, 94 days ago | 1 author, 3 changes
    public override bool TryGetMember(GetMemberBinder binder, out object result)...

    0 references | Steve Yin, 95 days ago | 1 author, 2 changes
    public override bool TrySetMember(SetMemberBinder binder, object value)...
}
```

图5–24　对参数值进行修改并在族实例中进行对应
图片来源：笔者制作

图5–25　对文件进行统一后缀
图片来源：笔者制作

```
var title = Document.Title;
if (Document.IsFamilyDocument && !Document.Title.ToLower().Contains(".rfa"))
    title = Document.Title + ".rfa";

if (!Document.IsFamilyDocument && !Document.Title.ToLower().Contains(".rvt"))
    title = Document.Title + ".rvt";
```

件的族实例明细及它们的类型参数和参数值放在 symbols 元素下；②所有构件的明细及它们的实例参数和参数值放在 instances 元素下。

在导出当前模型时，系统需要针对目录下所有的族实例进行操作。导出时只要遍历所有的族实例即可完成明细的导出，下面分别介绍对于族类型和族实例的导出工作。

（1）族类型的导出

在遍历每个族实例时，需要首先检验该族实例所述的族类型是否曾经被导出过，如果结果是否定的，则需要先将此族类型及其参数明细一并导出。

RevitAPI 的设置是当访问 FamilySymbol 时，其 Parameters 属性返回的所有参数都是类型参数，并且此种参数的值需要从类型所在的文档中取得，因此获取类型的参数也较为简单。（图 5-26）

（2）族实例的导出

族实例的导出过程类似于上述的族类型的导出，但是必须在导出前确定此族实例所述的族类型已经被导出过，否则将执行前文所述的族类型的导出函数。

在 Revit 中，每个族的名称都必须不同，类型在同一个族中也必须不同，因此可以简单地用"类型名 + 族名"的方式区分一个族类型是否已经被导出过。

在 Revit API 的设计中，族实例的 Parameters 属性返回的所有参数都是实例参数，可以直接获取其值。（图 5-27）

经过上面所阐述的处理方式，使用此外部接口模块程序，可将项目文件

```
private void exportSymbol(FamilySymbol symbol)
{
    XmlElement symbolElement = xmlDocument.CreateElement("symbol");

    symbolElement.SetAttribute("name", symbol.Name);
    symbolElement.SetAttribute("family", symbol.FamilyName);
    symbolElement.SetAttribute("category", symbol.Category.Name);

    var exportedParameters = new List<string>();

    foreach (Parameter parameter in symbol.Parameters)
    {
        if (!parameter.IsShared && parameter.Definition.ParameterGroup != BuiltInParameterGroup.PG_GEOMETRY)
            continue;

        if (exportedParameters.Contains(parameter.Definition.Name))
            continue;

        exportedParameters.Add(parameter.Definition.Name);

        var param = xmlDocument.CreateElement("parameter");
        param.SetAttribute("name", parameter.Definition.Name);
        if (parameter.IsShared)
            param.SetAttribute("guid", parameter.GUID.ToString());

        param.SetAttribute("value", App.GetParameterValue(parameter, symbol.Document).ToString());

        symbolElement.AppendChild(param);
    }

    symbolsElement.AppendChild(symbolElement);
}
```

图5-26 族类型的导出函数
图片来源：笔者制作

内所有构件以及所需要的信息和相互关系借助 XML 文件的方式完整地导出至数据库中。

```
private void exportInstance(FamilyInstance instance)
{
    if (instance == null)
        return;

    var name = $"{instance.Symbol.FamilyName} - {instance.Symbol.Name}";
    if (exportedSymbolsList.Contains(name) == false)
    {
        exportSymbol(instance.Symbol);
        exportedSymbolsList.Add(name);
    }

    var instanceXml = xmlDocument.CreateElement("instance");
    instanceXml.SetAttribute("symbol", instance.Symbol.Name);
    instanceXml.SetAttribute("family", instance.Symbol.FamilyName);

    var exportedParameters = new List<string>();

    foreach (Parameter parameter in instance.Parameters)
    {
        if (!parameter.IsShared && parameter.Definition.ParameterGroup != BuiltInParameterGroup.PG_GEOMETRY)
            continue;

        if(exportedParameters.Contains(parameter.Definition.Name))
            continue;

        exportedParameters.Add(parameter.Definition.Name);

        var param = xmlDocument.CreateElement("parameter");
        param.SetAttribute("name", parameter.Definition.Name);
        if (parameter.IsShared)
            param.SetAttribute("guid", parameter.GUID.ToString());

        param.SetAttribute("value", App.GetParameterValue(parameter, instance.Document).ToString());

        instanceXml.AppendChild(param);
    }

    instancesElement.AppendChild(instanceXml);
}
```

图5-27　族实例的导出函数
图片来源：笔者制作

5.5　信息安全

　　数据信息存储到数据库中并不意味着数据信息直接存进保险箱可以高枕无忧了，任何机构任何人采用任何技术都不能确保信息的绝对安全，特别是当所管理的相关信息具有商业价值甚至国土安全价值的时候，数据信息更加容易受到攻击。因此在数据库建立之初就需要将信息安全提升到尤为重要的层面，采用相应的安全设定和技术措施来提高安全防护程度。保证信息安全可以在主动层面和被动层面两个方面做出努力和界定，前者在措施、方法、规则等方面使得信息不会受到攻击或者降低被攻击的概率；后者则是在数据信息受到攻击后，能够采用相关措施在短时间内对被破坏的信息进行恢复。

5.5.1　主动安全

　　数据信息的存储从技术上来讲可以基本保证安全，即使发生突发事故造成硬件设施的损坏，如火灾、地震、雷击等灾害造成的服务器损毁，也都可以从措施层面保证上述问题被隔绝在安全的范围内，如针对通信类建筑的规范标准会通过建筑平面形式、总平面组织、设备机组布置、水电、暖通空调等各个层面保证硬件的安全。[①]

但是对于软件方面的侵害却不容易得到有效的防护，尤其是工业化建筑系统信息的使用者来自四面八方，使用者接入数据库所使用的设备也是五花八门，有桌面电脑、笔记本电脑、平板电脑、智能手机等，它们所使用的操作系统也多样，如 Windows[②]、Linux[③]、OS X[④]、Android[⑤]、IOS[⑥]。上述操作系统均无法保证系统的绝对安全，针对上述操作系统的病毒、木马和后门程序也层出不穷，使用者在与数据库进行通信时，数据库更加容易受到攻击。

由于该工业化建筑信息数据库系统设计采用 B/S 架构，因此全部与数据库之间的通信采用 Web 端的浏览器执行。但是由于 Web 端的开放性，任何人和用户都可以直接用浏览器访问服务器的地址，因此系统必须稍加改变以界定用户权限并保证安全性。故将 HTTP 的 User-Agent 设置为 RevitClient，这样可以避免用户直接使用浏览器访问某些地址，进而能够在一定程度上避免对加密程序的破解运算。同时由于系统允许 Web 端用户使用设计人员用户角色下载未处理订单，而 Web 端使用 cookie 来保存认证信息，因此从信息安全考虑，故采用 System.Net.Http.HttpClient 来处理所有 Web 端的通信：

publicstaticHttpClient Http { get; privateset; }

…

Http = newHttpClient（）；

Http.DefaultRequestHeaders.Add（"User-Agent"，"Revit Client"）；

Http.BaseAddress = newUri（"http：//address/client/"）；

目前最为安全的网络传输协议是 Netscape 公司于 1994 年发布的 HTTPS（Hypertext Transfer Protocol Secure），即超文本传输安全协议，采用该传输协议能够在很大限度上保证数据的主动安全，其利用 SSL/TLS 对来往数据包进行加密，以目前硬件水平进行破解需要付出巨大的成本。HTTPS 可以保护交换数据的隐秘和完整，提供网络服务对其进行身份认证。但是由于我国相关管理部门对信息透明性的"偏执"以及阻碍接入国外网络的著名的"金盾"工程的实施，HTTPS 已经被中国政府全面封禁，因此只得采取其他方式保障信息安全。

目前较为普遍的方法是采用安装浏览器插件的方式保证信息安全，此种方法常用于银行系统，但是对于工业化建筑信息系统来讲，此种解决办法不具备可实施性，安装浏览器插件的方式会禁止手持端设备对数据库的正常访

① 郝飞. 基于提高数据中心装机容量的建筑平面设计研究[J]. 智能建筑与智慧城市，2016（7）：61-65.
② Windows是微软公司出品的计算机操作系统，是目前世界上桌面和笔记本电脑市场占有率最高的操作系统。
③ Linux是免费使用的类Unix操作系统，用于手机、平板电脑、路由器、视频游戏控制台、台式计算机、大型机和超级计算机。
④ OS X是用于苹果公司Mac系列桌面和笔记本电脑的操作系统
⑤ Android是目前智能手机使用率最高的操作系统
⑥ IOS是用于苹果公司手机iPhone和平板电脑iPad的操作系统

问，并且第三方插件还存在升级方面的烦琐事务。

　　好在超文本传输协议第二版（HTTP/2）仍然可以在中国境内正常使用，超文本传输协议第二版由互联网工程任务组（Internet Engineering Task Force，IETF）的 Hypertext Transfer Protocol Bis（HTTPBIS）工作小组于 2014 年 12 月将 HTTP/2 递交讨论，并于 2015 年 5 月以 RFC 7540 发表。目前各主流浏览已全面支持 HTTP/2，如 Internet Explorer、Google Chrome、Mozilla Firefox、Opera 等。

　　HTTP/2 对于 SSL 是强制使用的，SSL 为安全套接层安全协议（Secure Sockets Layer），是一种保障互联网通信、数据安全的安全协议。SSL 包括记录层（Record Layer）和传输层（Transport Layer）两个部分，记录层协议负责确定传输层所包含的数据的封装格式。首先以 X.509[1]作为传输层安全协议认证，其次利用非对称加密算法对通信各方进行身份验证，最后使用对称密钥进行交换以此作为会谈密钥（Session Key），会谈密钥将往来于两方的通信数据进行加密，以此保证数据应用的可靠性和保密性，使得用户浏览器与后台服务器之间的通信不被窃听。[2]

5.5.2　被动安全

　　被动安全恢复是指在数据信息遭到损坏后，能够保证因损坏而丢失的数据得到恢复，从而挽回损失。因此在数据存储阶段需要制定一定数目的备份以防不测，同时数据恢复也应当保证恢复效率。对于功能性的企业来讲，自己构建数据中心，购置相应的服务器、存储设备等硬件设施将是一项浩大的工程，并且日常的维护管理任务也是相当艰巨的，这其中也包括各种信息安全管理措施的应用压力。为数据信息进行安全备份也是数据库日常管理的重要部分，同时考虑到数据下载和上传的便利性，采用云存储作为数据信息存储方式。

　　云存储（Cloud Storage）是一种网络在线存储模式，它是在云计算（Cloud Computing）的基础上进行发展而拓展出的一个新的概念，云存储并不是存储方式，而是基于分布式存储的一种服务。它通过集群应用、网络技术和分布式文件系统等功能进行集成，将各种不同类型的联网存储设备经过应用程序串在一起，作为一个整体系统共同对外提供数据存储服务和业务访问功能，因此云存储是以数据管理和储存为重要核心的云计算系统。[3]

　　使用云存储技术作为工业化建筑信息系统的数据储存形式，在数据获取和信息管理的便利性服务方面具有较好的保障，同时也能够在被动安全处置方面得到专业公司的技术依托。通过购买相应容量的云存储服务能够实时地保证信息系统的数据存储的容量供应，与被动安全威胁相关的数据备份工作

① X.509是国际电信联盟电信标准化部门所提出的产业标准，对公开密钥认证、证书吊销列表、授权证书和证书路径验证算法进行规范。
② 郭浩然. 网站安全之HTTPS优缺点分析[J]. 计算机与网络，2017（5）：50-51.
③ 谭霜，贾焰，韩伟红. 云存储中的数据完整性证明研究及进展[J]. 计算机学报，2015（1）：164-177.

也能够得到存储容量保证，避免了自建服务器所需要的烦琐冗杂的工作，数据存储扩容工作的开展需要耗费相当大的精力，由此备份工作在超出容量范围后将不得不处于停滞状态。云储存的使用，在一定程度上赋予了工业化建筑信息系统无限大的储存空间，进而为数据备份和恢复工作提供了良好的基础，为了保证信息的被动安全，可以提高备份的频次和密度，虽然提高备份的频次和密度会占据更多的存储空间，但是这些对于云存储技术来讲都不构成限制因素，因为云存储代表着几乎没有容量限制的存储空间。

第6章 工业化建筑产品系统平台信息系统研发实例

6.1 研发实例介绍

工业化建筑产品系统平台信息系统在重型结构房屋系统方面进行了初步的探索和应用，重型结构房屋系统是应用面最为广泛的房屋系统，大量地出现在人类的日常生活中，具有稳定性好、耐久性高等特征；但是却同时拥有以下缺点：建造速度慢、拆除难度大、材料重复利用率低以及建筑废弃物对环境污染严重等。（表6-1）

表6-1 重型结构房屋系统优劣对比

名称	应用情况	优势	劣势
重型结构房屋系统	广泛应用成为主流	稳定性好	建造速度慢
		耐久性高	拆除难度大
		使用舒适度好	材料重复利用率低
		土地利用率高	废弃物污染环境
		承载能力强	维修难度人

由上表所示，重型结构房屋系统具有自身的优势和劣势，其中有些劣势随着技术的发展是能够得到克服的，特别是伴随着建筑信息化程度的提高，如重型结构的建造速度慢和维修难度大，均能够通过系统平台的应用和信息化程度的提高使得相关的负面影响得到缓解，甚至将其转变成为优势。建造速度慢这一问题可以通过信息系统的使用得以综合地对建造过程进行管理，使得每个建造参与者明确自身工作内容、工具设备需求以及物料获取程度，由此可以切实提高建造速度；维修难度大的问题可以在系统平台建立之初将其作为研发的重要关注点，投入适当的技术、时间和经费进行攻关，并在后续的维护过程中从信息系统中调取相关的养护信息，部件发生损坏时也能够在第一时间启动更换修补工作。

建筑行业具有联系紧密、纷繁错杂的庞大生产体系，而目前却处于粗放型的管理现状，体系的复杂和管理的混乱造成了整个行业发展的极度不平衡，但是后者在严重地制约着建筑发展的同时，也为研究和发展的演进预留了空间，系统平台的搭建和信息系统的应用能够在很大程度上缓解上述的不平衡和矛盾。

6.2 系统平台建立前期

重型结构房屋系统针对钢筋混凝土体系进行研发，关注的重点在高层建筑上,高层建筑几乎成为我国解决人口基数大、城市建设用地不足的唯一方法。我们期望通过综合性的技术研发来解决当前手工建造模式的种种弊端，能够切实地提高建造速度、降低建造用工、减少人工消耗、提高施工质量等。采用建筑工业化的方式进行建筑的研发设计和生产建造，能够从基础上支撑上述目标的达成，但是工业化建造对于建筑的信息化水平设立了更高的门槛，信息孤岛和信息不对称的出现会严重地阻碍着建筑工业化对于重型结构房屋体系的促进和倍增作用，甚至会出现效能低于手工模式的情况。

6.2.1 产品战略制定阶段

重型结构房屋系统在项目立项之初就明确地设定了研发范围、适用层面、关键技术等方面的内容，研发设计以系统平台的多适应性进行界定，即适用于一定范围内的建设项目，而不是仅仅针对某一具体项目在短时间内完成设计任务，这与传统的建筑设计过程是有明显区别的。系统平台建立初期就已经形成了包括各方面专家的研发智囊团，这其中包括建筑施工、建筑结构、建筑设计、建筑材料、金属加工、工程管理、建筑电气、给排水、暖通空调等方向的专业人士。

专家组共同制定了关于重型结构房屋系统的各项战略技术指标，如跨度达到 7 200 mm、建筑功能多样及可变、不采用预制混凝土结构构件、人工消耗少、现场作业量减少等，具体内容如表6-2所示。

表6-2 重型结构房屋系统产品战略技术指标

序号	指标名称	达成情况
01	跨度达到 7 200 mm	可达成
02	满足抗震设防要求	可达成
03	建筑功能多样及可变	可达成
04	不采用预制混凝土作为结构构件	可达成
05	建造速度高于当前平均速度	待检验
06	人工消耗少	可达成
07	工厂阶段工作比重增加	可达成
08	现场作业量减少	可达成

序号	指标名称	达成情况
09	建造成本降低	待检验
10	建筑质量提高	可达成
11	结构构件和围护构件分离	可达成
12	建筑质量可控可追溯	可达成
13	建筑部品可修可替换	可达成
14	现场施工工艺简化	可达成
15	满足当前钢筋混凝土设计规范	可达成

　　上述战略技术指标在建筑产品的系统平台研发前期经由多方协商后共同制定，指标设定的有效程度与后期的建筑产品所能够呈现出来的状态密切相关，过低的设定标准会导致产品的竞争力不足，而太高的设定又会造成研发工作无法在规定时间内完成，陷入过度消耗时间的死循环。指标的设定与建筑产品的竞争力和生命力产生关联，如"建筑功能多样及可变"这条，保证了日后建筑产品能够具有相对广泛的应用范围，同时也能够延长单个建筑产品的生命周期，从而减少因为功能不满足要求而被迫拆除的情况发生。指标之间也存在交叠的关系，如"跨度达到 7 200 mm"这条同时也是对于"建筑功能多样及可变"的确认和补充，只有具有足够的跨度才能够提供广阔的空间，进而确保对于多样化功能的装载和容纳。

　　指标的确定需要足够的研究工作，对于某项指标的加入与否则需要进行慎重的系统化论证，例如"不采用预制混凝土作为结构构件"这条指标看似较为刻板和教条，却是专家组经过反复论证后得出的结论，预制混凝土构件可以提高施工速度，但需要专用拖挂车辆和大吨位吊机配合使用。更为重要的是，预制混凝土结构的连接部分较为薄弱，但是此处却是承受弯矩和剪力

图6-1　南京上坊保障房预制混凝土结构施工现场

图片来源：笔者自摄

较人的部位，因此在满足我国钢筋混凝土结构设计规范的情况下，结构构件的尺寸较之现浇方式要大几号，而同时空间跨度也会严重缩水。此时预制混凝土构件已经成为产品研发路上的绊脚石，前者的实行必定会违背"跨度达到 7 200 mm""建筑功能多样及可变""建造成本降低"和"建筑质量提高"这 4 项指标。如图 6-1 所示，南京上坊保障房项目所使用的 PC 预制混凝土框架结构考虑到预制混凝土构件对于节点的削弱因素，因此采用 600 mm × 500 mm 的结构柱，其跨度却只有 4 500 mm，这样就无法形成大空间，建筑功能多样及可变更是缺少了存在的前提，故经系统论证后，考虑到建筑产品整体战略目标的达成，将"不采用预制混凝土作为结构构件"作为其中一项重要的指标。

6.2.2 技术储备阶段

经过了产品战略制定阶段后，此时进行技术储备阶段，相关的指标设定需要进行与之对应的固化工作，即进行技术甄别和鉴定，以确保关键技术的稳定可用，为后续的原型建筑产品一体化研发阶段奠定基础。该重型结构房屋系统采用预制现浇方式进行结构构件的生产作业，即钢筋、模板和脚手架部分采用预制方式生产，该部分重量相对较轻，运输和吊装作业都不会占据较多的资源，同时钢筋模块之间的连接能够采用较为稳固的机械连接方式，安装便捷且稳定性高；而与之相反，全部的混凝土部分采用现浇成型，能够保证作为脆性材料的混凝土的整体性，同时混凝土在凝固前是液态流质，该部分的材料就位工作可以借助泵送技术高效地送达，能够充分地展示高度发达的定型化商品混凝土技术所带来的益处。

但是达到上述设定需要相应技术点的有效支撑，特别是模板的快速装拆相较预制混凝土技术更加复杂，并且其中诸多限制因素又是相互矛盾的。例如，混凝土浇筑时的侧压力与泵送冲击力的叠加对于模板的强度和刚度提出了更高要求，理论上可以通过提高模板用材厚度以及加大模板构件尺寸来解决上述问题，但是经过计算后单块模板的重量直线上升，仅以人工介入的方式无法有效进行分模与合模工作。

此时只能从另一角度解决上述问题，流体的侧压力计算方式为"密度""重力加速度"和"高度"三者的乘积，前两者为常量，在自然规律不能改变的前提下无法变更，而"高度"则是根据所成型的构件尺寸决定的，也是无法改变的。因此只要混凝土作为流体对模板产生作用，其压力值是巨大且无法避免的。问题的关键点集中在是否采用流体计算，混凝土中游离水的含量决定了其流体特性，游离水的含量在降低的情况下，即混凝土的坍落度减小，则呈现出塑体特征而流体特征降低，这时对模板的侧压力等同于同等数量的沙子。但是塌落度过低的混凝土的流动性差，容易造成密实度不够、局部空鼓或表面强度低等不利影响，具体影响因素如表 6-3 所示。

表6-3　水分在混凝土成型中的影响

	水分升高	水分降低
坍落度	提高	降低
对模板侧压力	变大	变小
混凝土流动性	变好	变差
混凝土密实度	变高	变低
混凝土形态	偏流体	偏塑形
表面强度	下降	增强

渗漏模板的使用能够解决上述矛盾，渗漏模板的使用将混凝土中的部分水分析出，水分在流失的同时流体压力的计算基础也在逐渐消亡，由此能够将混凝土的侧压力有效降低，水分的析出也带来混凝土表面强度的提高。混凝土在浇筑的过程中水分几乎没有改变，由此达到良好的流动性继而保证成型后的密实程度，而一旦混凝土就位后，其中的固态成分静止，部分游离水从渗漏模板的孔洞中析出，带走的还有对模板内侧的压力。上述技术设想在技术储备阶段得到的系统的设计和验证（图 6-2）。

还有一些关系到整个系统成败与否的技术测试工作在此阶段需要摸查排清，这部分工作对于整个系统平台的研发工作至关重要，即可行性问题此时需要进行确认。如装配式模板和脚手架系统的顶杆对于施工中的整体稳定性起到决定性作用，通过模拟计算只能表示在给定条件的理论情况下的结构稳定程度，而现实情况下又会受到意想不到的因素的影响，并且极限承载能力无法通过计算的方式得出，只能采用破坏性实验方式获取。使用压力机进行

图6-2　渗滤模板实验
图片来源：笔者自摄

承载力破坏性测试后，设计承载能力为 2.5 t 的顶杆调节用钢销的破坏屈服强度为 9.6 t，满足设定的使用需求，并具有足够的安全储备量。由于对该构件的实际承载能力具有全面的认识，后续的研发设计中又将该构件的设计承载能力提高到 4 t。

由于考虑到整体安拆和整体吊装作业，对模架底座的设计提出了相对当前脚手架来讲更高的要求，当前脚手架仅能实现非加载情况下的高度可调，而模架底座需要同时做到加载高度可调、调节阻力小、调节过程中上下部分相对不转动和起吊不脱落这四条要求（如表 6-4 所示）。

表6-4　传统脚手架和模架底座技术要求对比

	脚手架底座	模架底座	
技术要求实现情况	非加载高度可调	加载时高度可调	备注：可调高度达到 200 mm
		调节阻力小	备注：可单人操作，操作过程中阻力不可太大，可持续 5 分钟
		调节中上下相对静止	备注：基座上下部分相对不转动
		起吊不脱落	备注：悬置情况下能够承受 100 kg 重量

如上表所示，其中每一项技术要求均存在与之对应的附属备注需求，以方便在技术攻关和技术验收时期能够存在准确的对应关系。例如加载时高度可调需要可调范围达到 200 mm；调节阻力小的衡量标准为能够做到单人操作，操作阻力由可连续操作 5 分钟来进行衡量；调节过程中上下部分相对静止，则是因为底座的底板在作业过程中由地锚螺栓固定，而底座上部分与模架其余的部分连接成整体，因此在高度调节过程中上下都是被限定死的；由于模架需要整体吊装，自然底座在起吊过程中是安装在模架上的，因此掉落的情况绝对需要避免，否则会造成重大安全事故，该项由悬置状态下承受 100 kg 重量来进行控制。

如图 6-3 所进行的底座加载情况下的调节顺滑度实验，通过加载 1.5 t 钢

图6-3　底座承载调节实验
图片来源：笔者自摄

管来模拟底座使用的真实情况，经过实验测试，该型底座在满足上述加载情况下，可由单人使用臂长超过 300 mm 的扳手进行操作，操作阻力处于正常范围，单个工人可以承受的连续操作时间大于 5 分钟。

上述技术控制点仅仅是重型结构房屋系统所需要解决的所有技术范畴的一部分，由于篇幅的限制在此不一一列出，所有的这些问题需要在该阶段逐一进行测试和排查，以确保技术的稳定性。

6.2.3　原型建筑产品一体化研发阶段

经过技术储备阶段的技术落实和确认，已经具备支撑建筑产品成型的各项基础条件，此时开始进入原型产品一体化研发阶段。考虑到后续验证工作的可实施性，重型结构房屋系统的原型产品并没有直接定为层数过多的高层，而是选定为层数仅有两层的低层建筑，但是结构受力计算却是按照高层建筑来进行的，因此构件的尺寸包括梁高板厚均能满足高层的受力要求。

原型建筑产品为钢筋混凝土框架结构，其中地上部分为 2 层，无地下室，室内外高差 0.9 m，一层与二层层高均为 4 m。框架的结构跨度为 7 600 mm，南北方向和东西方向均为两跨，楼板四边悬挑 900 mm。

原型建筑产品的研发考虑到后续项目案例的扩展性能，研发过程中严格执行工业化建筑产品研发设计理念，建筑产品由相互独立的各功能模块组成，如主结构体模块、外围护体模块、内分隔体模块、装修体模块、交通体模块和设备体模块等。其中特别是原型建筑产品的外围护体模块、交通体模块与主结构体模块完全分开，采用机械方式进行连接，明确和简化安装过程，提高安装速度的同时，建造质量也能够得到更好的保证，更为重要的是，建筑产品真正能够做到可修、可维护。

外围护体模块所使用的预制混凝土墙板在研发设计过程中需要综合考虑多方面的控制因素，如道路运输尺寸限制、墙板自重、吊车的吨位、吊装距离、主体结构跨度、开窗方式、立面形式美观程度、安装方式和拆装方式等。最终经过综合考虑，共设置 3 种预制墙板规格，尺寸分别为墙板 1 号：1 790 mm × 3 740 mm；墙板 2 号：1 490 mm × 3 740 mm；墙板 3 号：1 990 mm × 3 740 mm。

其中墙板 1 号如图 6-4 所示，墙板 1 号与 2 号为实墙，墙体 3 号内部包括内径尺寸为 1 910 mm × 1 810 mm 的窗洞。

结构构件尺寸为柱高 3 800 mm，柱截面尺寸为 500 mm × 500 mm。结构板的厚度为 200 mm，双层布置钢筋。结构梁的高度为 800 mm，梁宽为 300 mm。上述结构构件经过模块化的组织扩展后，能够延伸出包括住宅、办公、酒店、学校在内的多种建筑形式，而大跨度所形成的大空间使得空间具备了足够的

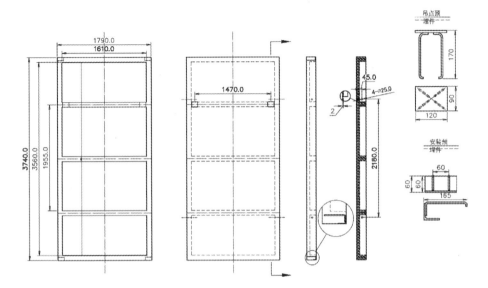

图6-4　墙板1号设计图纸
图片来源：周少龙绘

功能容纳能力和功能可变能力。

　　原型建筑产品在进行建筑专业方面的研发设计的同时，相关其他专业的研发设计工作同时进行，研发设计技术沟通会议定期召开，各专业相互之间进行协调，任何一方对原型建筑产品做出修改均需要通知其他专业的研发人员，保证原型建筑产品的各专业图纸的绘制工作如期完成。

6.2.4　原型产品冻结阶段

　　上述原型建筑产品研发设计工作完成后，研发进度步入原型产品冻结阶段。该阶段对于上一步骤内所涉及的原型建筑产品进行再次确认，具体形式以技术交底会的方式进行，参与人员为各专业研发参与人员和所聘请的评议专家，会后进行表决能否通过原型产品冻结阶段。通过后，关于原型建筑产品的研发设定不再进行修改，研发活动正式进入后续的构件研发和总装研发阶段。

6.2.5　构件研发阶段

　　重型结构房屋系统的构件研发阶段的内容根据原型建筑产品的设定进行从标准件、组件到吊件的构件研发工作，这三个级别的构件分别代表着一级工厂化、二级工厂化到三级工厂化的阶段性成果。部分生产加工步骤按照表6-5所示的层级顺序进行，从最初级的一级工厂化标准件生产、二级工厂化的组件、到最后三级工厂化完成后产出可以直接供给工地使用的吊件。表中内容为工厂化阶段产品生产的全部过程，其中三级工厂化本次全部在工厂端完成，后续项目开展可以直接在工地车间完成，从而提高运输效率，降低成本。

表6-5　构件研发阶段的部分内容

	独立架						模板					堵头	
一级工厂化	主杆	斜拉	顶杆	节核	底座	托梁	模框	模筛	模箍	抱杆	抱槽	模框	模箍
二级工厂化	独立架						单片模板			抱箍		梁柱堵头 梁板堵头	
三级工厂化	柱模架、梁模组、板模组												

1. 标准件研发

1）主杆

主杆的加工原料为 60 mm 的镀锌方管，壁厚 4 mm，每米重量为 7.02 kg，原材料单根长度为 6 000 mm，加工企业为溧新机械。主杆目前有三个型号，即主杆 -1 800、主杆 -1 500、主杆 -1 200，实际长度分别为 1 740 mm、1 440 mm、1 140 mm。加工步骤为先使用锯床将其准确切割成需要尺寸的杆件，然后通过摇臂钻床在各距两端 30 mm 的部分转直径 16 mm 的对穿孔，至此主杆加工完毕。

2）斜拉

斜拉为保证独立架横向稳定的支撑构件，由溧新机械加工。斜拉由固定斜拉由活动斜拉 2 个组成　副，固定斜拉由直径 16 mm 的圆钢和 2 个斜拉节板组成；活动斜拉由 2 段直径 16 mm 的丝杆、1 个 16 mm 的花篮扣和 2 个斜拉节板组成。圆钢、丝杆与花篮扣均为市场采购件，斜拉节板为自生产件。

生产步骤为：

（1）使用剪板机将 5 mm 厚钢板剪成需要轮廓尺寸；

（2）使用数控线切割加工斜边、开槽及开中心圆孔；

（3）使用折弯机将斜拉节板折到固定角度后，分别与圆钢和丝杆采用氩弧焊技术焊接一体。

3）顶杆

该部件为独立架最顶端承托托梁上端荷载的竖向构件，分三部分组成，分别为 50 mm 的直径 T 型扣丝杆，螺距 12 mm，长度 1 200 mm；配套螺母；120 mm 的直径中空托盘，中心钻有直径 55 mm 圆孔，厚度 10 mm。每根丝杆配套三个螺母与两个托盘，其中两个托盘和其中两个螺母焊接一体。托盘中空部分由摇臂钻床打孔加工而成，托盘与螺母采用氩弧焊进行焊接。（图 6-6）

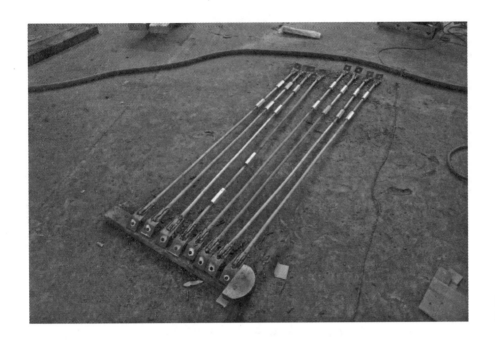

图6-5　标准件斜拉完成图
图片来源：笔者自摄

图6-6　标准件顶杆完成图
图片来源：笔者自摄

4）节核

节核为独立架内部连接各向杆件的节点，由节板、节套和节芯三部分组成，节板和节套通过焊接成为整体，节芯与节套通过两颗 M16 螺栓连接。

节板由 5 mm 厚钢板加工而成，生产步骤为：第 1 步，先用剪板机将钢板剪成轮廓尺寸；第 2 步，使用台式乙炔切割机将四角切掉（图 6-7）；第 3 步，使用线切割割掉中心方孔；第 4 步，使用摇臂转床加工 4 个圆孔。

节套为厚 4 mm、截面宽 60 mm 镀锌方管加工而成，加工步骤为先使用锯床切割成 180 mm 的小段，然后使用摇臂钻分别在距离两端 30 mm 的位置加工 16 mm 的直径圆孔。

图6-7　台式乙炔切割机割角操作

图片来源: 笔者自摄

　　节芯由厚 3 mm、直径 50 mm 无缝圆管满打直径 16 mm 圆孔, 孔距 60 mm。由于截面为圆形且开孔量巨大, 采用手工方式加工质量不能保证, 而且价格较高, 如 1 200 mm 的范围内需要开 80 个圆孔, 采用数控冲管机的报价为每根 80 元且包含材料费, 使用钻床手工开孔的加工费要每孔 3 元, 经过测算光加工费每根就需要 240 元, 因此选用数控冲管既能保证质量又能节省成本。

　　5）底座

　　底座是整个独立架分项最为复杂的部分, 也是功能要求最严苛的部分。不同于一般脚手架的可升降底座, 高度改变的同时需要底板自身旋转, 这也就导致了整个底座的上下部分之间会产生相对转动。而本独立架由于后续安装步骤及周围配套设置的原因, 对底座提出了诸多严苛的要求, 该部分的技术确认工作在技术储备阶段已经过检验。在实际生产中利用成熟工业产品——轴承来解决升降且不相对转动的问题, 由于是成熟产品, 每个轴承的价格为 12 元, 如果采用低速轴承, 采购成本还可以降低 30%。

　　底座由下部底板、中间丝杆和上部套管组成。下部底板由 10 mm 厚、180 mm ×180 mm 钢板, 长度 100 mm、直径 90 mm、厚 4 mm 无缝钢管, 2 个直径 80 mm 轴承, 直径 120 mm 中空圆盘和长 20 mm、直径 50 mm 无缝钢管组成。中部由直径 40 mmT 扣丝杆和 1 个配套螺母组成, 其中螺母需要车出深 10 mm、直径 54 mm 凹槽, 然后将丝杆与底板部分轴承内侧焊接成一体, 接着将车过的螺母套进丝杆, 旋转至内沿距离底板 3 mm, 就位后将螺母和丝杆焊接。上部套管由长 600 mm、直径 50 mm 无缝钢管与螺母组成, 其中钢管需要冲孔, 与节核部分的节套为同一部件, 钢管与螺母需要焊接（图 6-8）。

图6-8　标准件底座生产完成图
图片来源: 笔者自摄

此底座在解决了以上两点要求的同时还具有防尘效果, 一定程度上避免了水泥浆灌入轴承内部, 影响使用寿命。现场使用时如果能够外加塑料套袖予以保护, 可以保证下次使用时升降的顺畅。

6) 托梁

托梁是梁和板的荷载传向独立架的中继部件, 其自身的强度和刚度与混凝土施工过程的稳定性休戚相关。托梁为 60 mm × 120 mm 薄壁 C 型格构钢, 壁厚 5 mm, 长度有 2 400 mm 和 3 000 mm 两种型号。加工数量较少的情况下, 采用折弯机加工, 具体步骤为通过校平机和剪板机将成卷的 5 mm 厚镀锌钢板加工成所需要 C 型钢的展开尺寸, 然后通过折弯机将平面板材经过四道折弯工序加工为成品。折弯机效率低且精确不高, 在该标准件需求量较大的情况下可直接使用专用 C 型格构钢加工机器加工, 效率和成本都可以得到相应的优化。

7) 模框

模框由厚 2 mm、直径 60 mm 镀锌方管加工而来, 原料成品长度 6 000 mm。定尺截断时需用锯床进行切割, 如用砂轮切割机会导致切口不平整, 影响二级工厂化的完成质量。模框顾名思义, 实际为单片模板的内部支撑框架, 模板能否达到强度、刚度及多次周转的要求几乎取决于模框的强度与刚度 (图 6-9)。

8) 模筛

模筛为 0.7 mm 厚穿孔镀锌钢板, 冲孔直径为 2 mm, 孔间距 10 mm, 加工尺寸为 2 000 mm × 600 mm。该标准件的作用是在现场混凝土浇筑时与模框一起为其塑形, 同时穿孔板表面的小孔可以将混凝土中的一部分水分滤出从而保证将混凝土拦在内部。此种做法的好处有两点：①降低混凝土侧压力，降低模板的应力荷载；②相对减小混凝土水灰比，提高表面强度。具体安装方法为通过手电钻用燕尾自攻钉将模筛钉在模框上，钉眼密度不大于 300 mm；由于厚度较小，不同张数间可以层叠钉在一起（图 6-10）。

图6-9　标准件模框生产完成图
图片来源：笔者自摄

图6-10　标准件模筛生产完成图
图片来源：笔者自摄

9）模箍

模箍为单片模板之间的连接过渡件，由两部分组成：①冲孔截面宽 60 mm 的方管，厚度 4 mm，满开直径为 16 mm 圆孔，孔距 60 mm；②冲孔 60 mm×30 mm 槽钢（图 6-11），厚度 3 mm，满开直径为 16 mm 圆孔，孔距 60 mm。冲孔方管与冲孔槽钢由 M16 螺栓连接。

10）抱杆

抱杆为模板与独立架拉结的中转构件，由厚 4 mm、截面宽 60 mm 镀锌方管对穿冲孔加工而来，孔距 60 mm，孔径 16 mm。由于南京当地的加工能力有限，无法采用冲孔的方式对方管进行对穿加工，因此只能采用台钻加工对穿孔（图6-12），但是孔距由数控步进电机控制，在精度方面能够满足要求。

图6-11 采用数控冲孔机进行标准件模箍一级工厂化生产
图片来源：笔者自摄

图6-12 采用数控钻孔机进行标准件抱杆一级工厂化生产
图片来源：笔者自摄

上述内容为一级工厂化阶段所涉及的主结构体模块的标准件组群中的一部分，由于篇幅的限制，在此不罗列所有模块的标准件，但是所有的标准件的属性参数的条目是完全一致的。本级构件的属性参数组成如图 6-13 所示，这其中包括名称、价格、材料规格、生产厂家、基本信息备注、长度、宽度、高度、重量、工序、所需工时、所需工具、所需装备、最小用工量、最大用工量、建造信息备注。属性参数的条目排布不是呈线性排列，具有一定的分组逻辑，上述众多条目被分为四个组别，分别为基本信息组、物理信息组、建造信息组

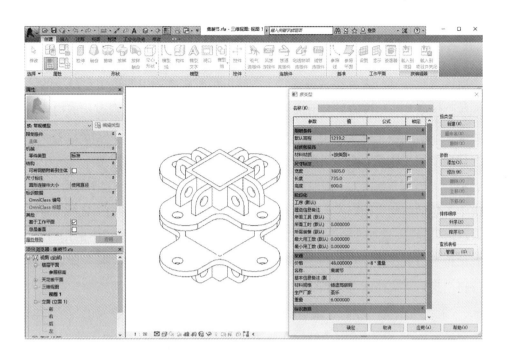

图6-13　标准件属性参数
图片来源：笔者制作

和物流信息组，其中物流信息组为生产建造过程中数据返回值，因此该部分
的属性参数在数据库中自动添加，不同的属性参数条目也对应着各自的参数
类型（表 6-6）。

表6-6　属性参数分组情况及数据类型

分组名称	属性条目	参数类型	数据类型	数据单位
基本信息组	名称	类型参数	字符串	—
	价格	类型参数	浮点型单精度	元
	材料规格	类型参数	字符串	—
	生产厂家	类型参数	字符串	—
	基本信息备注	类型参数	字符串	—
物理信息组	长度	类型参数	浮点型单精度	毫米
	宽度	类型参数	浮点型单精度	毫米
	高度	类型参数	浮点型单精度	毫米
	重量	类型参数	浮点型单精度	公斤
建造信息组	工序	实例参数	字符串	—
	所需工时	实例参数	整型	分钟
	所需工具	类型参数	字符串	—
	所需装备	实例参数	字符串	—
	最小用工量	实例参数	整型	人
	最大用工量	实例参数	整型	人
	建造信息备注	实例参数	字符串	—

　　上述的诸多属性参数分别具有各自的数据类型，从宏观来讲，主要分为
数值型和字符型两种，前者包括代表整数的整型和代表具有小数的浮点型单

精度，后者则是由汉字、字母、符号和数字所组成的集合。数值型参数可以参与科学计算，而字符型参数则不可以。"最大用工量"和"最小用工量"这两个属性参数分别代表着在高级别的生产建造中所能够适用的最多和最少的工人数，例如某一构件的最大用工量为 4，而最小用工量为 2，则表示该构件的装配工作必须由不少于 2 个人完成，工人数量为 1 时作业无法完成，诸多生产建造中的工序是需要多人配合的，这种情况占据了重型结构房屋系统中的大半；而当工人数量为 6 时则作业效率与为 4 时相同甚至作业效率有所降低，由于工位的空间有限以及构件装配的特征因素，超过一定数量的工人同时作业会适得其反。属性参数"所需工时"为换算到单个工人作业情况下的用时数，其单位为分钟，该项参数与"最大用工量"和"最小用工量"混合计算后能够得出最短完成时间与最长完成时间。如某一标准件的"所需工时"数值为 60，"最大用工量"为 4，"最小用工量"为 2，则该标准件所涉及的作业时间按照长短排布，分别为 30 分钟、20 分钟和 15 分钟，其所对应的用工数为 2 人、3 人和 4 人。弹性用工量和弹性作业时间的引入可以灵活地调配人力，通过对来自不同功能模块的多种作业的整合考虑，将生产建造工作进行统筹规划，在达到预定目标的情况下能够尽可能地降低用工量以及减少窝工时间。

由于采用了面向对象的建模方法，类似的标准件之间可以采用合并方式进行处理，这样只生成一个族文件，从而降低了后续数据库的存储负荷。通过命名新的族实例名称来拓展与之相类似的标准件，相类似的标准件之间可以具有完全不同的属性参数。如图 6-14 所示，"节杆 -1 800"与"节杆 -1 200"类似，分别是长度为 1 736 mm 和 1 136 mm 的方管，加工方式均为距端头 30 mm 冲孔，两者的不同主要体现在长度上以及所带来的属性参数上的改动。

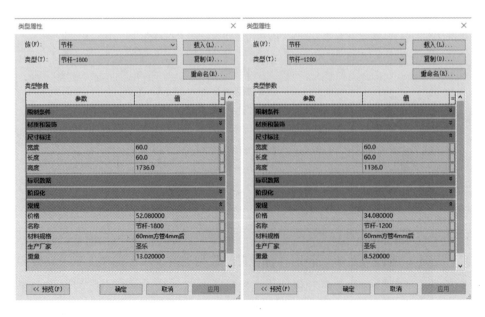

图6-14　不同的族类型共用同一个族文件

图片来源：笔者截图

192

采用面向对象建模方法，只需要建立族"节杆"就可以映射出多个族实例以供使用，不同族实例的属性参数可以根据设定的基础值自动更改。一级工厂化阶段的工作内容仅为标准件的生产制备，每个构件均是以独立的个体存在的，在研发设计中作为一个整体而不可分割。

2. 组件研发

重型结构房屋系统的组件研发阶段为配置二级工厂化阶段的具体生产内容，一级工厂化关注的重点为物质的生产工作，即标准件的生产，而二级工厂化的研发重心则完全转移到如何有序地将标准件装配成为更高层级的组件上来，事实上从二级工厂化开始，后续的三级工厂化以及现场总装阶段的工作也几乎全部为装配组合方面的作业，而非从零开始的物质成型生产。

标准件所带有的各种属性参数的数值此时参与到二级工厂化的运作中来，来自同一族文件的多个族实例各自具有不同的参数，这其中类型参数在族实例内部是统一的，更改某一个体的类型参数数值，则同一族类型下的所有个体均一并进行联动性修改，此举能够大幅度提高属性参数的赋值效率，避免重复劳动，但是类型参数的赋值修改工作需要谨慎进行，否则错误操作的影响范围过大。例如所有实例名称为"节杆 –1 200"的标准件其所具有的类型参数"价格""生产厂家"和"重量"均为定值，即分别为数值 34.08、字符串"圣乐"和数值 8.52，其中 34.08 和 8.52 各自代表着人民币 34.08 元和重量 8.52 公斤。

与类型参数相左的实例参数则完全不同，不同个体的标准件"节杆 –1 200"所具有的实例参数的数值是可以不一致的，如"工序""所需工时""最大用工量"和"最小用工量"这些实例参数可以具有完全不同的值，如用于二级工厂化和三级工厂化的同一类标准件的"工序"参数信息是完全不同的，同一标准件在不同的位置进行安装所需要的人工数量和安装时间也不尽相同，这部分属性参数必须设置成为实例参数才能保证正常的效用。

"工序"这一实例参数的编码设置较为特殊，其反映的是该构件所参与到的某一具体生产建造的片段，该属性参数对于建造信息系统的有效运转尤为重要，通过在数据库中调取该参数的数值，能够对生产建造活动进行控制和指导。例如，明晰某工序所需要的构件种类、数量、用工数量和所用时间，由此能够准确地对人、财、物进行调配；抑或，通过采集其中一段或者全部的"工序"参数数值的序列，进行施工组织模拟，由此完善生产建造计划。

"工序"的参数设置具有特定的编码逻辑（图 6-15），由七位阿拉伯数字和三位符号"–"组成，符号"–"将前者分隔成为四段，其中第一段为单数位，后三段为双数位。第一段数位的容量为 10，代表着生产建造级别，需要指出

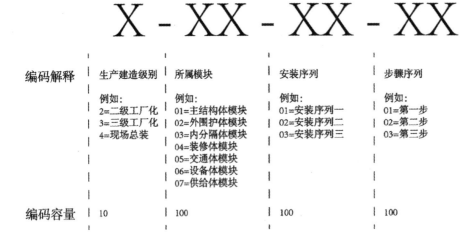

图6-15　实例参数"工序"的构成解释

图片来源：笔者自绘

的是，由于标准件的集合中构件的形态纷繁错杂，且其中相当数量的标准件为市场采购件或者合同加工件，而非产业联盟系统内的企业所生产，因此对基础物质生产的一级工厂化阶段很难进行工序方面的追踪与控制，且该部分的工序细化工作对于整个系统平台的建立无法产生实质性的推进作用，仅需要确定好规格、数量和交货时间地点即可，因此"工序"属性参数对于一级工厂化阶段不进行收录，因此第一段数位目前仅有三种编码，分别是"2""3"和"4"。第二段数位为该工序所属模块，容量为100，分别代表着主结构体模块、外围护体模块、内分隔体模块等。第三和第四段数位容量也均为100，分别代表着安装序列和步骤序列，上述两者与第一和第二段数位协同工作，能够准确地定位所代表的具体微观生产建造活动。

　　某些构件的"工序"属性具有多个字符段，则代表着这部分构件多次进行拆装作业，而不是仅有一次安装，字符段之间通过英文符号"，"进行隔断。拥有奇数个字符段说明该构件最终未被拆除，成为建筑中的一部分，而拥有偶数个字符段说明该构件最终被拆除，脱离建筑而独立存在。例如，某构件的"工序"属性参数为"2-01-02-01，2-01-04-02，2-01-06-01，2-01-07-03"，则说明该构件属于主结构体模块，经历了两次安装和两次拆除并最终在2-01-02-01工序步骤被首次安装，在2-01-04-02工序步骤被首次拆除，在2-01-06-01工序步骤被再次安装，在2-01-07-03工序步骤被再次拆除，最终该构件没有留在建筑产品中，而是作为中转构件参与了生产建造活动。这种类型的构件虽然在最终的建筑产品中不显示，但是其具体的安装过程对于整个系统来讲仍然是至关重要的。

　　组件研发阶段所探索的本体是将标准件装配成为集成度高，同时能够满足道路运输要求的构件的这一过程，后者在运输到工地车间后经过三级工厂化生产则成为能够直接进行吊装就位的吊件。如图 6-16 所示为工序 2-01-

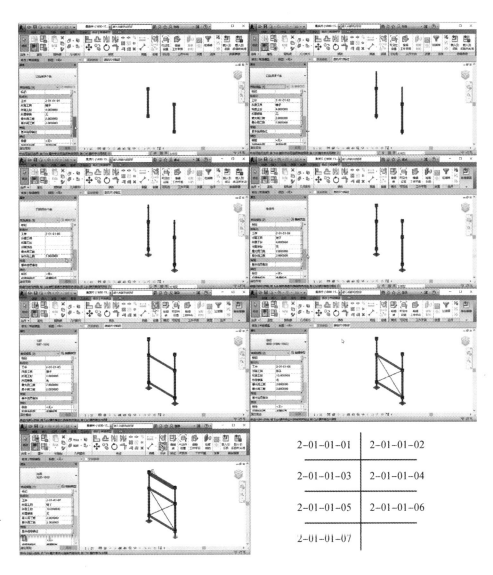

图6-16　工序2-01-01-01至2-
01-01-07序列分解图

图片来源：笔者制作

01-01 至 2-01-01-07 的序列分解图，所描述的内容为从属于主结构体模块的
名为"集装片 –（1800–1500）"二级工厂化组件的形成过程，步骤共分为 7 步，
其工序属性代码同属于 2-01-01 这一集合，其中具体每一步所需要的标准件
种类、数量和安装信息如表 6-7 所示。

表6-7　工序集合2-01-01清单

序列	工序属性代码	所用标准件	数量	所需工具	工时（分钟）	最小用工量（人）	最大用工量（人）
01	2-01-01-01	节核	4	锤子	4	1	2
		节杆 –1500	2	锤子	4	1	2
02	2-01-01-02	顶杆 –900	2	锤子	4	1	2
		底杆	2	锤子	4	1	2
03	2-01-01-03	底座	2	—	2	2	2
04	2-01-01-04	节核	2	锤子	4	2	2

序列	工序属性代码	所用标准件	数量	所需工具	工时（分钟）	最小用工量（人）	最大用工量（人）
05	2-01-01-05	节杆 -1800	2	锤子	4	2	2
06	2-01-01-06	斜拉 -（1800-1500）	2	扳手	10	2	2
07	2-01-01-07	托梁 -1800	1	锤子	10	2	2

　　如工序 2-01-01-01 的生产安装工作内容为将 4 个"节核"与 2 个"节杆 -1500"进行装配，单个标准件"节核"与"节杆 -1500"的单人安装时间均为 4 分钟，所用工具为锤子。在配置 1 名工人进行作业的总工时为 24 分钟，配置 2 名工人进行作业的总工时为 12 分钟。经过与后续的步骤进行对比，其中工序 2-01-01-03 至 2-01-01-07 的最小用工量均为 2 人，因此综合考虑，完成 2-01-01 工序集合的合理工人配置数量为 2 人，在该种配置情况下生产一个"集装片 -（1800-1500）"的二级工厂化阶段的总时间为 45 分钟（表 6-8）。

表6-8　给定用工配置下的生产用时汇总

序列	工序属性代码	所用标准件	数量	工时（分钟）	用工配置（人）	生产用时（分钟）
01	2-01-01-01	节核	4	4		8
		节杆 -1500	2	4		4
02	2-01-01-02	顶杆 -900	2	4		4
		底杆	2	4		4
03	2-01-01-03	底座	2	2	2	2
04	2-01-01-04	节核	2	4		4
05	2-01-01-05	节杆 -1800	2	4		4
06	2-01-01-06	斜拉 -（1800-1500）	2	10		10
07	2-01-01-07	托梁 -1800	1	10		5
总计						45

　　2-01-01 工序集合的下一个序列为 2-01-02（图 6-17），后者是关于模板的二级工厂化装配作业，安装内容为将模框和模滤进行整合，使之成为完整的模板以供使用。

　　2-01-02 内部包含 2-01-02-01、2-01-02-02 和 2-01-02-03 三个工序步骤。

　　2-01-02-01 的装配内容为 2 个"模框 -2400"标准件，单件的所需工时为 2 分钟，最小用工量为 1，最大用工量为 2，无工具需求。

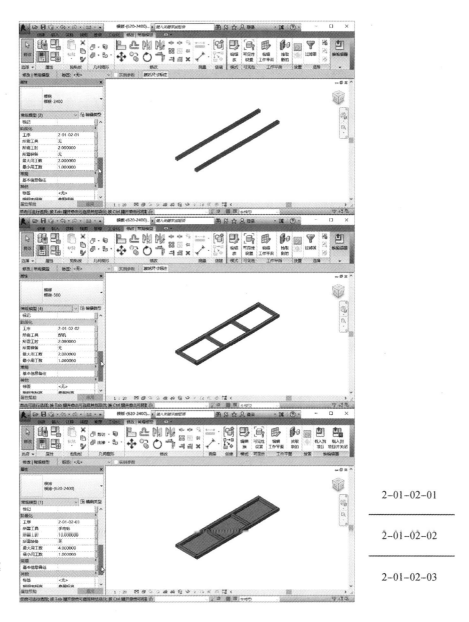

图6-17　工序集合2-01-02"模板-（620-2400）"序列分解图
图片来源：笔者制作

2-01-02-02 的装配内容为 4 个"模框 -500"标准件，单件的所需工时为 2 分钟，最小用工量为 1，最大用工量为 2，工具需求为焊机。

2-01-02-03 的装配内容为 1 个"模滤 -（2400-620）"标准件，单件的所需工时为 10 分钟，最小用工量为 1，最大用工量为 4，工具需求为手电钻。最终得到的二级工厂化组件为"模板 -（620-2400）"。

按照用工配置为 2 人的情况下，完成上述 2-01-02-01、2-01-02-02 和 2-01-02-03 三个步骤，组件"模板 -（620-2400）"的二级工厂化生产时间为 11 分钟。

上述内容为从属于主结构体模块的二级工厂化生产的其中一部分，该阶段生产还包括其他模块，例如外围护体模块的二级工厂化内容。重型结构房屋系统所使用的预制外墙板就属于外围护体模块，该部分的二级工厂化生产内容包括墙板模板和墙板钢筋笼部分。图 6-18 所示为"墙板模板 –（1985-3740）"部分的生产步骤，工序集合编号为 2-02-01；图 6-19 所示为"墙板钢筋笼 –（1955-3710）"部分的生产步骤，工序集合编号为 2-02-02。

　　综合上述实例，重型结构建筑系统在组件研发阶段所做的工作为对二级工厂化生产进行细致研究和设定，将一级工厂化生产得到的标准件组合成为组件，在能够满足道路运输要求的情况下，组件的目标为尽量做到高集成度，由此能够显著地降低工地车间的作业负担。

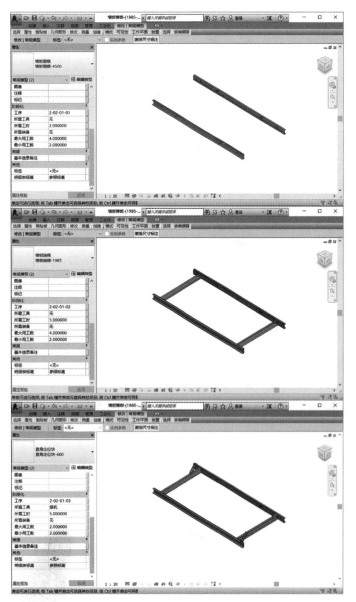

2-02-01-01

2-02-01-02

2-02-01-03

图6-18　工序集合2-02-01"墙板模板一（1985-3740）"序列分解图

图片来源：笔者制作

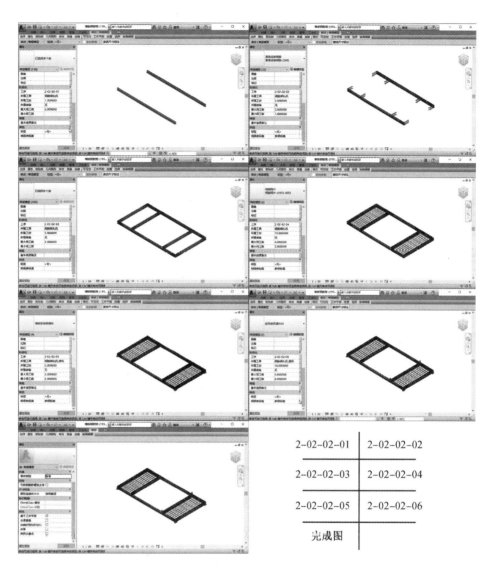

图6-19　工序集合2-02-02"墙板钢筋笼-（1955-3710）"序列分解图

图片来源：笔者制作

2-02-02-01	2-02-02-02
2-02-02-03	2-02-02-04
2-02-02-05	2-02-02-06

完成图

3. 吊件研发

吊件研发是面向三级工厂化生产来进行设定的，吊件成型的生产场所并非放置在设施完善的固定厂房内，而是位于工地现场内部，所能够配给的生产设施则根据各项目工地的特征进行灵活布置。与组件研发阶段类似，吊件研发阶段的关注点也放置在如何将低层级的构件进行组合，成为更高层级的构件，以此来实现现场总装阶段的高度集成化。但是组件研发受到道路运输尺寸的限制，而吊件研发则不同，由于生产场地设置在工地上，因此只要在能够满足起重量的情况下，吊件能够做得足够大；可是正是由于生产场地设置在现场的原因，吊件研发阶段无法采用自动化程度过高的设备辅助三级工厂化的生产。因此吊件在组装过程中，组件之间的连接方式不能过于复杂，接口的设置方式要简单清晰，避免过多地对工装器具的依赖。最佳的情况为，连接精度的控制可以不借助第三方的工具，完全依靠二级工厂化组件自身的接口来达成。

如图 6-20 所示，为吊件"柱模架-（1800-1800）"的三级工厂化生产序列，共分为 8 个步骤来完成，其工序序列分别为：3-01-01-01、3-01-01-02、3-01-01-03、3-01-01-04、3-01-01-05、3-01-01-06、3-01-01-07 和 3-01-01-08。

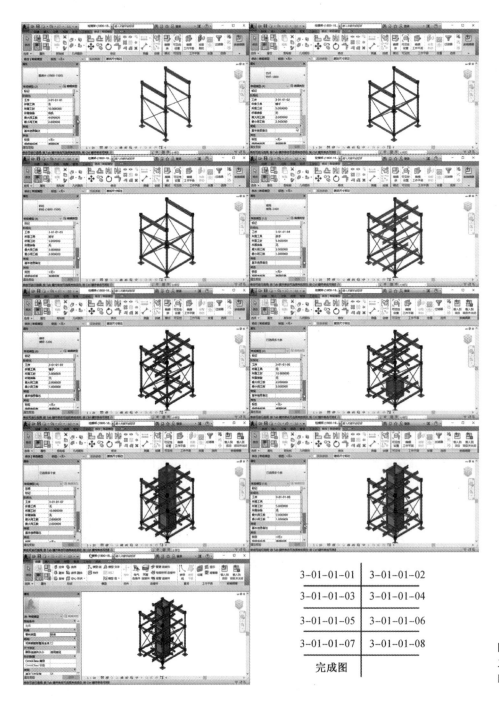

3-01-01-01	3-01-01-02
3-01-01-03	3-01-01-04
3-01-01-05	3-01-01-06
3-01-01-07	3-01-01-08
完成图	

图6-20 "柱模架-（1800-1800）"
三级工厂化序列分解图

图片来源：笔者制作

3-01-01-01 是对"集装片 –（1800-1500）"的装配工作，而这正是二级工厂化工序序列 2-01-01-01 至 2-01-01-07 的生产结果，这 7 个步骤所涉及的诸多标准件，如"节核""节杆 –1800""顶杆 –900""底杆""底座""斜拉 –（1800-1500）"和"托梁 –1800"，此时聚合成名为"集装片 –（1800-1500）"的整体参与到三级工厂化的生产工作。上述诸多标准件的属性参数此时对于吊件研发已经基本丧失作用，被隔绝在二级工厂化内部，无法传递到三级工厂化中来，但是其中一部分数值型参数经过汇总与求和后生成新的参数，被赋予到它们的上级构件相对应的属性参数中来，如重量和价格等。"集装片 –（1800-1500）"相较于所辖组件和标准件来讲拥有独特的属性参数数值。

如表 6-9 所示的吊件"柱模架 –（1800-1800）"二级、三级工厂化树状层级表所显示的内容能够反映重型结构建筑系统的部分层级构架，不同层级的构件通过逐级装配来进行组合。在物质构成方面，高层级的构件包括所含有的低层级构件的总和，如"集装片 –（1800-1500）"是"节核""节杆 –1800""底杆""托梁 –1800"等构件的总和；"模板 –（620-1200）"是"模框 –1200""模框 –500"和"模滤 –（620-1200）"的总和；"模板 –（500-1200）"是"模框 –1200""模框 –380"和"模滤 –（500-1200）"的总和。二级工厂化的阶段化聚合成果同时也成为三级工厂化的阶段化生产原料，如"集装片 –（1800-1500）"同时也是三级工序 3-01-01-01 的生产原料。

而同样作为三级原料的 2 个"集装片 –（1800-1500）"伙同 4 个"节杆 –1800"、4 个"斜拉 –（1800-1800）"、"12 个模角 –2400"、8 个"模角 –900"、6 个"模杆 –1200"、8 个"模杆 –900"、2 个"模板 –（620-1200）"、2 个"模板 –（500-1200）"、2 个"模板 –（620-2400）"和 2 个"模板 –（500-2400）"，共同组成了三级工厂化的产物之一"柱模架 –（1800-1800）"，如图 6-20 中的完成图那样，后者同时也是总装阶段的建造原料的一部分。

在属性参数方面，三级工厂化的构件虽然在物质构成方面等于所下属的二级工厂化构件的总和，即吊件在物质层面等于所属的组件的总和，但是属性参数却是相对独立的。如吊件"模板 –（620-1200）"的工序参数数值为"3-01-01-06"，但是所属的组件"模框 –1200""模框 –500"和"模滤 –（620-1200）"的工序参数分别为"2-01-04-01""2-01-04-02"和"2-01-04-03"，由此可见，"3-01-01-06"与"2-01-04-01""2-01-04-02"和"2-01-04-03"是完全不同的参数数值。

表6-9　吊件"柱模架-（1800-1800）"二级、二级工厂化树状层级表

二级工厂化			三级工厂化			三级工厂化成品
工序	标准件名称	数量	组件名称	数量	工序	吊件名称
2-01-01-01	节核	4	集装片-（1800-1500）	2	3-01-01-01	柱模架-（1800-1800）
	节杆-1800	2				
2-01-01-02	顶杆-900	2				
	底杆	2				
2-01-01-03	底座	2				
2-01-01-04	节核	2				
2-01-01-05	节杆-1800	2				
2-01-01-06	斜拉-（1800-1800）	2				
2-01-01-07	托梁-1800	1				
节杆-1800				4	3-01-01-02	
斜拉-（1800-1800）				4	3-01-01-03	
模角-2400				12	3-01-01-04	
模杆-1200				6	3-01-01-05	
2-01-04-01	模框-1200	2	模板-（620-1200）	2	3-01-01-06	
2-01-04-02	模框-500	4				
2-01-04-03	模滤-（620-1200）	1				
2-01-05-01	模框-1200	2	模板-（500-1200）	2		
2-01-05-02	模框-380	4				
2-01-05-03	模滤-（500-1200）	1				
2-01-02-01	模框-2400	2	模板-（620-2400）	2	3-01-01-07	
2-01-02-02	模框-500	4				
2-01-02-03	模滤-（620-2400）	1				
2-01-03-01	模框-2400	2	模板-（500-2400）	2		
2-01-03-02	模框-380	4				
2-01-05-03	模滤-（500-2400）	1				
模角-900				8	3-01-01-08	
模杆-900				8		

　　吊件研发阶段还存在着一些构件多次进出工序列表的情况。如图 6-21 所示为吊件"墙板-（1990-3740）"的三级工厂化生产，共 9 步工序：3-02-01-01、3-02-01-02、3-02-01-03、3-02-02-01、3-02-02-02、3-02-03-01、3-02-03-02、3-02-04-01 和 3-02-05-01。其中最后一步工序 3-02-05-01 较为特殊，前 8 步工序均为二级工厂化组件装配进入，成为吊件物质构成的一部分的代指工序，而最后一步工序则为拆除工序，即在该步工序中，不但没有组件或者标准件加入吊件中来，反而会有相应的构件在该步工序中被剥离出吊件的构件组成序列。如组件"墙板模板-（1985-3740）"在 3-02-01-01 被装配，在 3-02-05-01 被拆除；组件"墙板钢筋笼-（1955-3710）"在 3-02-

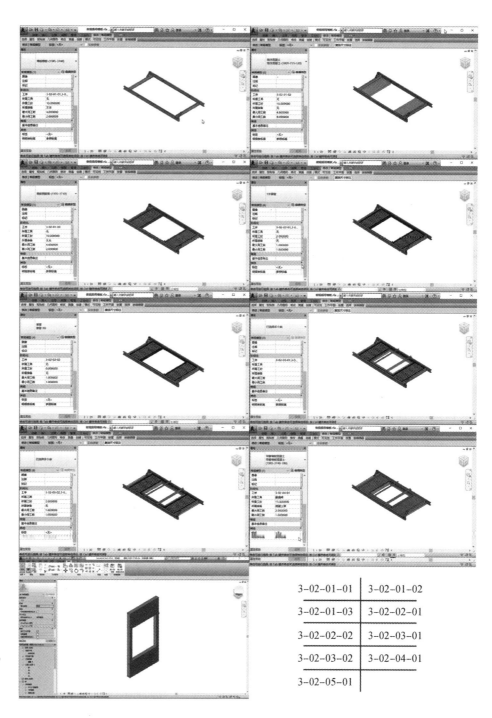

图6-21 "墙 板-（1990-3740）"
三级工厂化序列分解图
图片来源：笔者制作

01-03 被装配，在 3-02-05-01 被拆除；标准件"T字圆管"在 3-02-02-01
被装配，在 3-02-05-01 被拆除。上述"墙板模板－（1985-3740）""墙板钢
筋笼—（1955-3710）"和"T字圆管"虽然所属层级不同，但是具有同时在
3-02-05-01 被拆除的相似点，因此这三者的工序参数分别为"3-02-01-01，
3-02-05-01""3-02-01-03，3-02-05-01"和"3-02-02-01，3-02-05-01"，
均具有偶数个字符段。最终在 3-02-05-01 步骤，中间构件经过剥离拆除后，

得到完整的吊件"墙板 –（1990-3740）"，后者可以直接参与到现场总装阶段的建造中，当然，该吊件也具有自身独特的属性参数，该参数要在现场总装阶段才能够被识别和使用。

6.2.6 总装研发阶段

总装研发阶段是继三级工厂化之后的建造活动，也是工业化生产建造模式的最后一个阶段，该阶段的研发工作旨在合理地进行建造工序的排布和预演，以此能够在真实的建造中可以高效地调动机具与人工，在预定时间内有序地完成建造活动。

如图 6-22 所示，整个结构柱的浇筑仅需要 4 步即可完成，如 4-00-00-01 步骤为进行安装"柱模架 –（1800-1800）"的前期准备工作，放置四个"定位角钢 –380"到指定的位置，所需工具为冲击钻和扳手；4-01-01-01 为"柱模架 –（1800-1800）"的就位工序（如图 6-23 所示），所需装备的吊机，在 4 名工人的辅助下，能够在 15 分钟完成就位作业；4-01-01-02 为结构柱钢筋的施工过程，具体作业过程为将"钢筋笼 –（440-440-5000）"进行整体吊装就位，参与建造人员为 2 人，建造耗时 15 分钟；4-01-01-03 为结构柱的混凝土浇筑工序，所需工具为混凝土振捣棒，所需设备为混凝土泵车，操作人员为 1 人，所需时间为 5 分钟。

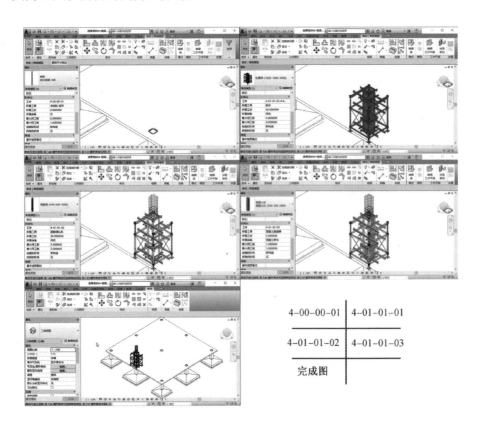

4-00-00-01	4-01-01-01
4-01-01-02	4-01-01-03
完成图	

图6-22 吊件"柱模架–（1800-1800）"在现场总装中的工序分解图

图片来源：笔者制作

图6-23　钢筋笼现场阶段整体就位
图片来源：笔者自摄

前面设置的一至三级工厂化的生产活动正是为了给此时的建造活动提供有利条件与保障，构件经过逐级装配后成为层级水平较高的组件，使得总装阶段的建造工作得以简化，原本手工模式下需要在现场有限的条件下进行施工的烦琐工序步骤此时被整合成了有限的几步。如工序 4-01-01-01 在配置 1 台吊机和 4 名工人的情况下，只需要 15 分钟即可完成就位工作。可是形成一个"柱模架－（1800-1800）"却需要在二级和三级工厂化阶段分别耗时 87 分钟和 107.5 分钟（表 6-10），这还是在完备的厂房中配置 4 名工人的情况下得到的预估数据，相同的工作量在现场阶段将耗费更多的时间和人工。

表6-10　"柱模架-（1800-1800）"二级与三级工厂化阶段累计耗时汇总表

工厂化阶段	工序名称	单组工人配给（人）	单组时间（分钟）	工序组倍数	总工人配给（人）	综合时间（分钟）	小计时间（分钟）
二级工厂化	2-01-01-01	2	12	2	4	12	87
	2-01-01-02	2	4	2	4	4	
	2-01-01-03	2	4	2	4	4	
	2-01-01-04	2	4	2	4	4	
	2-01-01-05	2	4	2	4	4	
	2-01-01-06	2	10	2	4	10	
	2-01-01-07	2	5	2	4	5	
	2-01-02-01	2	2	8	4	8	
	2-01-02-02	2	4	8	4	16	
	2-01-02-03	2	5	8	4	20	
三级工厂化	3-01-01-01	2	10	1	4	2.5	107.5
	3-01-01-02	2	5	1	4	5	
	3-01-01-03	2	5	1	4	5	
	3-01-01-04	2	30	1	4	30	
	3-01-01-05	2	15	1	4	15	
	3-01-01-06	2	20	1	4	20	
	3-01-01-07	2	20	1	4	20	
	3-01-01-08	2	10	1	4	10	
总计							194.5

层级化生产和高度集成化的生产建造方法，从物质输送的角度来评判，能够大幅度地提高工地现场的生产效率，降低现场阶段的工作量和劳动强度。如上述例子，现场阶段 15 分钟的集成化建造时间能够承载工厂阶段近 200 分钟的生产时间，正是这种建造工序的设置方式，以工厂阶段的拓展化生产替代现场阶段的繁重劳作，通过吊机等机械化作业的方式一次性地将高集成度构件提升就位，上述一个步骤能够等价于诸多手工建造方式的作业量总和。而更为关键的是，现场阶段整体的模块化拼合，使得建筑产品的精度能够有效地得到控制，模块接口的拼装精度控制能力要远远优于众多手工建造步骤的误差累加。现场总装阶段的研发工作正是针对现场阶段的建造活动，以直观、可控的方式将高集成度构件模块进行迅速、准确的就位和连接。

6.3 系统平台设立

重型结构房屋系统的研发设计工作在经过了之前的各研发步骤后，已经得到了相应的研发设计成果，按照既定的模式能够初步地覆盖产品战略制定阶段所设定的范围，此时建立系统平台所需要的基础条件已经具备，而重型结构房屋系统的系统平台设立阶段的任务是将上述研究成果以合理的方式录入数控库中，形成与之对应的系统平台，以承托重型结构的项目设计阶段相关数据和技术使用。

系统平台的数据录入工作较为烦琐，数据分为图形文件和字符型文件两个部分。前者较为容易处理且相对单一，这部分的数据正是"建筑信息模型"中关于"模型"的表述，数据提取则直接读取模型即可，因此该过程操作的稳定程度较高且错误发生率处于较低的水平。这主要是因为模型的建立工作只要遵循工作软件所设定的逻辑即可，借助图形文件的接口程序，出自不同建模人员之手的模型同样能够正常地被系统平台所代表的数据库所读取。

字符型文件作为"建筑信息模型"中的"信息"部分，该部分数据的处理工作是系统平台设立阶段的重中之重，这部分的研发内容是整个重型结构房屋系统研发流程中承上启下的重要一环，决定了前期研发工作中得到的参数信息能否得到有序的继承而被真正地用于实际项目。与图形文件不同的是，字符型文件的格式种类较多、条目纷繁错杂，而在实际的建模过程中，字符型文件所代表的属性参数在赋值过程中极容易产生错误，属性参数的设立意在指导真实的生产建造，错误的产生将在后续的某个时间点产生极为负面的影响，甚至造成不可避免的损失。

系统平台的设立需采用统一的共享参数定义，因此所有研发参与人员都必须使用相同的共享参数才能够保证属性参数的统一。作为选定成为重型结构房屋系统的建模工作软件——Autodesk Revit 已经初步具有了共享参数定义文件的功能，可允许不同的使用者通过借助相同的定义文件来实现参数的共享。因此，可以在系统平台的数据库中直接定义 Revit 所需要的共享参数定义。而在 Revit 中，共享参数有以下几个属性：

（1）参数组用于将所定义的参数分组显示。

（2）参数名称及数据类型，在 BIM 中的参数数据类型有很多种，还有很多对应其他参数的值如热阻系数等。统一起来本系统只使用以下几种数值类型：布朗型、整型、浮点型单精度和字符串。

（3）参数应用的类型，如实例参数或类型参数。在本系统中根据需要，有一部分的参数必须定义为类型参数，也有一部分必须定义为实例参数，而对于没有固定要求的情况下则统一定义为实例参数。

通过合理的设置，该系统平台可以在后台直接下载系统定义的自定义参数，经由 Web 端将会生成 JSON 格式的参数定义，这其中分为"参数组"和"属性参数"两个部分：参数组包含所有的参数组及其 ID；属性参数包含所有的参数及其所属的组。

由于 Revit 的共享参数文件保存为文本文件，为了防止使用者不小心修改此文件，在此系统中，将会直接保存由 Web 端返回的 JSON 文件，而在每次加载 Addin 时，由此 JSON 文件生成一个新的临时文本文件，这样就可以避免由于使用者的修改而导致的属性参数不一致的情况发生。

在生成参数文件时，必须采用工作软件 Revit 指定的 Unicode 编码来保存文件：

```
using ( var streamWriter = newStreamWriter ( SharedParameterDefinitionFile,
false, Encoding.Unicode ) )
{
streamWriter.WriteLine ( "# This is a Revit shared parameter file." ) ;
streamWriter.WriteLine ( "# Do not edit manually." ) ;
streamWriter.WriteLine ( "*META\tVERSION\tMINVERSION" ) ;
streamWriter.WriteLine ( "META\t2\t1" ) ;
streamWriter.WriteLine ( "*GROUP\tID\tNAME" ) ;
foreach ( var parameterGroup in ParameterResult.Groups )
streamWriter.WriteLine ( $ "GROUP\t{parameterGroup.Id}\t{parameterGroup.Name}" ) ;
```

streamWriter.WriteLine（"*PARAM\tGUID\tNAME\tDATATYPE\tDATACATEGORY\tGROUP\tVISIBLE\tDESCRIPTION\tUSERMODIFIABLE"）;

foreach（var parameter in ParameterResult.Parameters）

streamWriter.WriteLine（$ "PARAM\t{parameter.Guid}\t{parameter.Name}\t{parameter.DataType}\t\t{parameter.GroupId}\t{Convert.ToInt32（parameter.Visible）}\t{parameter.Description}\t{Convert.ToInt32（parameter.UserModifiable）}"）;

streamWriter.Close（）;

}

6.4 项目设计阶段

当进入项目设计阶段后，重型结构系统采用订单模式进行具体项目工作的深化，在 Web 端发起一个新的订单之后，系统还需要将他们的订单在 Revit 中组合起来，以便深化设计完成建造图的生成。

此模块并非对应所有设计用户，只有当用户具有 Web 的相应角色时，才可处理订单。而要验证用户的身份，本系统必须要登录至 Web 后台。

Web 后台采用 cookie 来区别用户的信息。C 语言中 HttpClient 能够处理 cookie 等信息，但在整个 Revit 进程的生命期内，这个 HttpClient 的实例必须是同一个，否则由于缺少 cookie，Web 端将会拒绝返回任何数据。解决此问题的方法为在 Addin 的 Startup 函数内创建一个静态变量 client，在每次需要访问时，直接使用此 client 即可。

6.4.1 用户登录

系统登录时，只需要提示使用者输入其在 Web 端对应的登录邮箱和密码，之后再验证用户信息（图 6-24）。Web 端采用 POST 方式验证用户信息，其仅使用返回的 HTTP 状态码就可区别登录成功与否：200 表示登录成功；403 表示用户名或密码不正确；其他状态码表示其他原因无法登录。使用 HttpClient 的 PostAsync 来完成登录数据的发送（图 6-25）。

图6-24 用户登录对话框
图片来源：笔者截图

```
var content = new FormUrlEncodedContent(new[]
{
    new KeyValuePair<string, string>("email", dlg.GetLogin()),
    new KeyValuePair<string, string>("password", dlg.GetPassword())
});

var response = await App.Http.PostAsync("login", content);

switch (response.StatusCode)
{
    case HttpStatusCode.OK:
        App.AddinApp.EnableOrders(true);
        break;
    case HttpStatusCode.Forbidden:
        TaskDialog.Show("无法登录", "您输入的用户名或密码不正确，无法登录.");
        break;
    default:
        TaskDialog.Show("无法登录", "无法登录服务器，请稍后再试");
        break;
}
```

图6-25　用户登录状态代码
图片来源：笔者制作

6.4.2　订单的管理

Web 端依然采用 JSON 方式回应所有的订单刷新请求。每个订单的对象含有如下信息：订单编号、订单用户名、订单名称、订单的户型楼层数量、订单的所有模块信息（含有模块的名称、所在楼层及 Revit 族文件等信息）。

由于 Web 端返回 JSON 数据，在本系统中依然使用 Newtonsoft.JSON 来对 JSON 进行处理，同时建立 JSON 对应对象的 C# 类，每个模块的定义如图 6-26 所示。

订单的定义如下（如图 6-27 所示）：

1. 订单刷新

所有的订单都通对一个内置的订单浏览器来管理，在本系统依然使用 WPF 的 DataGrid 来表现订单的内容，由于订单数据是确定的，故直接在 DataGrid 的 XAML 中定义所有列。其中最后一列含有一个下载订单的按钮（如图 6-28 所示）：

当项目设计人员登录系统之后，即可通过下载订单访问 Web 端未处理的前若干条订单。（图 6-29）

2. 订单模型生成

当项目设计人员点击订单列表中的处理订单按钮时，系统将在 Revit 中生成一个新的项目，并按订单中指定的户型来生成户型的模型。

由于每个订单的类中已经含有此类所有模块及其所在楼层的信息，因此当点击了处理订单的按钮时，系统即可遍历所有的模块，下载并缓存模块的族文件，并将每个模块加载到项目文件中创建对应的模块的族实例。在 Revit

中所有内部数值的单位全部为英尺,所以系统必须为所有的单位进行转换(图 6–30)。

　　由于 Revit 的内部定义,加载族类型、创建族实例必须在单独的事务中完成,因此系统将订单模型的创建分为 3 个事务:修改标高、加载族类型及创建族实例。

　　加载族类型时,需要遍历订单的所有模块定义,排除已经加载了的模块,并将未在缓存中的模块从 Web 中下载下来(如图 6–31 所示),保存至缓存目录。

　　在创建族实例的时候,必须要注意的一点是,由 Web 端返回的模块列表已经按楼层及模块在楼层中的顺序排列好,因此在添加族实例的时候就可以直接以模块的宽度定义来逆序添加每个实例(图 6–32)。

　　添加完成所有模块的订单之后,再由设计师完成深入的细化设计及生成装配图(图 6–33)。

```
class Module
{
    [JsonProperty("id")]
    3 references | Steve Yin, 4 days ago | 1 author, 1 change
    public int Id { get; set; }

    [JsonProperty("name")]
    0 references | Steve Yin, 4 days ago | 1 author, 1 change
    public string Name { get; set; }

    [JsonProperty("revit")]
    4 references | Steve Yin, 4 days ago | 1 author, 1 change
    public string Url { get; set; }

    [JsonProperty("thumbnail2d")]
    0 references | Steve Yin, 4 days ago | 1 author, 1 change
    public string Thumbnail2D { get; set; }

    [JsonProperty("thumbnail3d")]
    0 references | Steve Yin, 4 days ago | 1 author, 1 change
    public string Thumbnail3D { get; set; }

    [JsonProperty("level")]
    1 reference | Steve Yin, 4 days ago | 1 author, 1 change
    public int Level { get; set; }

    1 reference | Steve Yin, 3 days ago | 1 author, 1 change
    public float Width { get; set; }
    0 references | Steve Yin, 3 days ago | 1 author, 1 change
    public float Length { get; set; }
    0 references | Steve Yin, 3 days ago | 1 author, 1 change
    public float Height { get; set; }
    0 references | Steve Yin, 3 days ago | 1 author, 1 change
    public float Price { get; set; }

}
```

图6–26　模块定义代码

图片来源:笔者制作

```
class Order
{
    [JsonProperty("id")]
    0 references | Steve Yin, 4 days ago | 1 author, 1 change
    public int Id { get; set; }

    [JsonProperty("user_id")]
    0 references | Steve Yin, 4 days ago | 1 author, 1 change
    public int UserId { get; set; }

    [JsonProperty("name")]
    1 reference | Steve Yin, 4 days ago | 1 author, 1 change
    public string Name { get; set; }

    [JsonProperty("user_name")]
    0 references | Steve Yin, 4 days ago | 1 author, 1 change
    public string UserName { get; set; }

    [JsonProperty("address")]
    0 references | Steve Yin, 4 days ago | 1 author, 1 change
    public string Address { get; set; }

    [JsonProperty("mobile")]
    0 references | Steve Yin, 4 days ago | 1 author, 1 change
    public string Mobile { get; set; }

    [JsonProperty("telephone")]
    0 references | Steve Yin, 4 days ago | 1 author, 1 change
    public string Telephone { get; set; }

    [JsonProperty("level_count")]
    2 references | Steve Yin, 4 days ago | 1 author, 1 change
    public int Levels { get; set; }

    [JsonProperty("price")]
    0 references | Steve Yin, 4 days ago | 1 author, 1 change
    public float Price { get; set; }

    [JsonProperty("modules_list")]
    2 references | Steve Yin, 3 days ago | 1 author, 2 changes
    public IList<Module> Modules { get; set; }

    [JsonProperty("created_at")]
    0 references | Steve Yin, 4 days ago | 1 author, 1 change
    public string CreateAt { get; set; }
}
```

图6-27　订单定义代码
图片来源：笔者制作

```
<DataGrid x:Name="dataGrid" Margin="10,10,10,10" IsReadOnly="True" AutoGenerateColumns="False">
    <DataGrid.Columns>
        <DataGridTextColumn Binding="{Binding Name}" Header="订单名称" IsReadOnly="True"></DataGridTextColumn>
        <DataGridTextColumn Binding="{Binding UserName}" Header="用户名" IsReadOnly="True"></DataGridTextColumn>
        <DataGridTextColumn Binding="{Binding Address}" Header="地址" IsReadOnly="True"></DataGridTextColumn>
        <DataGridTextColumn Binding="{Binding Mobile}" Header="电话" IsReadOnly="True"></DataGridTextColumn>
        <DataGridTextColumn Binding="{Binding Levels}" Header="楼层数量" IsReadOnly="True"></DataGridTextColumn>
        <DataGridTextColumn Binding="{Binding Price}" Header="价格" IsReadOnly="True"></DataGridTextColumn>
        <DataGridTextColumn Binding="{Binding CreateAt}" Header="订单时间" IsReadOnly="True"></DataGridTextColumn>
        <DataGridTemplateColumn>
            <DataGridTemplateColumn.CellTemplate>
                <DataTemplate>
                    <Button Click="ProcessOrder">处理订单</Button>
                </DataTemplate>
            </DataGridTemplateColumn.CellTemplate>
        </DataGridTemplateColumn>
    </DataGrid.Columns>
</DataGrid>
```

图6-28　订单管理器代码
图片来源：笔者制作

211

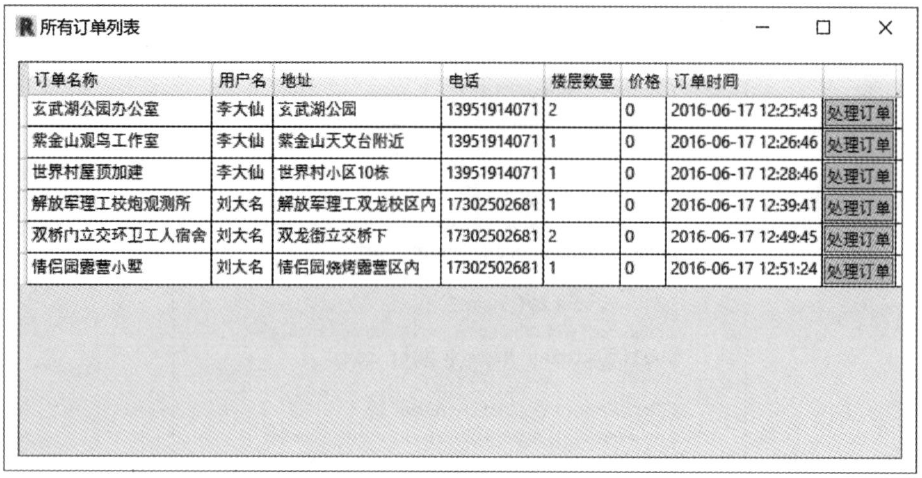

所有订单列表

订单名称	用户名	地址	电话	楼层数量	价格	订单时间	
玄武湖公园办公室	李大仙	玄武湖公园	13951914071	2	0	2016-06-17 12:25:43	处理订单
紫金山观鸟工作室	李大仙	紫金山天文台附近	13951914071	1	0	2016-06-17 12:26:46	处理订单
世界村屋顶加建	李大仙	世界村小区10栋	13951914071	1	0	2016-06-17 12:28:46	处理订单
解放军理工校炮观测所	刘大名	解放军理工双龙校区内	17302502681	1	0	2016-06-17 12:39:41	处理订单
双桥门立交环卫工人宿舍	刘大名	双龙街立交桥下	17302502681	2	0	2016-06-17 12:49:45	处理订单
情侣园露营小墅	刘大名	情侣园烧烤露营区内	17302502681	1	0	2016-06-17 12:51:24	处理订单

图6-29　未处理订单列表

图片来源：笔者制作

```
foreach (Level level in levels)
{
    if (level.Elevation > 0)
    {
        level.Elevation = UnitUtils.Convert(3000, DisplayUnitType.DUT_MILLIMETERS, DisplayUnitType.DUT_DECIMAL_FEET);
        level1 = level;
    }
    else
        level0 = level;
}
```

图6-30　系统单位转换

图片来源：笔者制作

```
transaction.Start("加载族");

var loadedSymbols = new Dictionary<int, FamilySymbol>();
var levelSymbols = new List<List<FamilySymbol>>();
for (var i = 0; i < order.Levels; i++)
    levelSymbols.Add(new List<FamilySymbol>());

foreach (var module in order.Modules)
{
    FamilySymbol symbol = null;
    if (loadedSymbols.ContainsKey(module.Id))
        symbol = loadedSymbols[module.Id];
    else
    {
        var name = Path.GetFileNameWithoutExtension(module.Url);
        var local = Path.Combine(Environment.GetFolderPath(Environment.SpecialFolder.ApplicationData),
            @"Autodesk\Revit\mhdRevitAddin\" + Path.GetFileName(module.Url));

        if (File.Exists(local) == false)
        {
            var response = await App.Http.GetStreamAsync(module.Url);
            var destFile = File.OpenWrite(local);
            response.CopyTo(destFile);
            destFile.Close();
            response.Close();
        }

        if (document.LoadFamilySymbol(local, name, out symbol) == false)
        {
            TaskDialog.Show("错误", $"无法加载族{Path.GetFileName(local)}.");
            transaction.RollBack();
            return;
        }

        symbol.Activate();
        loadedSymbols[module.Id] = symbol;
    }

    levelSymbols[module.Level].Add(symbol);
}

transaction.Commit();
```

图6-31　Web端下载缓存模块代码

图片来源：笔者制作

```
transaction.Start("添加族实例");
var level_index = 0;
foreach (var symbols in levelSymbols)
{
    double position = 5;
    Level level = levels[level_index] as Level;
    foreach (FamilySymbol familySymbol in symbols)
    {
        var location = new XYZ(0, position, 0);
        document.Create.NewFamilyInstance(location, familySymbol, level, StructuralType.NonStructural);
        var module = order.Modules.First(t => t.Url.Contains(Path.GetFileName(familySymbol.FamilyName)));
        position -= UnitUtils.Convert(module.Width, DisplayUnitType.DUT_MILLIMETERS, DisplayUnitType.DUT_DECIMAL_FEET);
    }
}

transaction.Commit();
```

图6-32　添加族实例代码
图片来源：笔者制作

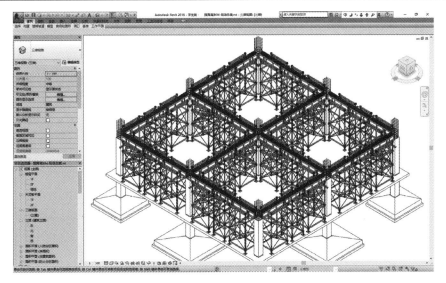

**图6-33　系统平台生成的项目
订单模型**
图片来源：笔者制作

6.5　开发及测试环境

6.5.1　软件环境

（1）开发平台：Apple OS X El Capitan 10.11；

（2）Web 开发软件：JetBrains PHPStorm 2016；

（3）服务器运行环境：Ubuntu 15.10 64 位版本；

（4）Web 服务器：Nginx 1.9.10 + PHP–FPM 7.0.10；

（5）PHP 模块需求：OpenSSL/PDO/MBString/Tokenizer 模块；

（6）数据库：MariaDB 10.1.21；

（7）运行环境：任意支持 HTML5 的浏览器，含所有移动终端。

6.5.2　服务器硬件环境

（1）服务器类型：阿里云虚拟服务器；

（2）处理器：虚拟 CPU 双核；

（3）内存容量：2GB；

（4）硬盘容量：20GB。

第7章 结论与展望

7.1 研究成果

本书除了在学术方面的贡献之外，还在以下方面取得了多项成果。

（1）建立信息系统平台及相应数据库。

（2）初步建立了构件族库。

（3）分别在 2015 年取得"基于 Revit 的 BIM 信息处理及统计平台"和"基于 Revit 的复合材质结构构件 BIM 信息处理及统计软件"，于 2016 年取得"基于 Revit 的 BIM 信息集成及订单处理系统"和"基于 HTML5 的 Web 户型订单处理系统"这 4 项软件著作权。

（4）提出了适合建筑工业化的建筑设计方法。

（5）建立了产业联盟。

7.2 创新点总结

目前国内关于建造信息化层面的研究主要限于建构理论、构造、片面的虚拟建造模拟等方面，而在建筑学范畴内对于实际工程建造层面的研究则比较少。本书的创新性主要体现在以下几点。

1. 基于工业化建筑产品生产模式的产品研发设计系统的实现方法

本书确定了一套完整的基于工业化建筑模式下的产品研发设计流程，此产品研发设计流程对传统意义上的建筑设计带来了大幅度的变革，这不仅体现在设计流程向两端的大幅扩展，还表现在设计生产模式上的巨大变革。在与建筑工业化生产相对应的前提下，将传统的基于具体项目的单一设计过程分割成为独立的平台研发和项目设计两个阶段，由此能够将建筑设计从短促的设计档期中解脱出来，集中优势研发力量在时间较为充裕的情况下进行全面的研发工作，将主要的压力集中在研发前期而不是设计后期。

2. 基于信息嵌套的树状表格式构件建模方法

关于建模系统的具体战术运用方法，本书提出了一种面向对象的、基于信息嵌套的树状表格式构件建模方法。该建模方法以构件为核心，将分级生产、柔性定制化生产等思想贯穿于建模过程中，以信息动态嵌套这一理念来具体执行模型生成的过程。原本杂乱无章的单维度建筑信息被通过动态嵌套这一创新手段重新整合成树状多维层级系统，以更高效的检索处理能力服务建筑系统。

3. 基于共享数据库的建筑信息管理模式的实现方法

通过建筑科学与计算机科学这两种不同学科的交叉研究，对建筑信息数据库的搭建进行了系统性的前端探索，通过研究建筑工业化系统对于数据处理、存储、整合、上传与下载方面的要求，建立与其相适应的数据库系统。

7.3　后续研究展望

该研究目前处于建造信息化系统研发的起步和初级阶段，在立足于本课题组科研项目的基础上，进行与之相适用的信息系统的研发工作。虽然宏观框架已经建立，但是对于微观的各细节点无法做到完备的覆盖与考量，这同时也受建筑工业化进行程度的限制。本研究后续需要在可靠性、完善性和兼容性等方面继续投入力量进行研究和验证，具体体现在以下方面：

首先，系统平台的适应性能否达到预设的标准，是否可以扩展出多种可能性以适应实际建设项目的需要，上述问题需要后续进行多个项目的验证，才能够得到最终确认。

其次，信息系统的运行稳定程度能否得到保证，是否能够化解外界突发情况的介入所产生的数据库系统危机，如机房断电、火灾、病毒侵入、木马攻击、网络信号不稳定等。

再次，树状表格式构件建模方法在本研究的测试项目中能够较好地完成既定目标，数字模型和信息属性能够以适合的方式导入到数据库系统中或者从中导出，但是上述表现仅仅是基于当前的研究项目，在后续的持续研发过程中仍然需要对上述问题进行验证。

最后，基于共享数据库的建筑信息管理模式目前仅仅装载了有限的项目信息，无法保证能够完全避免对于后续的项目数量增多而造成的数据量激增对于数据库系统的冲击，这些问题需要在后续的研究中持续地予以关注。

参考文献

学位论文

[1] 李勇 . 建设工程施工进度 BIM 预测方法研究 [D]. 武汉：武汉理工大学，2014.

[2] 林佳莹 . 以模型驱动架构扩展用于营运维护阶段至建筑资讯模型 [D]. 桃园：台湾"中央"大学，2014.

[3] 侯翔伟 . 建筑资讯模型应用程式之模型转换与程式产生研究 [D]. 桃园：台湾"中央"大学，2014.

[4] 赵钦 . 基于 BIM 的建筑工程设计优化关键技术及应用研究 [D]. 西安：西安建筑科技大学，2013.

[5] 季璇 . 基于 BIM 的楼盖模板优化设计方法研究 [D]. 徐州：中国矿业大学，2016.

[6] 赵雪峰 . 建设工程全面信息管理理论和方法研究 [D]. 北京：北京交通大学，2010.

[7] 李永奎 . 建筑工程生命周期信息管理（BLM）的理论与实现方法研究 [D]. 上海：同济大学，2007.

[8] 薛维锐 . 面向协同施工的工程项目进度管理研究 [D]. 哈尔滨：哈尔滨工业大学，2015.

[9] 吴宇迪 . 智慧建设理念下的智慧建设信息模型研究 [D]. 哈尔滨：哈尔滨工业大学，2015.

[10] 张洋 . 基于 BIM 的建筑工程信息集成与管理研究 [D]. 北京：清华大学，2009.

[11] 陆宁 . 基于 BIM 技术的施工企业信息资源利用系统研究 [D]. 北京：清华大学，2010.

[12] 侯永春 . 建设项目集成化信息分类体系研究 [D]. 南京：东南大学，2003.

[13] 刘彦欣 . 建筑工程施工进度 BIM 预测方法研究 [D]. 新竹：中华大学，2013.

[14] 张和顺 . 结合 BIM 及 CYCLONE 模拟施工流程——以支撑先进工法为例 [D]. 台南：成功大学，2014.

[15] 张舜棠 . 建筑资讯模型应用在高楼结构碰撞问题之研究 [D]. 台南：成功大学，2013.

[16] 李孟星 . BIM 应用于营建工程施工性分析之研究 [D]. 台北：台北科技大学，2012.

[17] 赵飞 . 工业 4.0 进程中制造业生产模式的时空分析 [D]. 北京：北京交通大学，2016.

[18] 邓承刚 . 关系数据库对象级别检索结果相关性排序算法研究 [D]. 大连：大连海事大学，2012.

[19] 冯俊 . 基于关系数据库理论的面向对象数据库系统应用研究 [D]. 长春：东北师范大学，2011.

[20] 李秉颖 . 美国 BIM 标准代码连接台湾地区营建咨询之可行性研究 [D]. 新竹：中华大学，2013.

专著

[1] Weygant R S. BIM content development-standards, strategies and best practices[M]. Hoboken : John Wiley & Sons Inc., 2011.

会议论文

[1] Rad H N, Khosrowshahi F. Visualization of building maintenance through time[C]// Proceedings of the 1997 IEEE Conference on Information Visualisation. 27-29 Auy, 1997, London, UK. IEEE, 1997: 308-314.

[2] Adjei-Kumi T Retik A. A library-based 4D visualization of construction processed[C]// Proceedings of 1997 IEEE Conference on Information Visualisation. 27-29 Auy, 1997, London, UK. IEEE, 1997: 315-321.

期刊论文

[1] 吕晓东 . 海冰基础知识及船舶冰区航行的注意事项 [J]. 珠江水运, 2015（4）: 77-79.

[2] 李明 . 国外航母作战系统发展研究 [J]. 舰船电子工程, 2013, 33（5）: 6-9, 29.

[3] 何蓓洁, 王其亨 . 华夏意匠的世界记忆——传世清代样式雷建筑图档源流纪略 [J]. 建筑师, 2015（3）: 51-65.

[4] 后德仟 . 高迪的现代主义和现代建筑意识 [J]. 建筑学报, 2003（4）: 67-70.

[5] 蔡伟庆 . BIM 的应用、风险和挑战 [J]. 建筑技术, 2015, 46（2）: 134-137.

[6] 何关培 . 实现 BIM 价值的三大支柱 -IFC/IDM/IFD[J]. 土木建筑工程信息技术, 2011, 3（1）: 108-116.

[7] 李强, 李斌, 李建强 . 对英国工业革命时期纺织机械发明传统观点的再解读 [J]. 丝绸, 2014, 51（6）: 68-74.

[8] 李兴鹤, 胡咏梅, 王华莲, 等 . 基于动态二进制的二叉树搜索结构 RFID 反碰撞算法 [J]. 山东科学, 2006, 19（2）: 51-55.

[9] 吕玲玲 . 数据库技术的发展现状与趋势 [J]. 信息与电脑（理论版）, 2011（8）: 118-120.

[10] 唐仙 . 探究数据库技术的历史及未来的发展趋势 [J]. 网络安全技术与应用, 2015（7）: 52-54.

[11] 杨新宇 . 数据库技术历史、现状及发展趋势 [J]. 科技展望, 2017, 27（4）: 24.

[12] 庞惠, 翟正利 . 论分布式数据库 [J]. 电脑知识与技术, 2011, 7（2）: 271-273.

[13] 吕娜 . 关系数据库之父——Edgar Frank Codd[J]. 程序员, 2010（6）: 8.

[14] 向海华 . 数据库技术发展综述 [J]. 现代情报, 2003, 23（12）: 31-33.

[15] 戴国峰 . 客户机服务器模式和浏览器服务器模式的对比分析 [J]. 硅谷, 2011（8）: 184.

[16] 闫旭 . 浅谈 SQL Server 数据库的特点和基本功能 [J]. 价值工程, 2012, 31（22）: 229-231.

[17] 陈平平, 谭定英, 刘秀峰 . 可扩展的云关系型数据库的研究 [J]. 计算机工程与设计, 2012, 33（7）: 2690-2695.

[18] 张宇, 王映辉, 张翔南 . 基于 Spring 的 MVC 框架设计与实现 [J]. 计算机工程, 2010（4）: 59-62.

[19] 任中方, 张华, 闫明松, 等 . MVC 模式研究的综述 [J]. 计算机应用研究, 2004, 21（10）: 1-4, 8.

[20] 陈涛 . MVVM 设计模式及其应用研究 [J]. 计算机与数字工程, 2014, 42（10）: 1982-1985.

[21] 刘立 . MVVM 模式分析与应用 [J]. 微型电脑应用, 2012, 28（12）: 57-60.

[22] 刘政良, 彭延年, 黄俊儒, 等 . "强化资料库, 技术在扎根" 活化编码应用推动策略 [J]. 营建知讯,

2010，326（3）：58–63.

[23] 郭浩然 . 网站安全之 HTTPS 优缺点分析 [J]. 计算机与网络，2017, 43（5）：
50–51.

[24] 谭霜，贾焰，韩伟红 . 云存储中的数据完整性证明研究及进展 [J]. 计算机
学报，2015，38（1）：164–177.

[25] Marshall–Ponting A J，Aouad G. An nD Modelling approach to improve
communication processes for construction[J]. Automation in Construction，
2005，14（3）：311–321.

[26] Messner J I. An architecture for knowledge management in the AEC industry[C]//
Construction Resarch Congress 2003. March 19–21，2003，Honolulu，
Hawaii，USA. Reston，VA，USA：Americon Soliety of Civil Engineers，
2003：1–8.

[27] Rujirayanyong T，Shi J J. A project–oriented data warehouse for construction[J].
Automation in Construction，2006，15（6）：800–807.

[28] Charette R P，Marshall H E. Uniformat Ⅱ elemental classification for building
specifications，cost estimating, and analysis[R]. NISTIR，1999：178–185.